全国水利水电类高职高专统编教材

水利工程管理

主　编　卜贵贤
副主编　谷云香　程兴奇　张保同
主　审　梅孝威

黄河水利出版社

内 容 提 要

本书是全国水利水电类高职高专统编教材，是根据全国水利水电高职教研会制定的《水利工程管理》课程教学大纲编写完成的。本书主要介绍了水利水电工程管理方面的实用技术、操作技能和法规制度。全书共分12章，内容包括绪论、水库的控制运用与库岸管理、水工建筑物的安全监测、土石坝的养护与修理、混凝土坝及浆砌石坝的养护与修理、溢洪道的养护与修理、水闸的养护与修理、渠系输水建筑物的养护与修理、水利水电工程设备的维护、水电站建筑物工程管理、防汛抢险、水利水电工程管理的法规制度与计划等。

本书可供高等职业院校水利水电工程建筑、水利水电工程管理、水利工程、农田水利、城市水利类专业使用，也可供从事水利水电工程基层管理工作的技术人员参考。

图书在版编目(CIP)数据

水利工程管理/卜贵贤主编．—郑州：黄河水利出版社，2007.8 （2015.8 重印）
全国水利水电类高职高专统编教材
ISBN 978-7-80734-240-3

Ⅰ．水… Ⅱ．卜… Ⅲ．水利工程-施工管理-高等学校：技术学校-教材 Ⅳ．TV512

中国版本图书馆 CIP 数据核字(2007)第119127号

组稿编辑：王路平 电话：0371-66022212 E-mail：hhslwlp@163.com

出 版 社：黄河水利出版社
地址：河南省郑州市顺河路黄委会综合楼14层 邮政编码：450003
发行单位：黄河水利出版社
发行部电话：0371-66026940、66020550、66028024、66022620(传真)
E-mail：hhslcbs@126.com
承印单位：黄河水利委员会印刷厂
开本：787 mm×1 092 mm 1/16
印张：15
字数：350千字 印数：16 001—20 000
版次：2007年8月第1版 印次：2015年8月第6次印刷

书号：ISBN 978-7-80734-240-3/TV·518 定价：26.00元

前　言

本书是根据教育部《关于加强高职高专人才培养工作意见》和《面向21世纪教育振兴行动计划》等文件精神，以及由全国水利水电高职教研会拟定的教材编写规划，报水利部批准，由全国水利水电高职教研会组织编写的水利水电类全国统编教材。

水利工程管理主要适用于水利水电工程建筑、水利水电工程管理、水利工程、农田水利、城市水利等高职水利类各专业。

本教材编写的主导思想是紧扣水利类专业的需求，遵循“够用为度”的原则，立足基本知识、基本技术、基本技能，吸纳新技术和新材料的应用成果，力争求实求新。作为水利系列教材的组成部分，为避免重复，对工程管理维护中涉及到的施工技术与材料配制等问题，凡在施工技术和建筑材料等教材中有所阐述的，本书均不再列入陈述。为较好地适应各专业的需要，并更好地体现工程管理工作专业化的基本要求，在内容安排上，按水利工程中各典型代表建筑物以及各类工程设备，独立分章节进行叙述，以便各专业选用。

本书编写具体分工如下：绪论、第八章、第九章、第十一章由杨凌职业技术学院卜贵贤编写；第一章由卜贵贤、湖南水利水电职业技术学院张孟希编写；第二章由山西水利职业技术学院杨勇编写；第三章、第五章由辽宁水利职业学院谷云香编写；第四章、第六章由山东水利职业学院程兴奇编写；第七章由河南水利与环境职业学院张保同编写；第十章由重庆水利电力职业技术学院侯新编写。

全书由卜贵贤主编，谷云香、程兴奇、张保同担任副主编，湖北水利水电职业技术学院梅孝威教授主审。在编写过程中陕西省宝鸡峡引渭灌溉管理局总工程师、教授级高工法天祥同志给予了大力支持和指导，在此表示诚挚的感谢。

由于水平有限，书中难免存在疏漏，希望同仁指正。

编　者

2007年5月

目 录

绪　论

一、水利工程管理的含义

（一）水利及水利管理

水利在人类发展史上占有显著的地位，在中国的发展史中更起着特殊的作用，兴修水利、与水害作斗争历来是安邦治国的主要措施。水利是农业的命脉，是国民经济发展的基础设施和基础产业，也是社会安定的重要保障。

水利是指采取各种人工措施对自然界的水进行控制、调节、治导、开发、管理和保护，以免除水旱灾害，并使水资源适应人类生产，满足人类生活需要的活动。水利的基本手段是建设各类水利工程设施。从事水利的事业称为水利事业，主要包括防洪、排水、灌溉、供水、水力发电、航运、水土保持以及水产、旅游和改善生态环境。

水利管理是指对水、水域和水利工程的管理，包括对水资源的开发、利用、节约、保护和对在建工程的建设管理以及对建成工程的运行维护和经营管理。

水利管理的任务是合理配置、充分利用、有效保护水资源，防治水旱灾害，发挥水利效益，适应国民经济可持续发展和人民生活水平不断提高的需要。

水利管理工作主要包括行政管理、技术管理、经济管理和法制管理几个方面，即开展这一工作时需采取各种行政的、技术的、经济的和法律的措施实现管理工作目标。

（二）水利工程及水利工程管理

1. 水利工程

水利工程是指对自然界的地表水和地下水进行控制和调配，为达到除害兴利的目的而修建的工程设施。它包括以下几种类型：①防止水灾害的防洪工程；②为农业生产服务的农田水利工程，也称灌溉排水工程；③将水能转化为电能的水力发电工程；④为水运服务的航道及港口工程；⑤为工业和生活用水排水以及废水和雨水处理服务的城乡供水与城镇排水工程；⑥防止水污染、维护生态平衡的环境水利工程；⑦防御海潮和涌浪的侵袭，保护沿海城市和农田的河口堤防与海塘工程。

水利工程主要由各类型的水工建筑物构成。

2. 水利工程管理

水利工程管理是指对水利工程进行科学合理的运用、控制、调度和保证其安全、正常运行，以充分发挥工程综合效益的工作。水利工程是水利管理工作的一项工程措施，所以水利工程管理则是水利管理工作的一个重要内容。水利工程管理是通过检查、观测、养护、修理、控制运用等技术措施以及法律法规制度来实现管理目标的。

二、水利工程管理的任务及内容

（一）水利工程管理的基本任务

水利工程管理的基本任务包括以下几点。

（1）保证水利工程安全运行，防止自然的和人为的破坏。

（2）按照工程管理的各种法规和技术标准进行日常的和特定的维护，保护工程完好和正常运行。

（3）运用工程手段实现防洪减灾、水资源合理调度和使用，满足国民经济和社会的需求，充分发挥工程应有的各种效益，如防洪、灌溉、发电、供水、排水、交通运输、渔业、环境保护、水土保持和旅游等。

（4）努力改善管理条件，进行技术革新和设备改造，不断提高管理水平。

（5）保持水域工程环境的蓄水、过水、排水、调水能力和使用条件。

（二）水利工程管理的工作内容

水利工程管理的工作主要有检查观测、养护修理和控制运用3个方面。

1. 检查观测

检查观测就是通过适当手段对完建的工程状态进行的监视量测工作。检查观测包括工程检查和工程观测两个方面。

2. 养护修理

养护修理指为了保持工程既有的功能正常发挥作用，在工程运行过程中对工程设施所进行的保养和对存在的缺陷进行的修复处理工作。工程养护修理要按照“经常养护、随时维修、养重于修”的原则，以保持工程和设备完好。养护修理分为3种形式：①日常维修养护，根据经常性检查中发现的问题，进行定期保养维修和局部修补，保持工程完整；②岁修及大修，每年汛后或在适当时间对工程进行年度检查，对存在问题，编制修理计划，这种维修称为岁修，工程发生较大损毁需要进行专门的大范围的修复，称为大修；③抢修或抢险，是当发生突发事故，工程遭到破坏时，需要立即组织人力、物力并采取特殊方法和措施对其进行基本的修复工作。

3. 控制运用

控制运用就是在原规划设计基础上，根据当前水工建筑物的工程情况、上下游防洪要求、用水要求以及上级的规定，在保证工程安全的前提下，为充分发挥工程效益，对其在除害、兴利和综合利用水资源等方面进行的合理安排与优化。

三、水利工程管理的意义

水利工程的建设为工农业发展创造了有利条件，如何加强水利工程管理，确保工程的安全和完整，充分发挥工程的经济效益，必将成为今后水利工作的重点。对于水利工程而言，建设是基础，管理是关键，使用是目的，可以说“三分建、七分管”，工程管理的好坏，直接影响效益的高低，如果管理不善，工程效益不能正常发挥，甚至可能还会造成严重的事故，给国家和人民的生命财产带来不可估量的损失。因此，加强水利工程管理，对确保工程的安全性和提高经济效益是十分必要的。

(1)由于人们对自然规律认识的局限性,对水工建筑物在使用过程中的监测管理是十分必要的。通过对水工建筑物实施监测管理,借助科学方法,反映水工建筑物在使用过程中的表现状态,一方面可进一步验证设计的合理性和可靠性,另一方面可积累资料,为今后的设计提供更为充分的依据。

(2)水利工程在运行过程中,受外界环境各种因素的影响会逐渐发生状态的变化,所以对水工建筑物及设施的维修养护是十分必要的。水工建筑物长期在水中工作,将受到水的渗透压力、冲刷、气蚀、冻融和磨损等物理作用以及侵蚀、腐蚀等化学作用。这些作用一旦改变了建筑物的原有状态,就应及时维修,否则就可能造成更为严重的损害。

(3)合理使用水利工程,进行工程控制运用,对保证工程安全、提高效益是十分必要的。对水利工程的运用,应根据其状态特点,按规律合理使用和有效控制。

(4)以往工程失事的教训证明,加强工程管理,对避免事故发生、减轻事故危害是十分必要的。水利工程一般规模大,影响范围广,一旦失事将会造成很大损失,尤其是随着经济社会的发展,这种危害损失就越大,只有加强对工程的管理,及时发现工程设施存在的安全隐患问题,采取相应的措施,才可防范和避免事故的发生。

(5)实行水利工程目标管理对充分发挥水利工程效益是十分必要的。水利工程目标管理是指按照工程管理目标对水利工程进行管理的工作。工程管理目标是根据有关法律、法规、部门规章和技术标准制定的定量指标。实行目标管理,可使其管理内容规范化,通过定量指标,体现管理水平,这样才能使水利工程充分发挥效益。

四、水利工程管理的展望

(一)水利具有的国民经济基础地位和经济社会的快速发展对水利工程管理提出的更高要求

水利是国民经济的基础,在经济社会发展中占有极其重要的地位,必须以更快的发展速度和更高的质量支撑经济社会的发展。

中央政府提出了新的治水思路:从工程水利向资源水利,从传统水利向现代水利和可持续发展水利转变,以水资源的可持续利用保障经济社会的可持续发展。水利工程管理的指导思想是以确保工程安全运用和充分发挥工程效益为中心来为流域经济发展提供安全保障。所以,要求我们全面做好工程管理工作,必须实现工程管理的改革与创新,必须按照市场经济的要求,不断提高职工队伍的业务素质,改善工程管理基础条件,完善法规制度建设,利用现代技术手段,实现水利工程管理的现代化。

(二)水利工程管理发展的有利条件

水利工程管理发展的有利条件有以下几点:

(1)水利工程管理体制基本理顺,与社会主义市场经济相适应的新的运行机制正在逐步建立。

(2)工程治理和维修养护资金来源渠道畅通。

(3)随着我国经济建设的快速发展,经济社会发展为水利工程管理奠定了较好的基础。

(三)水利工程管理发展中应转变的观念

水利工程管理中应转变的观念有以下几点:

(1)从重建轻管向建管并重转变。

(2)从只重视技术管理向既重视技术管理又重视依法管理转变。技术管理是基础，依法管理是保障。彻底改变计划经济体制下单纯靠技术、行政手段进行管理的做法，实现水利工程安全管理的法制化。

(3)从传统的单纯的工程维护向既注重工程维修养护又重视整个工程生态体系建设转变。

(4)从只重视工程安全管理向既重视工程安全管理又重视发挥工程效益最大化转变。

(5)从传统工程管理向现代水利工程管理转变。

(四)水利工程管理发展趋势

经济社会的快速发展一方面对水利工程管理有着促进作用;另一方面，对水利工程管理水平的现代化有着迫切的需要，今后水利工程管理将有一个新的更大的飞跃。主要体现在以下几个方面。

1. 工程管理将全面实现现代化

现代化工程管理可以概括为用现代化设备装备工程，用现代化技术监控工程和用现代化管理方法管理工程。加快水利管理信息化步伐，是适应由传统型水利向现代水利及可持续发展水利转变的重要环节。今后一段时期的工程管理将会加强水利工程管理信息化建设工作，工程的监测手段会更加完善和先进，工程管理将基本实现自动化、信息化和高效化。

2. 工程安全监测、评估与维护等模型将得到加强和完备

建立工程安全评估模型，开发相应的评估软件系统，并对各监测资料建立统计模型和灰色系统预测模型，对工程安全状态进行实时的监测和预警。

通过研究与开发提出工程养护修理标准模型，实现工程维护业务的智能化处理，达到自动生成工程维护方案，为工程维护决策提供信息支持，提高工程维护决策水平，实现资源的最优化配置。各类工程的养护修理模型至少应包含维护方案策略生成、工程维护项目优先级排序和工程维护预算三个功能模块。

3. 水利工程维修养护实用技术被更广泛应用

水利工程维修养护实用技术被进一步的广泛应用，如工程隐患探测技术、维修养护机械设备的引进开发和除险加固新材料与新技术的应用，将使工程管理的科技含量逐步增加。

(五)工程管理基础设施将高度完善

完善管理基础设施，不断改善工程管理条件是工程管理制度化、规范化、科学化、现代化的物质基础，随着人们对工程运行管理基础性、长期性和重要性认识的提高，会逐渐把管理的基础设施建设放到与主体工程同等重要的位置。

(六)工程管理将科学化、规范化、标准化、制度化

工程管理要现代化的跨越发展，建立健全各种管理规章制度是一个重要环节，使水管单位工程管理维护有法可依、有章可循，是非常必要的。

除以上6点外，今后对维护管理人员的技术水平、业务素质将会有更高的要求;将形成稳定的投入保障机制;依法管理的观念将得到强化。

思 考 题

1. 什么是水利管理？什么是水利工程管理？

2. 水利工程管理的基本任务有哪些？

3. 水利工程管理的工作内容有哪些？

4. 为什么要进行水利工程管理？

5. 你对水利工程管理在今后的发展以及它在经济社会中的地位是怎么认识和理解的？

第一章　水库的控制运用与库岸管理

第一节　水库管理概述

一、水库的类型及作用

（一）水库的类型

水库可以根据其总库容的大小划分为大、中、小型水库，其中大型水库和小型水库又各自分为两级，即大(1)型、大(2)型，小(1)型、小(2)型。因此，水库按其规模的大小分为5等，如表1-1所示。

表1-1　水库的分等指标　　（单位：亿 m^3）

水库等级	Ⅰ	Ⅱ	Ⅲ	Ⅳ	Ⅴ
水库规模	大(1)型	大(2)型	中型	小(1)型	小(2)型
水库的总库容*	>10	10~1	1~0.1	0.1~0.01	0.01~0.001

注：*总库容是指校核洪水位以下的水库库容。

水库具有防洪、发电、灌溉、供水、航运、养殖、旅游等作用，当具有多种作用时即为多目标水库，又称为综合利用水库，只具有一种作用或用途的即为单目标水库。我国的水库一般都属于多目标水库。

根据水库对径流的调节能力，水库可分为日调节水库、周调节水库、季调节水库(或年调节水库)、多年调节水库。

根据水库在河流上所处位置的地形状况，水库可分为山谷型水库、丘陵型水库、平原型水库等3类。

此外，水库还有地上水库和地下水库之分。

（二）水库的作用

我国河流水资源受气候的影响，存在着时空分布极不均衡的严重问题，水库是进行这种时空调节的最为有效的途径。水库具有调节河流径流、充分利用水资源发挥效益的作用。

水库能调节洪水，削减洪峰，延缓洪水通过的时间，保证下游泄洪的安全。

水库可蓄水抬高水位，取得水头，进行发电；并可改善河道航运和浮运条件；发展养殖业和旅游业。

二、水库与库区环境的关系

水库能给国民经济各个方面带来许多综合效益，也会对周围环境产生一定的影响，如造成淹没、浸没、库区坍岸、气候和生态环境的变化等。

水库是人工湖泊，它需要一定的空间来储存水量和滞蓄洪水，因此将会淹没大片土地、设施和自然资源，如淹没农田、城镇、工厂、矿山、森林、建筑物、交通和通信线路、文物古迹、风景游览区和自然保护区等。

水库建成蓄水后，周围地区的地下水位将会随之抬高，在一定的地质条件下，可能会使这些地区被浸没，发生土地沼泽化，农田盐碱化，还可能引起建筑物地基沉陷、房屋倒塌、道路翻浆、饮水条件恶化等问题。

河道上建成水库后，进入水库的河水流速减小，水中挟带的泥沙便在水库中淤积，占据了一定的库容，影响到水库的效益，缩短了水库的使用年限。

通过水库下泄的清水，使下游河水的含沙量减少，引起河床的冲刷，从而危及到下游桥梁、堤防、码头、护岸工程的安全，并使河道水位下降，影响下游的引水和灌溉。

随着水库的蓄水，水库两侧的库岸在水的浸泡下岩土的物理力学性质发生变化，抗剪强度减小，或者是在风浪和冰凌的冲击和淘刷下，致使库岸丧失稳定，产生坍塌、滑坡和库岸再造。

修建水库蓄水以后，特别是大型水库，形成了人工湖泊，扩大了水面面积，也将会影响库区的气温、湿度、降雨、风速和风向。

修建水库蓄水以后，原有自然生态平衡被打破，水温升高，对一些水生物和鱼类的生存反而可能有利，但却隔断了洄游类鱼类的路径，对其繁殖不利。

水库能为人们提供优质的生活用水和美丽的生活环境，但水库的浅水区杂草丛生，是疟蚊的潜生地。周围的沼泽地也是血吸虫中间宿主丁螺繁殖的良好环境。

修建水库后，由于水库中水体的作用，在一定的地质条件下还可能产生水库诱发地震。

三、水库管理的任务与工作内容

水库管理是指采取技术、经济、行政和法律的措施，合理组织水库的运行、维修和经营，以保证水库安全和充分发挥效益的工作。

（一）水库管理的主要任务

水库管理的主要任务包括：①保证水库安全运行、防止溃坝；②充分发挥规划设计等规定的防洪、灌溉、发电、供水、航运以及发展水产改善环境等各种效益；③对工程进行维修养护，防止和延缓工程老化、库区淤积、自然和人为破坏，延长水库使用年限；④不断提高管理水平。

（二）水库管理的工作内容

水库管理工作可分为控制运用、工程设施管理和经营管理等方面。

(1)水库控制运用。又称水库调度，是合理运用现有水库工程改变江河天然径流在时间和空间上的分布状况及水位的高低，以适应生产、生活和改善环境的需要，达到除害兴利、综合利用水资源的目的，是水库管理的主要生产活动。其内容包括：①掌握各种建筑物和设备的技术状况，了解水库实际蓄泄能力和有关河道的过水能力；②收集水文气象资料的情报、预报以及防汛部门和各用水户的要求；③编制水库调度规程，确定调度原则和调度方式,绘制水库调度图;④编制和审批水库年度调度计划,确定分期运用指标和供水指标,作为年度水库调节的依据;⑤确定每个时段(月、旬或周)的调度计划,发布和执行水库实时调度指令;⑥在改变泄量前,通知有关单位并发出警报;⑦随时了解调度过程中的问题和用水户的意见,据以调整调度工作;⑧搜集、整理、分析有关调度的原始资料。

(2)工程设施管理。工程设施管理包括:①建立检查观测制度,进行定期或不定期的工程检查和原型观测,并及时整编分析资料,掌握工程设施的工作状态;②建立养护修理制度,进行日常的养护修理;③按照年度计划进行工程岁修、大修和设备更新改造;④出现险情及时组织抢护;⑤依靠政策、法令保护工程设施和所管辖的水域,防止人为破坏工程和降低水库蓄泄能力;⑥进行水库水质监测,防止水污染;⑦建立水库技术档案;⑧建立防汛预报、预警方案。

经营管理本书不作介绍,对于工程设施管理涉及到的主体建筑物的维护、修理、检查、观测、险情抢护等管理问题将在以后的章节中介绍,本章主要讨论控制运用和水环境及库岸设施防护等问题。

第二节　库岸防护

水库蓄水之后,常常给库岸带来一系列的危害,例如库岸淹没、浸没、库岸坍塌以及水库岸区环境的恶化等问题,这些问题严重时会使水库丧失功能而“夭折”。所以在水库运行管理中应经常对库岸进行检查,对出现的危害应及时进行治理,并采取有效的防护措施减少和避免危害的发生。

库区常用的防护措施一般有修建防护堤、防洪墙、抽水排站、排水沟渠、减压沟井、防浪墙堤、副坝、护岸、护坡加固等工程措施,以及针对库岸水环境的保护所采取的水体水质保护,水土流失治理等。本节就水库运用管理中通常涉及到的库岸失稳的防治及水库水环境保护等问题进行讨论。

一、水库库岸失稳的防治

水库蓄水后,库岸在自重和水的作用下常常会发生失稳,形成崩塌和滑坡。

影响库岸稳定的因素很多,如库岸的坡度和高度,库岸线的形状,库岸的地质构造和岩性,水流的淘刷,水的浸湿和渗透作用,水位的变化,风浪作用,冻融作用,浮冰的撞击,地震作用以及人为的开挖、爆破等作用,均会造成库岸的失稳。

(一)岩质库岸失稳的防治

岩质库岸失稳的形态一般有崩塌、滑坡和蠕动3种类型。崩塌是指岸坡下部的外层岩体因其结构遭受破坏后脱落,使库岸上部岩体失去支撑,在重力或其他因素作用下而坠落的现象。滑坡是指库岸岩体在重力或其他力的作用下,沿一个或一组软弱面或软弱带作整体滑动的现象。蠕动现象可分为2种:对于脆性岩层是指在重力或卸荷力作用下沿已有的滑动面或绕某点作长期而缓慢地滑动或转动;对于塑性岩层(如夹层)是指岩层或岩块在荷载作用下沿滑动面或层面作长期缓慢的塑性变形或流动。

最常见的岸坡失稳形态是滑坡，防治滑坡的方法有削坡、防漏排水、支护、改变土体性质、采用抗滑桩和锚固等措施。

1. 削坡

当滑坡体范围较小时，可将不稳定岩体挖除；如果滑坡体范围较大，则可将滑坡体顶部挖除，并将开挖的石渣堆放在滑坡体下部及坡脚处，以增加其稳定性。

2. 防漏排水

防漏排水是岸坡整治的一项有效措施，被广泛用于工程实践中。其具体措施为：在环绕滑坡体的四周设置水平和垂直排水管网，并在滑坡体边界的上方开挖排水沟，拦截沿岸坡流向滑坡体的地表水和地下水；对滑坡体表面进行勾缝、水泥喷浆或种植草皮，阻止地表水漏入滑坡体内。

3. 支护

支护措施通常有挡墙支护和支撑支护两种。当滑坡体是松散土层或裂隙发育的岩层时，可在坡脚处修建浆砌石、混凝土或钢筋混凝土的挡墙进行支护；如果滑坡体是整体性较好的不稳定岩层时，也可采用钢筋混凝土框架进行支护。

4. 抗滑桩法

当滑动体具有明确的滑动面时，可沿滑动面方向用钻机或人工开挖的方法造孔，在孔内设钢管，管中灌注混凝土，形成一排抗滑桩，利用桩体的强度增加滑动面的抗剪强度，达到增强稳定性的目的。抗滑桩的截面有方形和圆形 2 种，其直径对于钻孔桩为 0.3 ~ 0.5 m，对于挖孔桩一般为 1.5 ~ 2.0 m，桩长可达 20 m。当滑动面上、下岩体完整时，也可采用平洞开挖的方法沿滑动面设置混凝土抗滑短桩或抗滑键槽，以增强滑动体的稳定性，也可取得良好的效果。

5. 锚固措施

锚固措施是用钻机钻孔穿过滑坡体岩层，直达下部稳定岩体一定深度，然后在孔中埋设预应力钢索或锚杆，以加强滑坡体稳定的方法。在许多情况下，滑坡的防治需要同时采取上述几种措施，进行综合整治。

例如，黄坛口水库的左坝肩为一古滑坡体，岩石极为破碎，其范围自坝线下游伸入水库约 300 m，面积 2 000 m^2，厚度 60 ~ 70 m。采取的整治措施（见图 1-1）为：

（1）削坡。将滑坡体的上部岩体挖除一部分，回填至坡脚。

（2）防渗措施。为防止库水渗入滑坡体内，在滑坡体的下部，沿边坡面修建一道长 300 m、顶部高程超过水库正常高水位的黏土心墙（铺盖），心墙底部与基础岩石连接，墙脚与坝头混凝土重力式翼墙相接，将整个滑坡体包裹封闭。

（3）排水措施。沿滑坡体边界上方开挖排水沟，将顺坡流向滑坡体的地表水拦截排走；同时在滑坡体坡脚处设置一排排水管，将通过黏土心墙渗入的库水排至水库下游。

（4）防漏措施。对滑裂体表面裂隙用黏土进行勾缝，防止雨水渗入滑坡体。

（5）监测工作。为掌握滑坡体的动态，在沿滑坡体的滑动方向布置观测断面，监测滑坡体的位移及其水文地质情况。

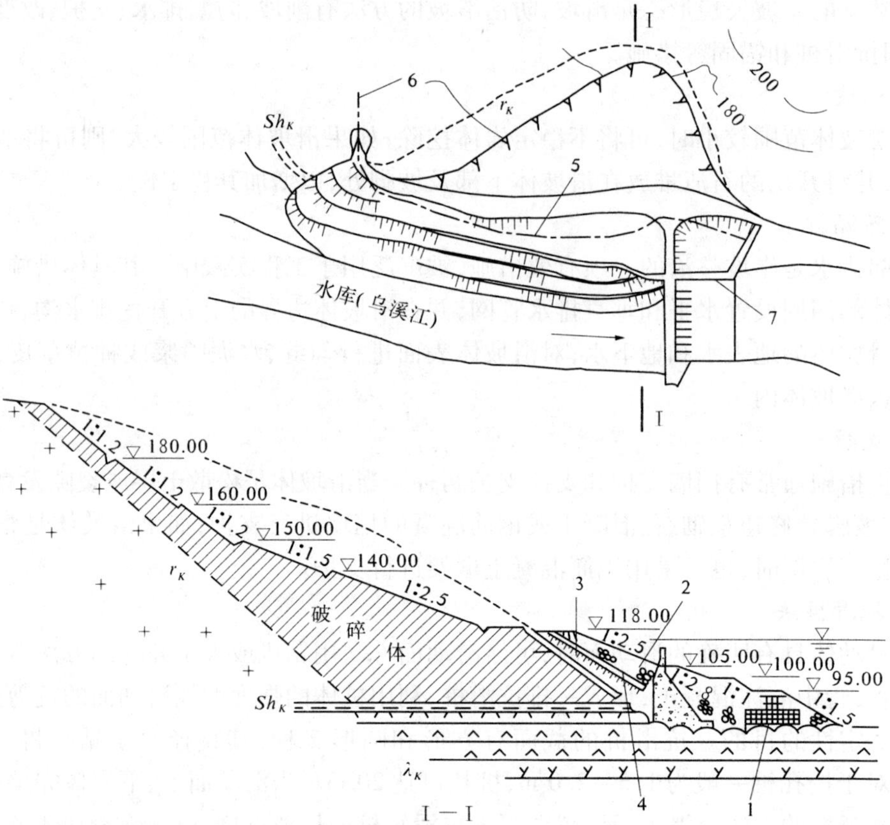

1—围堰;2—堆石;3—黏土心墙;4—反滤层;5—排水管;6—阻水隧道;

7—翼墙;r_K—花岗斑岩;Sh_K—紫色页岩;λ_K—凝灰石

图 1-1 黄坛口水库西山滑坡整治图

(二)非岩质库岸失稳的防治

防治非岩质库岸破坏和失稳的措施有护坡、护脚、护岸墙和防浪墙等。对于受主流顶冲淘刷而引起的塌岸,常采用抛石护岸;如果水下部分冲刷强烈,则可采用石笼或柳石枕护脚;对于受风浪淘刷而引起的塌岸,可采用干砌石、浆砌石、混凝土、土水泥等材料进行护坡;当库岸较高,上部受风浪冲刷,下部受主流顶冲,则可做成阶梯式的防护结构,上部采用护坡,下部采用抛石、石笼固脚,如图 1-2 所示;对于水库水位变化较大,风浪冲刷强烈的库岸,可采用护岸墙的防护方式;对于库岸较陡、在水的浸湿和风浪作用下有塌岸的危险,则可采用削坡的方法进行防护,当库岸较高时,也可采取上部削坡,下部回填,然后进行护坡的防护方法。

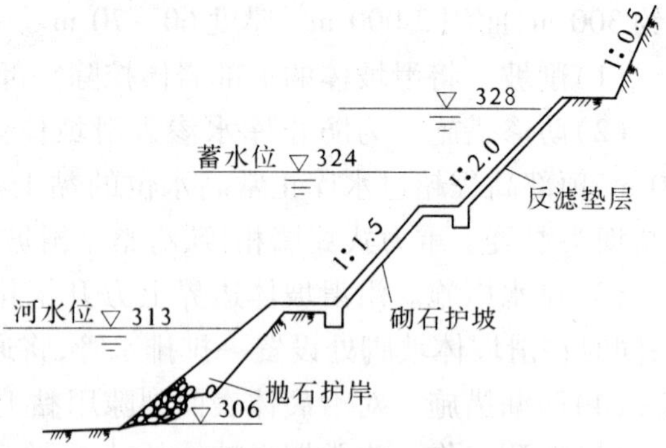

图 1-2 阶梯式护岸

抛石护岸具有一定的抗冲能力,能适应地基的变形,适用于有石料来源和运输方便的情况。石料一般宜采用质地坚硬,直径为 20 ~ 40 cm,重量在 30 ~ 120 kg 的石块,抛石厚约为石块直径的 4 倍,一般为 0.8 ~ 1.2 m。抛石护坡表面的坡度,对于水流顶冲不严重的情况,一般不陡于 1:1.5;对于水流顶冲严重的情况,一般不陡于 1:1.8。

干砌块石护岸是常用的一种护岸形式,其顶部应高于水库的最高水位,底部应伸入水库最低水位以下,并能保护库岸不受主流顶冲。干砌块石层的厚度一般为 0.3 ~ 0.6 m,下面铺设 15 ~ 20 cm 的碎砾石垫层。

浆砌块石护岸较干砌块石护岸坚固,能抵抗较大的风浪淘刷和水流顶冲,一般分为单层砌石和双层砌石 2 种,砌石层下面设有排水垫层,浆砌石层上还设有排水孔。

石笼护岸是用铅丝、竹篾、荆条等材料编织成网状的六面体或圆柱体,内填块石、卵石,将其叠放或抛投在防护地段,做成护岸。石笼的直径为 0.6 ~ 1.0 m,长度 2.5 ~ 3.0 m,体积 1.0 ~ 2.0 m^3。石笼护岸的优点是可以利用较小的石块,抛入水中后位移较小,抗冲能力较强,且具有一定的柔性,能适应地基的变形。

护岸墙适用于岸坡较陡、风浪冲击和水流淘刷强烈的地段。护岸墙可做成干砌石墙(见图 1-3(a))、浆砌石墙(见图 1-3(b))、混凝土墙和钢筋混凝土墙。护岸墙的底部应伸

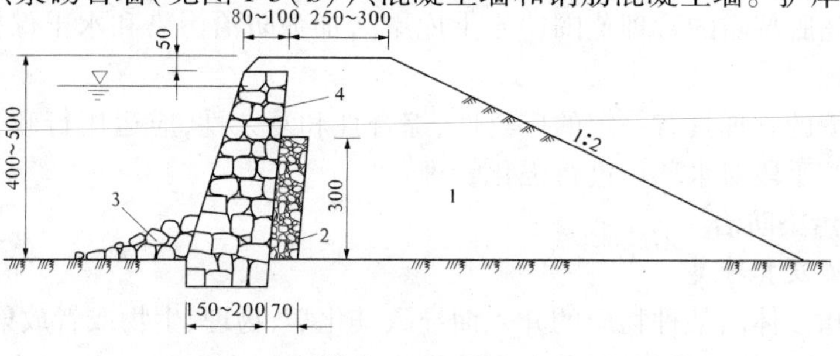

1—土; 2—砾石垫层; 3—堆石护脚; 4—干砌石护岸墙

(a) 干砌石护岸墙

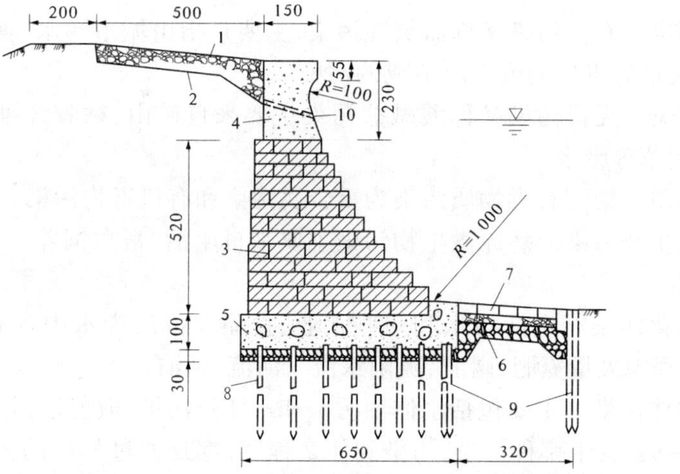

1—砌石护面; 2—砾石垫层; 3—浆砌石墙体; 4—混凝土墙顶; 5—混凝土墙基;
6—抛石; 7—砌石护脚; 8—桩基; 9—防冲板桩; 10—排水孔

(b) 浆砌石护岸墙

图 1-3 护岸墙 (单位:cm)

入基土内，墙前用砌石或堆石做成护脚，以防墙基淘刷。在必要的情况下，可在墙底设置桩承台，以保证护岸墙的稳定。

防护林护岸是选择库岸滩地的适当地段植树造林，做成防护林带，以抵御水库高水位时的风浪冲刷。

二、水库的水环境保护

（一）对水库水环境保护的认识

水库水环境保护是现代经济社会赋予水库管理工作的一项全新内容，是现代水库管理的基本要求，是工程效益形成的基础保障，自然也是水利工程管理中一项不可忽视的重要工作。

水库水资源是指水库中蓄存的可满足水库兴利目标，即满足设计用途所需的所有水资源。水库水资源的兴利能力不仅取决于水库的建设任务和规模、水库所在河川径流在时间空间上分布水量的变化，而且还取决于水质状况。然而，水库水资源却承受着库区工农业生产及旅游等产业带来的污染和水土流失引发的淤积的威胁，并且这些威胁在日趋加重，这类危害若继续并扩大，水库将会面临功能丧失的危机。因此，为维护水库的安全，水库管理者应超脱狭隘的管理范围，"走上库岸"，加强防治污染和水土保持工作，做好库岸的水环境管理。

水库水环境的管理具有一定的广泛性、综合性和复杂性，应运用行政、法律、经济、教育和科学技术等手段对水环境进行强化管理。

（二）水库污染防治

1. 水库污染及其种类

水污染是指水体因某种物质的介入而导致其化学、物理、生物或者放射性等方面特性的改变，从而影响水的有效利用，危害人体健康或者破坏生态环境，造成水质恶化的现象。

水污染通常有以下几种类型：

（1）有机污染。有机污染又称需氧性污染，主要是指由城市污水、食品工业和造纸工业等排放含有大量有机物的废水所造成的污染。

（2）无机污染。无机污染又称酸碱盐污染主要来自矿山、粘胶纤维、钢铁厂、染料工业、造纸、炼油制革等废水。

（3）有毒物质污染。有毒物质污染为重金属污染和有机毒物污染。

（4）病原微生物污染。病原微生物污染主要来自生活、畜禽饲养厂、医院以及屠宰肉类加工等的污水。

（5）富营养化污染。生活污水和一些工业、食品业排出废水中含有氮、磷等营养物质，农业生产过程中大量氮肥、磷肥，随雨水流入河流、湖泊。

（6）其他水体污染。主要包括水体油污染和水体热污染、放射性污染等。

水是否被污染，发生哪种污染，污染到什么程度，都是通过相应的污染分析指标判定衡量的。水污染正常分析指标包括：①臭味；②水温；③浑浊度；④电导率；⑤溶解性固体；⑥悬浮性固体；⑦总氧；⑧总有机碳；⑨溶解氧；⑩生物化学需氧量；⑪化学需氧量；⑫细菌总数。这些指标是管理中进行检查分析工作的重要依据。

2. 水库污染危害的防治

水库中水体受到污染会产生一定的危害。一是对人体健康产生的危害；二是对农业造成的危害。

水库水环境污染防治应将工程措施和非工程措施相结合。

(1)工程措施。包括3个方面：一是流域污染源治理工程，主要是对工业污染、镇区污水、村落粪便等进行处理；二是流域水环境整治与水质净化工程，主要是对河道淤泥和垃圾进行清理，对下游河道进行生态修复；三是流域水土保持与生态建设工程，主要是对一些废弃的矿区和采石场进行修复处理，栽种水源涵养林。

(2)非工程措施。就是让各种有害物质和使水环境恶化的一切行为远离库区。为此可以采取：①法律手段，可依据国家有关水环境法律法规制定库区环境管理条例，通过法律强制措施对库区的不法行为进行制止；②经济手段，通过奖惩办法对积极采取防治库区污染措施的企业予以奖励，对污染严重的企业予以惩罚；③宣传教育手段，采取多种形式在库区进行宣传教育，提高库区群众的防治意识并发挥社会公众监督作用；④科技手段，应用科学技术知识，加强库区农业生产的指导工作，改善产业结构，减少和避免对环境有害的生产方式。科学地制定水资源的检测、评价标准，推广先进的生产技术和管理技术，制定综合防治规划，使环境建设和防治工作持久不懈。

(三)水库水土保持

1. 水土保持及其作用

水库水土保持是一项综合治理性质的生态环境建设工程，是指在水库水土流失区，为防止水土流失、保护改良与合理利用水土资源而进行的一系列工作。

水土保持工作以保水土为中心，以水蚀为主要防治对象，必然对水库水资源生态环境产生更为全面的显著的作用和影响。主要体现在以下几个方面：①增加蓄水能力，提高降水资源的有效利用；②削减洪水，增加枯水期流量，提高河川水资源的有效利用率；③控制土壤侵蚀，减少河流泥沙；④改善水环境，促进区域社会经济可持续发展。

2. 水土保持的措施

水土流失的原因有水力侵蚀、重力侵蚀、风力侵蚀3种形式。

水力侵蚀概括地说是地表径流对地面土壤的侵蚀和搬移。重力侵蚀是斜坡上的土体因地下水渗透力或因雨后土壤饱和引起抗剪强度减小，或因地震等原因使土体因重力失去平衡而产生位移或块体运动并堆积在坡麓的土壤侵蚀现象，主要形态有崩塌、滑坡、泻流等。风力侵蚀是由风力磨蚀、吹扬作用，使地表物质发生搬运及沉积的现象，其表现有滚动、跃移和悬浮3种方式。

水土流失对水库水资源有极大的影响，包括：①加剧洪涝灾害；②降低水源涵养能力；③造成水库淤积，降低综合能力；④制约地方经济发展。

搞好水土保持应采取3个主要方面的措施：

(1)水土保持的工程措施。在合适的地方修筑梯田、山边沟、撩壕等坡面工程，合理配置蓄水、引水和提水工程，主要作用是改变小地形，蓄水保土，建设旱涝保坡、稳定高产的基本农田。

(2)水土保持的林草措施。在荒山、荒坡、荒沟、沙荒地、荒滩和退耕的陡坡农地上，采取造林、种草或封山育草的办法增加地面植被,保护土壤免受暴雨侵蚀冲刷。

(3)水土保持的农业措施。通过采取合理的耕作措施,在提高农业产量的同时达到保水保土的目的。

第三节 水库控制运用

一、水库控制运用的意义

水库的作用是调节径流、兴利除害。但是,由于水库功能的多样性和河川未来径流的难以预知性,使水库在运用中存在一系列的矛盾问题,概括起来主要表现在4个方面:一是汛期蓄水与泄水的矛盾;二是汛期弃水发电与防汛的矛盾;三是工业、农业、生活用水的分配矛盾;四是在水资源的配置和使用过程中产生用水部门及地区间的不平衡而发生的水事纠纷问题。这就要求加强对水库的控制运用,合理调度。只有这样,才能在有限的水库水资源条件下较好地满足各方面的需求,获得较大的综合效益。如果水库调度同时结合水文预报进行,实现水库预报调度,所获得的综合效益将更大。

二、水库调度工作要求

水库调度包括防洪调度与兴利调度两个方面。在水情长期预报还不可靠的情况下,可根据已制定的水库调度图与调度准则指导水库调度,也可参考中短期水文预报进行水库预报调度,对于多沙河流上的水库,还要处理好拦洪蓄水与排沙的关系,即做好水沙调度。水库群调度中,要着重考虑补偿调节与梯级调度问题。为做好调度的实施工作,应预先制定水库年调度计划,并根据实际来水与用水情况,进行实时调度。

水库年调度计划是根据水库原设计和历年运行经验,结合面临年度的实际情况而制定的全年调度工作的总体安排。

水库实时调度是指在水库日常运行的面临时段,根据实际情况确定运行状态的调度措施与方法,其目的是实现预定的调度目标,保证水库安全,充分发挥水库效益。

三、水库控制运用指标

水库控制运用指标是指那些在水库实际运行中作为控制条件的一系列特征水位,它是拟定水库调度计划的关键数据,也是实际运行中判别水库运行是否安全正常的主要依据之一。

水库在设计时,按照有关技术标准的规定选定了一系列特征水位。如图1-4所示,主要有校核洪水位、设计洪水位、防洪高水位、正常蓄水位、防洪限制水位、死水位等。它们决定水库的规模与效益,也是水库大坝等水工建筑物设计的基本依据。水库实际运行中采用的特征水位是水利部颁布的《水库管理通则》中规定的允许最高水位、汛期末蓄水位、汛期限制水位、兴利下限水位等。它们的确定,主要依据原设计和相关特征水位,同时还须考虑工程现状和控制运用经验等因素。当情况发生较大变化,不能按原设计的特征水位运用时,应在仔细分析比较与科学论证的基础上,拟定新的指标,这些运行控制指标因实际情况需要随时调整。

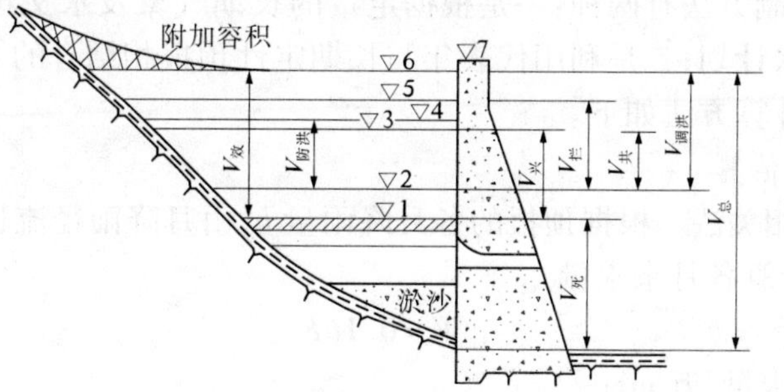

1—死水位;2—防洪限制水位;3—正常蓄水位;
4—防洪高水位;5—设计洪水位;6—校核水位;7—坝顶高程

图 1-4　水库水位与库容特征

(1)允许最高水位。水库运行中,在发生设计的校核洪水时允许达到的最高库水位,它是判断水库工程防洪安全最重要的指标。

(2)汛期限制水位。水库为保证防洪安全,汛期要留有足够的防洪库容而限制兴利蓄水的上限水位。一般根据水库防洪和下游防洪要求的一定标准洪水,经过调洪演算推求而得。

(3)汛期末蓄水位。综合利用的水库,汛期根据兴利的需要,在汛期限制水位上要求充蓄到的最高水位。这个水位在很大程度上决定了下一个汛期到来之前可能获得的兴利效益。

(4)兴利下限水位。水库兴利运用在正常情况下允许消落到的最低水位。它反映了兴利的需要及各方面的控制条件,这些条件包括泄水及引水建筑物的设备高程,水电站最小工作水头,库内渔业生产、航运、水源保护及其他要求等。

四、水库兴利控制运用

水库兴利控制运用的目的,是在保证水库及上下游城乡安全及河道生态条件的前提下,使水库库容和河川径流资源得到充分运用,最大限度地发挥水库的兴利效益。

水库兴利控制运用是水库管理的重要内容,其依据是水库兴利控制运用计划。

(一)编制控制运用计划的基本资料

编制水库兴利控制运用计划需收集下列基本资料。①水库历年逐月来水量资料;②历年灌溉、供水、发电、航运等用水资料;③水库集水面积内和灌区内各站历年降水量、蒸发量资料及当年长期气象水文预报资料;④水库的水位与面积、水位与库容关系曲线;⑤各种特征库容及相应水位,水库蒸发、渗漏损失资料。

(二)水库年度供水计划的编制

1. 编制年度供水计划的内容

编制年度供水计划的内容主要是估算来水、蓄水、用水,通过水量平衡计算拟定水库供水方案。

2. 编制的方法

目前常用的编制方法有两种：一是根据定量的长期气象及水文预报资料估算来水和用水过程，编制供水计划；二是利用代表年与长期定性预报相结合的方法。其中以第一种方法最为常用，其计算方法如下。

1）水库来水量估算

（1）降雨径流相关法。根据预报的各月降雨量 b，由月降雨径流相关图查得月径流深度 h，即可按下式计算各月来水量

$$W = 0.1hF \tag{1-1}$$

式中 W——月来水量，万 m^3；

h——月径流深度，mm；

F——水库集水面积，km^2。

（2）月径流系数法。根据预报的各月降雨量 b 和各月的径流系数 α，按下式计算各月来水量

$$W = 0.1\alpha bF \tag{1-2}$$

式中 b——预报的月降雨量，mm；

α——径流系数；

其他符号意义同上。

（3）具有长期水文预报的水库，可直接预报各月径流量。

2）水库供水量估算

（1）灌溉用量的计算。

①逐月耗水定额法。

$$W = (M - 0.667\beta c)/\eta \times A \tag{1-3}$$

式中 W——各月灌溉用水量，万 m^3；

M——作物月耗水定额，m^3/亩；

A——灌溉面积，万亩；

β——降雨的田间有效利用系数；

c——田间月降雨量，mm；

η——渠系水有效利用系数。

②固定灌溉用水量法。对于北方地区的旱作物，各年灌溉用水量差别不大，各年同一月份的灌溉用水量可以采用一常量。

（2）发电用水量和保证出力的计算。

$$Q_p = (W + V - W_f - W_c)/T \tag{1-4}$$

$$N_p = \lambda Q_p H_P \tag{1-5}$$

式中 Q_p——水电站供水期的调节流量，m^3/s；

W——供水期天然来水量，m^3；

V——水库兴利库容，m^3；

W_f——水库的损失（渗漏、蒸发）水量，m^3；

W_c——由于其他用途（灌溉、航运）引走的水量，m^3；

T——供水期，s；

N_p——水电站在供水期的保证出力；

H_P——水电站在供水期的平均水头；

λ——出力系数，根据机组类型及其传动方式来确定，对于一般小型水电站 $\lambda=6.5\sim7.5$。

3）水库损失水量估算

（1）水库损失水量估算。

$$W_0 = 1\,000(h_w - h_e)(A - a) \tag{1-6}$$

式中 W_0——水库月蒸发损失水量，m^3；

h_w——月水面蒸发水层深度，mm；

h_e——原来陆地面蒸发水层深度，mm；

A——水库月平均水面面积，km^2；

a——建库前库区原有水面面积，km^2。

（2）水库的渗漏损失量。水库的渗漏损失与水库的水文地质条件有极大关系，可按表1-2进行估算。

表1-2　水库渗漏损失水量估算

水库的水文地质条件	月渗漏量（m^3/月）	年渗漏量（m^3/a）
优越	$(0\sim1.0\%)W$	$(0\sim10\%)W_a$
一般	$(1.0\%\sim1.5\%)W$	$(10\%\sim20\%)W_a$
较差	$(1.5\%\sim3.0\%)W$	$(20\%\sim40\%)W_a$

注：W 为水库的月蓄水量，m^3；W_a 为水库的年蓄水量，m^3。

4）兴利调节计算

水库兴利调节计算的基本原理是：某时段的入库水量与出库水量（包括各部门的用水量、汛期的弃水量和损失水量）之差，应等于该时段水库增蓄的水量。即

$$\Delta W_e - \Delta W_u - \Delta W_f = \pm\Delta W \tag{1-7}$$

式中 ΔW_e——某计算时段水库的来水量，m^3；

ΔW_u——同一时段的出库水量（包括各部门用量和汛期弃水量），m^3；

ΔW_f——同一时段水库的损失量，m^3；

ΔW——同一时段水库蓄水量的变化，m^3，“+”号表示蓄水量增加，“-”号表示蓄水量减少。

（三）水库兴利调度图

为了进行水库调度，必须利用径流的历时特性资料和统计特性资料，按水库运行调度的一定准则，预先编制由一组控制水库工作的蓄水指示线（调度线）组成的水库调度图。如当年有长期气象预报资料，估算出当年的来水、用水量，在水库已有蓄水量的情况下，通过调节计算绘制的水库兴利水位过程线，就是当年的兴利调度线。在缺乏长期水文、气象

预报资料或水文气象预报精度尚不能满足要求的条件下,最常用的方法是绘制统计调度图来进行水库的兴利调度。

1. 年调节兴利调度图

年调节水库兴利基本调度线图见图 1-5,图中线Ⅰ为防洪破坏线(保证供水线),线Ⅱ为限制供水线,线Ⅰ与线Ⅱ是在水库保证正常供水前提下,相应设计枯水年份的各种可能出现的库水位的外包线和内包线,线Ⅲ为防弃水线,是在水库按最大需水量(或电站最大过水能力)工作的条件下,相应丰水年份可能出现的库水位的内包线,以上 3 条基本调度线将水库以年度为周期的范围划分为 4 个运行区,并规定了相应的调度方式。线Ⅰ与线Ⅱ之间(*A* 区)为保证正常供水区,水库按保证运行方式工作;线Ⅱ与死水位之间(*C* 区)为降低供水区,水库按降低供水区或天然入库径流量供水,以减轻破坏程度或缩短破坏时间;线Ⅰ与线Ⅲ之间(*B* 区)为加大供水区,水库按加大供水方式工作,以充分利用余水量,减少弃水量;线Ⅲ与正常蓄水位之间(*D* 区)为最大供水区,水库按最大需水量或供水设备的最大过水能力供水。在实际运行中,不考虑水文预报时,由面临时段初的库水位所在区域决定水库的供水量(或发电出力);若结合面临时段的入库径流量预报,可由时段来预计可以达到的库水位所在区域,决定水库供水量。

2. 多年调节水库兴利调度

多年调节水库的调节周期一般为由若干连续枯水年组成的枯水段。实用上一般仍绘制以年度为单位的调度图。其基本调度线图和辅助调度线图的形式,与年调节水库类似,如图 1-6 所示。与年调节水库调度图的差别为:①防洪破坏线(Ⅰ)位于多年库容蓄满点以上,说明多年库容未蓄满以前,水库不应加大供水量;②限制供水线(Ⅱ)最低点为死水位,最高点水位至死水位所相应的库容一般应等于年库容。

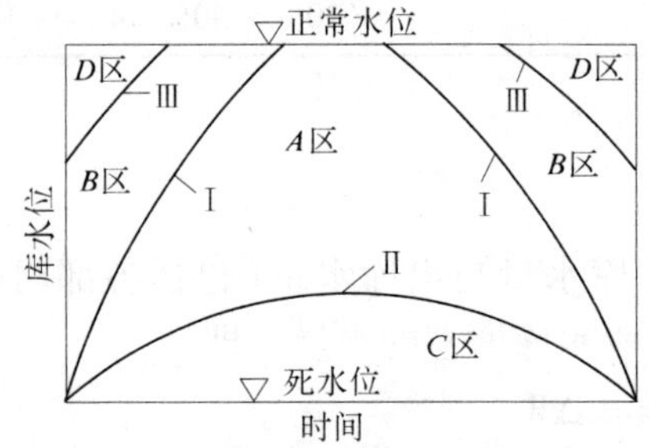

图 1-5　水库兴利基本调度线示意图

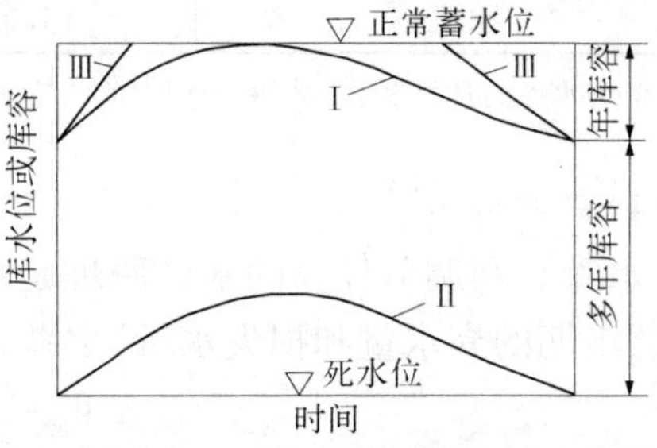

图 1-6　多年调节水库兴利调度线示意图

五、水库防洪控制运用

水库防洪调度是指利用水库的调蓄作用和控制能力,有计划地控制、调节洪水,以避免下游防洪区的洪灾损失和确保水库工程安全。

为确保水库安全,充分发挥水库对下游的防洪效益,应每年在汛前编制好水库汛期控制运用计划。防汛控制运用计划应根据工程实际情况,对防洪标准、调度方式、防洪限制水位进行重新确定,并重新绘制防洪调度图。

(一)防洪标准的确定

对实际工程状况符合原规划设计要求的,应执行原规划设计时的防洪标准。对由于受工程质量、泄洪能力和其他条件的限制,不能按原规划设计标准运行的,就应根据当年的具体情况拟定本年度的防洪标准和相应的允许最高水位,在拟定时应考虑以下因素:

(1)当年工程的具体情况和鉴定意见,水库建筑物出现异常现象时对规定的最高洪水位应予以降低。

(2)当年上、下游地区与河道堤防的防洪能力及防汛要求。

(3)新建水库未经高水位考验时,汛期最高洪水位需加以限制。

(二)防洪调度方式的确定

水库汛期的防汛调度是水库管理中一项十分重要的工作。它不但直接关系水库安全和下游防洪效益的发挥,而且也影响汛末蓄水和兴利效益的发挥。要做好防汛调度,必须重视并拟定合理可行的防洪调度方式,包括泄流方式、泄流量、泄流时间、闸门启闭规则等。

水库的防洪调度方式取决于水库所承担的防洪任务、洪水特性和各种其他因素。按所承担的防洪任务要求分为:①以满足下游防洪要求的防洪调度方式;②以保证水库工程安全而无下游防汛任务要求的防洪调度方式。

1. 下游有防洪要求的调度

下游有防洪要求的调度包括固定泄洪调度方式、防洪补偿调度方式、防洪预报调度方式3种。

(1)固定泄洪调度。对于下游防洪区(控制点)紧靠水库、水库至防洪区的区间面积小、区间流量不大或者变化平稳的情况,区间流量可以忽略不计或看做常数。对于这种情况,水库可按固定泄洪方式运用。泄流量可按一级或多级形式用闸门控制。当洪水不超过防洪标准时,控制下游河道流量不超过河道安全泄量。对防洪区只有一种安全泄量的情况,水库按一种固定流量泄洪,水库下游有几种不同防洪标准与安全泄量时,水库可按几个固定流量泄洪的方式运用。一般多按“大水多泄,小水少泄”的原则分级。有的水库按水位控制分级,有的水库按入库洪水控制流量分级。当判断来水超过防洪标准时,应以水工建筑物的安全为主,以较大的固定泄量泄水,或将全部泄洪设备敞开泄洪。

例如,某水库距下游防洪保护区3.5 km,区间洪水较小,调洪时将频率为2%以下的洪水分3级固定泄量下泄,其判别条件和分级泄量见表1-3。

表1-3 判别条件和分级泄量表

判别条件（入库流量 Q(m^3/h)）	泄流方式	说 明
<2 500	$q = Q$	q 为泄流量
2 500～4 000	$q = 2\ 500\ m^3/s$	多余滞蓄
4 000～6 100	$q = 2\ 500\ m^3/s$	多余滞蓄
>6 100	自由泄流	为保大坝安全

(2)防洪补偿调度(或错峰调度)方式。当水库距下游防洪区(控制点)较远、区间面

积较大时，如图 1-7(a)所示，则对区间的来水就不能忽略，要充分发挥防洪库容的作用，可采用补偿调度(或错峰调度)方式。所谓补偿调节，就是指水库的下泄流量加上区间来水，要小于或等于下游防洪控制点允许的安全泄流量 $q_{安}$。为使下游防洪控制点的泄流量不超过 $q_{安}$，水库就必须在区间洪水通过防洪控制点时减少泄流量，如图 1-7(b)所示，图中 $Q_B \sim t$ 为区间洪水过程线，$Q_A \sim t$ 为入库洪水过程线，B 点的洪水到达防洪控制点 C 的传播时间为 t_{BC}，水库泄流到达 C 点的传播时间为 t_{AC}，两者之差 $t = t_{BC} - t_{AC}$。在图 1-7 中将 $Q_B \sim t$ 移后 t，倒置于 $q_{安}$ 之下，则水库的下泄流量过程即如图 1-7(b)中的 $abcd$ 线所示。图中 $q_{安}$ 以上的水库入库过程线与 bcd 曲线所包围的面积，即为满足下游防洪要求所需的防洪库容，图中的斜线面积为补偿库容。这种补偿调节，在无预报的情况下，必须是水库泄流量到达防洪控制点的时间小于或等于区间洪水到达防洪控制点的时间，即 $t_{AC} \leqslant t_{BC}$。若区间洪水能预报，且预见期 $t_{预}$ 与 t_{BC} 之和能大于或等于 t_{AC} 时，也可进行补偿调节。

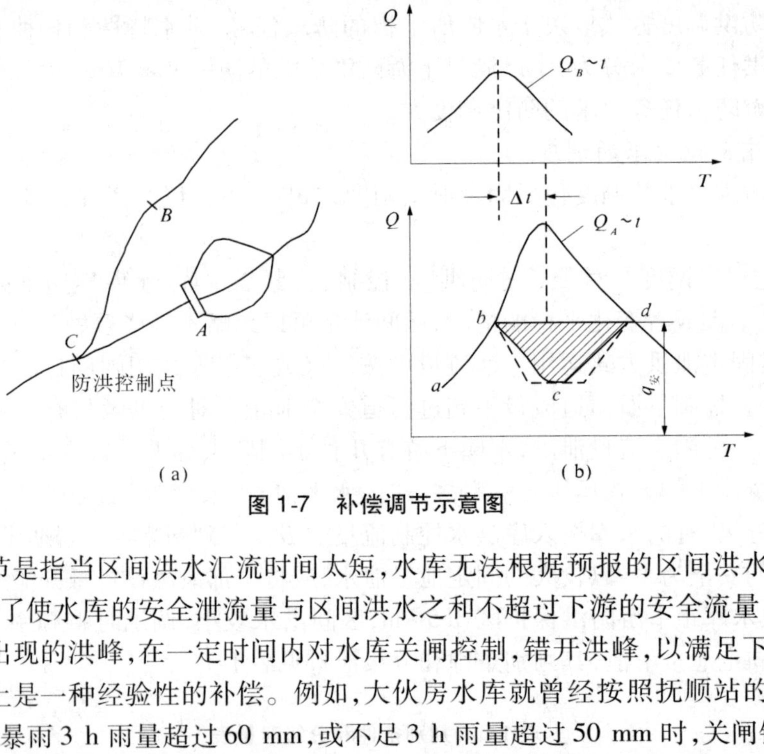

图 1-7　补偿调节示意图

错峰调节是指当区间洪水汇流时间太短，水库无法根据预报的区间洪水过程逐时段地放水时，为了使水库的安全泄流量与区间洪水之和不超过下游的安全流量，只能根据区间预报可能出现的洪峰，在一定时间内对水库关闸控制，错开洪峰，以满足下游的防洪要求。这实际上是一种经验性的补偿。例如，大伙房水库就曾经按照抚顺站的预报关闸错峰，即当连续暴雨 3 h 雨量超过 60 mm，或不足 3 h 雨量超过 50 mm 时，关闸错峰。

(3)防洪预报调度。是利用准确预报资料进行调度工作的一种方式。对已建成的水库，考虑预报进行预泄，可以腾空部分防洪库容，增加水库的抗洪能力，或更大限度地削减洪峰，保证下游的安全。对具有洪水预报技术和设备条件，洪水预报精度和准确性高，且蓄泄运用较灵活的水库可以采用防洪预报调度。短期水文预报一般指降雨径流预报或上下站水位流量关系的预报，其预见期不长，但精度较高，合格率较高，一般考虑短期水文预报进行防洪调度比较可靠。

根据防洪标准的洪水过程，按照采用的洪水预报预见期及精度，进行调洪演算。调洪演算所用的预泄流量是在水库泄流能力范围内且不大于下游允许泄流量的流量。如果下游区间流量比较大时，应该是不超过下游允许泄量与区间流量的差值。通过调洪演算即可求出能够预泄的库容及调洪最高水位。如图 1-8 所示。

2. 下游无防洪要求的调度

当下游无防洪要求时，应以满足水库工程安全为主进行调度。包括正常运用方式、非常运用方式两种情况的泄流方式，可采用自由泄流或变动泄流的方式进行。

（1）正常运用方式。可以采用库水位或者入库流量作为控制运用的判别指示。按照预先制定的运用方式（一般为变动泄流，闸门逐渐打开）蓄泄洪水，控制库水位不高于设计洪水位。

（2）非常运用方式。当库水位已达到设计洪水位并超过时，对有闸门控制的泄洪设施，可打开全部闸门或按规定的泄洪方式泄洪（多为自由泄流方式或启动非常溢洪道等方式），以控制发生校核洪水时库水位不超过校核洪水位。

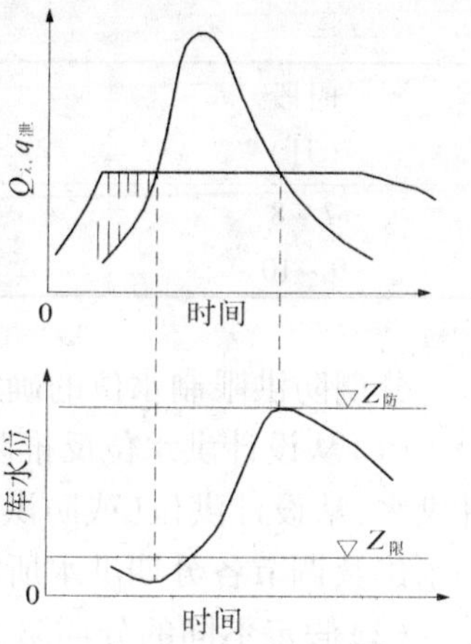

图 1-8　预报防洪调度

3. 闸门的启闭方式

（1）集中开启。就是一次集中开启所需的闸门个数及相应开度。这种方式对下游威胁较大，只有在下游防洪要求不高，或水库自身安全受到威胁时才考虑采用。

（2）逐步开启。有两种情况，一种是对全部闸门而言，分序开启；另一种是对单个闸门而言，部分开启。如何开启主要根据下泄洪水流量大小来确定。

（三）防洪限制水位的确定

防洪限制水位在规划设计时虽已明确，但水库在汛期控制运用阶段，还必须根据当年的情况予以重新确定调整。一般应考虑工程质量、水库防洪标准、水文情况等因素来确定。

对于质量差的应降低防洪限制水位运行；问题严重的要空库运行；对于原设计防洪标准低的水库在汛期应降低防洪限制水位，以便提高防洪标准；对于库容较小，而上游河道枯季径流相对较大，在汛后短期内可以蓄满，则防洪限制水位可定得低一些。

在汛期内供水有明显的分期界限的，为了充分发挥水库的防洪及综合效益，在一定的条件下使防洪库容与兴利库容相结合使用，并根据预报信息提前预泄洪水或拦蓄洪尾等，对此可以采取分期防洪限制水位进行分期调度，即将汛期分为不同的阶段，分别计算各阶段洪量和留出不同的防洪库容，进而确定各阶段的防洪限制水位，分期蓄水，逐步抬高防洪限制水位。

例如，丹江口水库从气象上看，可划分为 7～8 月与 9～10 月两个明显的时期，而且所采用的下游允许泄流量也不同，7～8 月下游受长江水位顶托的可能性大，允许泄流量相对较小，9～10 月洪水主要来自上游，流程较长，故洪水预报预见期也长一些，因此，两期所要求的防洪库容与汛限水位均可不同，如图 1-9 及表 1-4 所示。

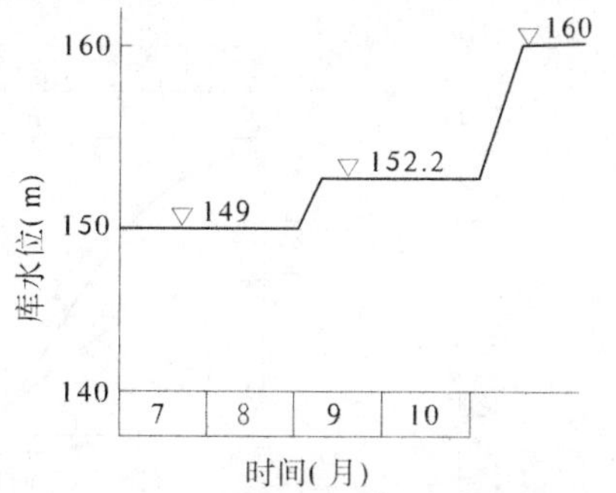

图 1-9　丹江口水库分期防洪限制水位

表 1-4　分期防洪限制水位

时段 （月）	防洪库容 （亿 m^3）	防洪高水位 （m）	汛前限制水位 （m）
7～8	78	160	149
9～10	58	160	152.2

分期防洪限制水位的确定方法有两种：

（1）从设计洪水位反推防洪限制水位。将汛期划分为几个时段后，根据各分期的设计洪水，从设计洪位（或防洪高水位）开始按逆时序进行调洪计算，反推各分期的防洪限制水位及调节各分期洪水所需的防洪库容。

（2）假定不同的分期防洪限制水位，计算相应的设计洪水位，经综合比较后确定各分期的防洪限制水位。对每一个分期设计洪水拟定几个防洪限制水位，然后对每一个防洪限制水位按规定的防洪限制条件和调洪方式，对分期设计洪水进行顺时序的调洪计算，求出相应的设计洪水位、最大泄流量和调洪库容。最后经综合分析后确定各分期的防洪限制水位。

（四）汛期防洪调度图

水库汛期防洪调度图是防洪调度工作的工具，只要根据库水位在调度图中所处的位置，就可以按相应的调度规则来决定该时刻水库的下泄流量。防洪调度图可以决定整个汛期的调洪方式。防洪调度图由防洪限制水位线、防洪调度线、各种标准洪水的最高调洪水位线和由这些线所划分的各级调洪区所组成，根据调洪库容与兴利库容结合的情况，可分为 3 种。

1. 调洪库容与兴利库容部分结合的调度图

如图 1-10 所示防洪调度线，由线 *abcdef* 组成，其中 *abef* 的高程为正常蓄水位，线段 *cd* 的高程为汛期限制水位，t_c 至 t_d 为由水文气象特性和实测洪水资料确定的主汛期，线段 *de* 为遭遇各种可能洪水经水库调蓄后的库水位的内包线，线段 *bc* 为汛期初减少弃水和保证下游安全而需控制的库水位的下包线。在实际运行时，水库因兴利要求的蓄水位不得超过线 *abcdef*。此线以上按大坝调洪和下游防洪调度方式运用，以下按兴利调度方式运用，其中正常蓄水位和汛期限制水位之间称为重叠库容，在主汛期放空，用于防洪滞洪，在汛后利用余水充蓄，用于兴利。

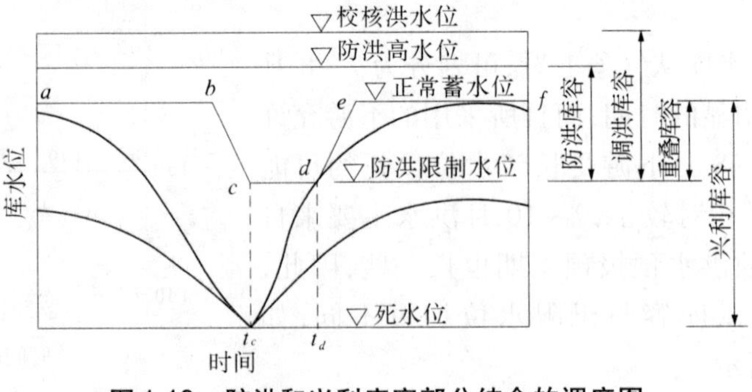

图 1-10　防洪和兴利库容部分结合的调度图

2. 防洪和兴利库容完全结合的调度图

防洪和兴利库容完全结合的调度图分 3 种情况：

(1)防洪库容是兴利库容的一部分(部分重叠)，如图 1-11(a)所示。

(2)防洪库容与兴利库容全部重叠，如图 1-11(b)所示。

(3)兴利库容是防洪库容的一部分，如图 1-11(c)所示。

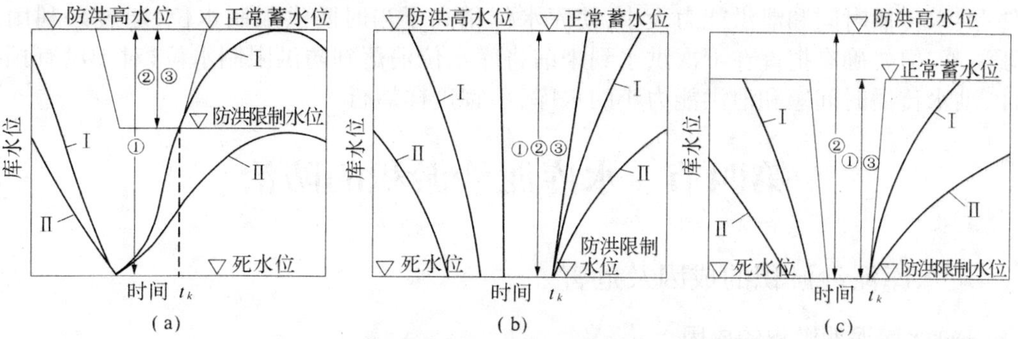

①—兴利库容；②—防洪库容；③—重叠库容

Ⅰ—防洪破坏线；Ⅱ—限制供水线

图 1-11　防洪库容与兴利库容完全结合

调洪库容与兴利库容完全结合，故正常蓄水位与设计洪水位或防洪高水位相同，或低于设计洪水位或防洪高水位，而防洪限制水位可能等于死水位也可能高于死水位(见图 1-11(a))。图中的防洪调度线是根据设计洪水过程线从洪水出现时刻 t_k(洪水出现可能最迟时间)开始，由防洪限制水位进行调洪计算所求得的水库蓄水位过程线，它也表示汛期各个时刻为满足防洪要求所必须预留库容的指导线。上基本调度线(Ⅰ线)是根据设计枯水年的来水，经调节计算，在满足发电及其他兴利要求的情况下绘制成的水库水位过程线，因此它必须位于防洪调度线的下侧。在汛前，水库的兴利蓄水位不得超过防洪限制水位和防洪调度线，如果洪水时期水库的水位被迫超过防洪限制水位和防洪调度线，则应根据一定标准确定的调洪规则来控制水库的泄流量，使水库水位回落到防洪限制水位和防洪调度线上来。

3. 调洪库容与兴利库容不结合

这种方法适用于在水库控制流域面积较小，洪水出现的时期和洪水的大小无规律的情况，此时调洪库容与兴利库容分别设置，汛期防洪限制水位位于水库正常蓄水位上，预留全部调洪库容以拦蓄随时可能出现的洪水，其调度图如图 1-12 所示。

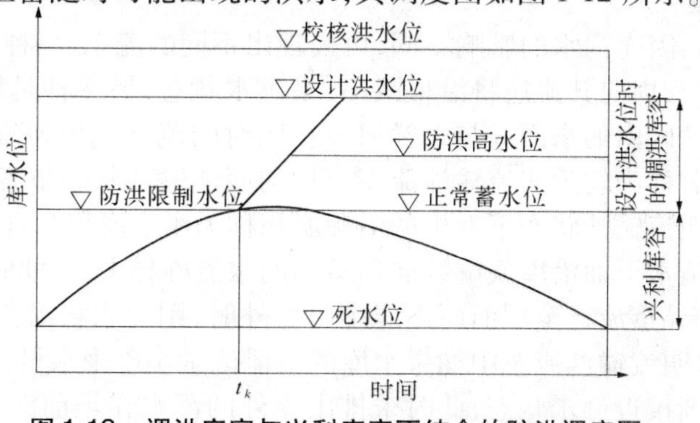

图 1-12　调洪库容与兴利库容不结合的防洪调度图

(五)做好水文气象预报工作

做好水文气象预报工作对于汛期的防汛调度十分重要,比如采用预泄或延泄措施,则要依据预报有无大洪水发生来确定;提前预泄或蓄水,也应根据预报的预见期,结合当时库水位及下游允许泄量来确定。

汛期水库水位应按规定的防洪限制水位进行控制。为了减少弃水,可根据水情预报条件、洪水传播时间和泄洪能力大小,使库水位稍高于当时防洪限制水位,通过兴利用水逐渐消落,但要确有把握在下次洪水到来前将库水位消落到防洪限制水位,对于没有预报条件、洪水传播时间短和泄洪能力小的水库,不宜这样运行。

第四节　水库泥沙淤积的防治

一、水库泥沙淤积的成因及危害

(一)水库泥沙淤积的成因

河流中挟带泥沙,按其在水中的运动方式,常分为悬移质泥沙、推移质泥沙和河床质泥沙,它们随着河床水力条件的改变,或随水流运动,或沉积于河床。

当河流上修建水库以后,泥沙随水流进入水库,由于水流流态变化,泥沙将在库内沉积形成水库淤积。水库淤积的速度与河水中的含沙量、水库的运用方式、水库的形态等因素有关。

(二)水库泥沙淤积的危害

水库的淤积不仅会影响水库的综合效益,而且还对水库上下游地区造成严重的后果。其表现为:

(1)由于水库淤积,库容减小,水库的调节能力也随之减小,从而降低甚至丧失防洪能力。

(2)加大了水库的淹没和浸没。

(3)使有效库容减小,降低了水的综合效益。

(4)泥沙在库内淤积,使其下泄水流含沙量减小,从而会引起河床冲刷。

(5)上游水流挟带的重金属等有害成分淤积库中,会造成库中水质恶化。

二、水库泥沙淤积与冲刷

(一)淤积类型

水流进入库内,因库内水的影响不同,可表现出不同的流态,一种为壅水流态,即入库水流流速由回水端到坝前其流速将沿程减小,呈壅水状态;另一种是均匀流态,即挡水坝不起壅水作用时,库区内的水面线与天然河道相同时的流态。均匀流态下水流的输沙状态与天然河道相同,称为均匀明流输沙流态。均匀明流输沙状态下发生的沿程淤积称为沿程淤积;在壅水明流输沙状态下发生的沿程淤积称为壅水淤积。含沙量大细颗粒多,进入壅水段后,潜入清水下面沿库底继续向前运动的水流称异重流,此时发生的沿程淤积称为异重流淤积。当异重流行至坝前而不能排出库外时,则浑水将滞蓄在坝前清水下形成浑水水库。在壅水明流输沙流态中如果水库的下泄流量小于来水量,则水库将继续壅水,流速继续减小,逐渐接近静水状态,此时未排出库外的浑水在坝前滞蓄,也将形成浑水水库，在浑水水库中，泥沙的淤积称为浑水水库淤积。

（二）水库中泥沙淤积形态

泥沙在水库中淤积呈现出不同的形体（纵剖面及横剖面的形状）。纵向淤积有3种，即三角洲淤积、带状淤积、锥体淤积。

（1）三角洲淤积。泥沙淤积体的纵剖面呈三角形的淤积形态，称为三角洲淤积，如图1-13所示，一般由回水末端至坝前呈三角状，多发生于水位较稳定、长期处于高水位运行的水库中。按淤积特征分为4个区段，即尾部段、顶坡段、前坡段、坝前淤积段。

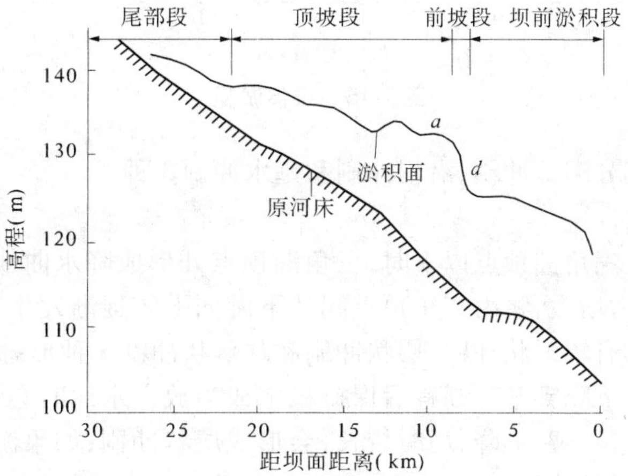

图1-13　三角洲淤积

（2）带状淤积。淤积物均匀地分布在库区回水段上。如图1-14所示，多发生于水库水位呈周期性变化，变幅较大，而水库来沙不多，颗粒较细，水流流速又较高的情况下。

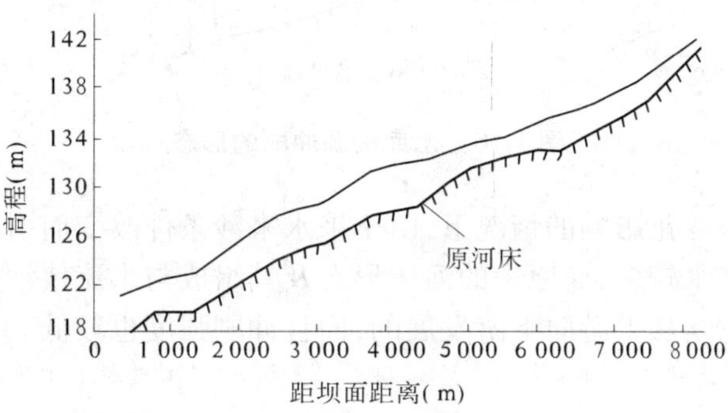

图1-14　带状淤积

（3）锥体淤积。在坝前形成淤积面接近水平，为一条直线，形似锥体的淤积，如图1-15所示，多发生于水库水位不高，壅水段较短，底坡较大，水流流速较高的情况下。

影响淤积形态的因素有水库的运行方式、库区的地形条件和干支流入库的水沙情况等。

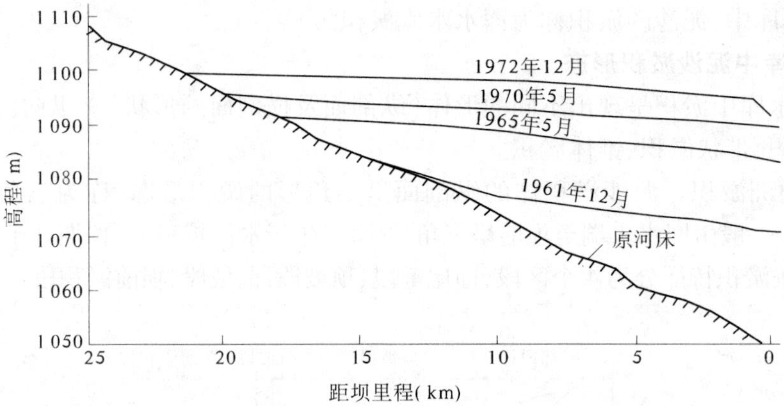

图 1-15　锥体淤积

(三)水库的冲刷

水库库区的冲刷分溯源冲刷、沿程冲刷和壅水冲刷 3 种。

1. 溯源冲刷

当水库水位降至三角洲顶点以下时,三角洲顶点处形成降水曲线,水面比降变陡,流速加快,水流挟沙能力增大,将由三角顶点起从下游向上游逐渐发生冲刷,这种冲刷称为溯源冲刷。溯源冲刷有辐射状冲刷、层状冲刷和跌落状冲刷 3 种形态,如图 1-16 所示,当水库水位在短时间内下降到某一高程后保持稳定或当放空水库时会形成辐射状冲刷;如果冲刷过程中水库水位不断下降,历时较长,会形成层状冲刷;如果淤积为较密实的黏性涂层时,会形成跌落状的冲刷。

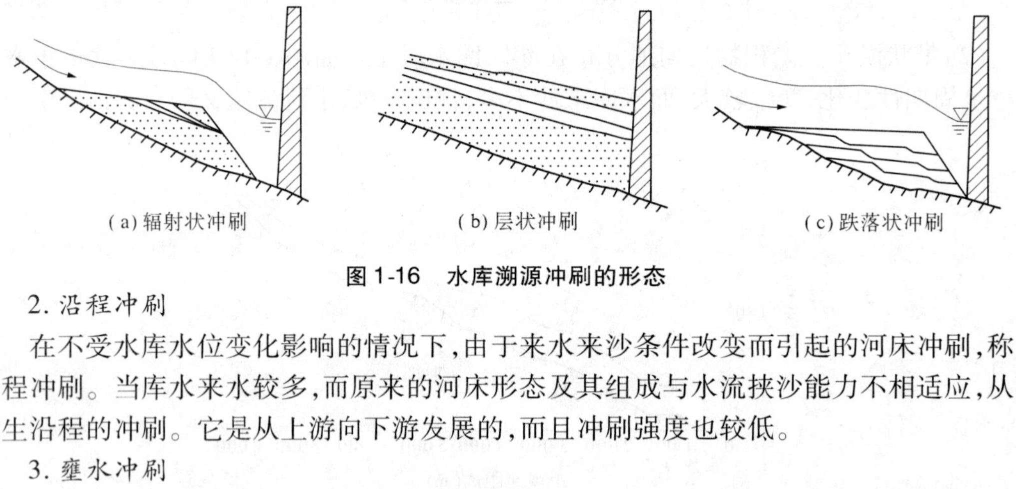

图 1-16　水库溯源冲刷的形态

2. 沿程冲刷

在不受水库水位变化影响的情况下,由于来水来沙条件改变而引起的河床冲刷,称为沿程冲刷。当库水来水较多,而原来的河床形态及其组成与水流挟沙能力不相适应,从而发生沿程的冲刷。它是从上游向下游发展的,而且冲刷强度也较低。

3. 壅水冲刷

在水库水位较高的情况下,开启底孔闸门泄水时,底孔周围淤积的泥沙,随同水流一起被底孔排出孔外,在底孔前逐渐形成一个最终稳定的冲刷漏斗,这种冲刷称为壅水冲刷。壅水冲刷局限于底孔前,且与淤积物的状态有关。

三、水库淤积防治措施

水库淤积的根本原因是水库水域水土流失形成水流挟沙并带入库内。所以根本的措施是改善水库水域的环境,加强水土保持。关于水土保持措施已在前述内容中作了介绍。

除此之外,对水库进行合理的运行调度也是减轻和消除淤积的有效方法。

(一)减淤排沙的方式

减淤排沙有两种方式,一种是利用水库水流流态来实现排沙,另一种是借助辅助手段清除已产生的淤积。

1. 利用水流状态作用的排沙方式

(1)异重流排沙。多沙河流上的水库在蓄水运用中,当库水位、流速、含沙量符合一定条件(一般是水深较大,流速较小,含沙量较大)时,库区内将产生含沙量集中的异重流,若及时开启底孔等泄水设备,就能达到较好的排沙效果。

(2)泄洪排沙。在汛期遭遇洪水时,库水位壅高,将造成库区泥沙落淤,在不影响防洪安全的前提下,及时加大泄流量,尽量减少洪水在库内的滞洪时间,也能达到减淤的效果。

(3)冲刷排沙。水库在敞泄或泄空过程中,使水库水流形成冲刷条件,将库内泥沙冲起排出库外。有沿程冲刷和溯源冲刷两种方法。

2. 辅助清淤措施

对于淤积严重的中小型水库还可以采用人工、机械设备或工程设施等措施作为水库清淤的辅助手段。机械设备清淤是利用安在浮船上的排沙泵吸取库底淤积物,通过浮管排出库外,也有借助安在浮船上的虹吸管,在泄洪时利用虹吸作用吸取库底淤积泥沙,排到下游(见图1-17)。工程设施清淤是指在一些小型多沙水库中,采用一种高渠拉沙的方式,即于水库周边高地设置引水渠,在库水位降低时利用引渠水流对库周滩地造成强烈冲刷和滑塌,使泥沙沿主槽水流排出水库,恢复原已损失的滩地库容。

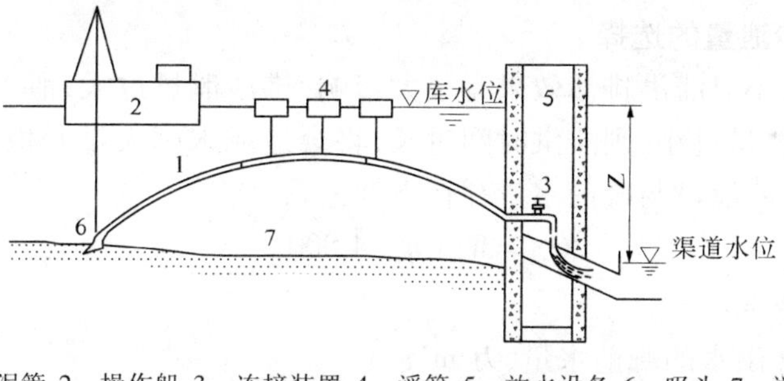

1—输泥管;2—操作船;3—连接装置;4—浮筒;5—放水设备;6—吸头;7—淤泥面

图1-17　虹吸清淤装置示意图

(二)水沙调度方式

上述的减淤排沙措施应与水库的合理调度配合运用。在多泥沙河道的水库上将防洪兴利调度与排沙措施结合运用,就是水沙调度。包括以下几种方式。

1. 蓄水拦洪集中排沙

蓄水拦洪集中排沙又称水库泥沙的多年调节方式,即水库按防洪和兴利要求的常用方式拦洪和蓄水运用,待一定时期(一般为2~3年)以后,选择有利时机泄水放空水库,利用溯源冲刷和沿程冲刷相结合的方式清除多年的淤积物,达到全部或大部分恢复原来的防洪与兴利库容。在蓄水运用时期,还可以利用异重流进行排沙,这种方式适宜于河床比降大、滩地库容所占比重小、调节性能好、综合利用要求高的水库。

2. 蓄清排浑

蓄清排浑又称泥沙的年调节方式，即汛期（丰沙期）降低水位运用，以利排沙，汛后（少沙期）蓄水兴利。利用每年汛初有利的水沙条件，采用溯源冲刷和沿程冲刷相结合的方式，清除蓄水期的淤积，做到当年基本恢复原来的防洪和兴利库容。

3. 泄洪排沙

泄洪排沙即在汛期水库敞开泄洪，汛后按有利排沙水位确定正常蓄水位，并按天然流量供水。这种运行方式可以避免水库大量淤积，能达到短期内冲淤平衡，但综合效益发挥将受到限制。

根据我国水库的运用经验，水库的运用方式可根据水库的容积沙量比 $K_s = V_o/V_s$（V_o 为水库容积，V_s 为水库的年来沙量）和容积水量比 $K_w = V_o/W$（W 为年来水量）来初步确定。

当 $K_s > 50, K_w > 0.2$ 时，宜采用拦洪蓄水运用方式。

当 $K_s < 30, K_w < 0.1$ 时，宜采用蓄清排浑运用方式或泄洪排沙。

当 $K_s = 30 \sim 50, K_w = 0.1 \sim 0.2$ 时，可采用前期拦洪蓄水、后期蓄清排浑的运用方式或采用拦洪蓄水与蓄清排浑交替使用的运用方式。

一般以防洪季节灌溉为主的水库，由于水库的主要任务与水库的排沙并无矛盾，故可采用泄洪排沙或蓄清排浑运用方式；对于来沙量不大的以发电为主的水库，可采用拦洪蓄水与蓄清排浑交替使用的运用方式。

四、水库的泄洪排沙

（一）泄洪排沙泄量的选择

排沙泄量的大小对滞洪排沙效果有很大影响，排沙泄量过大，泄洪时间短，对下游行洪放淤不利，排沙泄量过小，则滞洪时间过长，将会造成水库大量淤积。根据一些水库实测资料的分析，排沙、泄量与峰前水量存在下列关系

$$Q_{sw} = W_w(\eta_{s0}/4\,000)^{1/0.37} \tag{1-8}$$

式中　η_{s0}——排沙率；

W_w——入库洪水的峰前水量，万 m^3；

Q_{sw}——第一天平均排沙泄量，m^3/s。

式（1-8）适用于单峰型洪水，涨峰历时不超过 12 小时的情况。

对于峰高、量大的洪水，如若滞洪历时过长，则漫滩淤积量就大，排沙率就低，根据一些中小型水库实测资料的分析，排沙效率 η_{s0} 与滞洪历时 t（h）之间存在下列关系

$$\eta_{s0} = 258t^{-1/3} \tag{1-9}$$

（二）泄洪排沙期淤积量计算

滞洪排沙期间的淤积量 ΔW_s 为

$$\Delta W_s = W_s - W_{s0} \tag{1-10}$$

式中　W_s——一次洪水的入库沙量，m^3；

W_{s0}——该次洪水的排沙量，m^3；

$$W_{s0} = \eta W_s \tag{1-11}$$

其中，η 为排沙比，等于出库沙量与入库沙量之比。

$$\eta = \eta_w^{1.5} \tag{1-12}$$

其中，η_w 为排水比，即出库水量 W_0 与入库水量 W_w 之比。

五、水库的异重流排沙

（一）异重流排沙的形成条件

当 $L \geqslant Q_S J_0$ 时，异重流中途消失；$L < Q_S J_0$ 时，形成异重流排沙。

其中，L 为水库回水长度，km；Q_S 为洪峰的平均输沙率，kg/s；J_0 为库底比降，‰。

（二）异重流排沙计算

异重流的淤积和排沙计算有两类方法：一类是挟沙能力计算法；另一类是经验统计法。这里介绍一下经验统计法。

经验统计法是在水库运行管理中，按实测资料建立的异重流传播时间、异重流排沙泄量和异重流排沙比的经验关系式，估算水库的异重流排沙情况，是比较简便而迅速的方法，在中小型水库管理中被普遍采用。

（1）异重流的传播时间。异重流的传播时间是指异重流从潜入断面运行至坝前的时间，能否准确地掌握这一时间关系，并且能否充分发挥异重流的排沙效果，这是水库管理中的重要问题。如果在异重流到达坝前的时刻，能及时开闸泄水，则可将异重流挟带的大部分泥沙排出库外，如若开闸过晚，则异重流到坝前受阻，泥沙将在库内落淤，若开闸过早，则将使库内储存的清水泄出库外，造成浪费。

异重流传播时间与洪峰流量和水库前期蓄水量的关系为

$$T_0 = 2.2(W_0^{1/2}/Q)^{0.48} \tag{1-13}$$

式中　T_0——从洪峰通过入库水文站到异重流运行至坝前的历时，h；

W_0——水库前期蓄水量，万 m^3；

Q——洪峰流量，m^3/s。

（2）异重流的排沙泄量。异重流排沙泄量的选择，直接影响到水库的排沙效果。据有关工程实测资料的分析得，异重流排沙泄量与入库洪水的峰前水量、水库的前期蓄水量和排沙比存在下列关系

$$q_0 \leqslant W_1(\eta e^{0.006W_0}/4\ 000)^{2.7} \tag{1-14}$$

式中　q_0——异重流第一日的平均排沙量，m^3/s；

W_1——入库洪水的峰前水量，万 m^3；

W_0——水库的前期蓄水量，万 m^3；

η——排沙比，%，即水库排出的总沙量（m^3）与入库总沙量（m^3）之比的百分率。

（3）异重流的排沙比。据有关资料分析得异重流的平均排沙比与河底比降的关系

$$\eta = 6.4J^{0.64} \tag{1-15}$$

式中　η——平均排沙比；

J——原河底比降。

思 考 题

1. 水库有哪些类型？水库的作用有哪些？
2. 水库蓄水之后对环境有哪些影响？环境状况对水库的功能和寿命有何影响？
3. 水库管理的工作内容包括哪些？
4. 水库调度包括哪几个方面？对水库调度工作有何要求？
5. 水库控制运用指标有哪些？这些指标在水库控制运用中有何意义和作用？
6. 水库兴利控制运用的目的是什么？
7. 什么是兴利调度图？
8. 年调节兴利调度图包括哪些内容？各有何意义？
9. 多年调节水库兴利调度图与年调节水库兴利调度图有何异同？
10. 什么是防洪控制运用？年度防洪控制运用计划编制中应主要做哪些工作？
11. 什么是防洪调度方式？其包含哪几种调度方式？
12. 在确定防洪限制水位时应考虑哪些因素？
13. 防洪限制水位的确定方法有哪些？
14. 防洪调度图包括哪些内容？
15. 防洪调度图有几种形式？不同形式的调度图各自的作用是什么？如何应用？
16. 水库泥沙淤积与冲刷有哪些不同类型？
17. 什么是溯源冲刷？什么是沿程冲刷？什么是壅水冲刷？
18. 什么是异重流？
19. 水库淤积防治的措施有哪些？
20. 水沙调度的方式有几种？
21. 泄洪排沙泄量如何计算？
22. 异重流排沙泄量如何计算？

第二章 水工建筑物的安全监测

第一节 概 述

一、监测及监测工作的意义

监测即检查观测，是指直接或借专设的仪器对基础及其上的水工建筑物从施工开始到水库第一次蓄水整个过程中以及在运行期间所进行的监视量测与分析。

工程安全监测在中国水电事业中发挥着重要作用，已成为工程设计、施工、运行管理中不可缺少的组成部分。概括起来工程监测具有如下几个方面的作用：

(1)了解建筑物在荷载和各种因素作用下的工作状态和变化情况，据以对建筑物质量和安全程度作出正确判断和评价，为施工控制和安全运行提供依据。

(2)及时发现不正常的现象，分析原因，以便进行有效的处理，确保工程安全。

(3)是检验设计和施工水平，发展工程技术的重要手段。

二、安全监测的工作内容及其分类

(一)工作内容

工程安全监测的总体工作贯穿于工程建设与运行管理的全过程，包括观测方法的研究和仪器设备的研制生产，监测设计，监测设备的埋设安装，数据的采集、传输和存储，资料的整理和分析，工程实测性态的分析评价等。监测工作在设计、施工、运行 3 个主要阶段的工作内容各有不同。其中，运行阶段的监测工作一般有两种方式，因视监测的对象和需测的物理因素不同，包括现场检查和仪器监(观)测。

现场检查是指对水工建筑物及周围环境的外表现象进行巡视检查的工作，可分为巡视检查和现场检测两项工作。巡视检查一般是靠人的感官直觉(眼看、耳听、手摸)并采用简单的量具进行定期或不定期的的现场检查；现场检测主要是用临时安装的仪器设备在建筑物及其周围进行定期或不定期的一种检查工作。现场检查有定性的也有定量的，藉以了解建筑物有无缺陷、隐患或异常现象。现场检查的项目一般多为凭人的感官直觉或辅以必要的工具可直接地发现和量测的物理因素。如水文要素的侵蚀、淤积；变形要素的开裂、塌坑、滑坡、隆起、错动；渗流方面的渗漏、排水、管涌、湿斑、浑浊；应力方面的炭化、锈蚀、风化、剥落、松软；水流方面的冲刷流态、气蚀、磨损、振动等。具体检查内容应视工程类型而定。

仪器监(观)测是借助固定安装在建筑物相关位置上的各种仪器，对水工建筑物的运行状态及其变化进行的观察测量工作。包括仪器观测和资料分析两项工作。

仪器观测的项目主要有：变形观测、渗流监测、应力应变监测、泄流观测、冰情观测、抗震监测、隐患探测、温度监测等。是对作用于建筑物的某些物理量进行长期、连续、系统定量的测量,水工建筑物的观测应按有关技术标准进行。观测项目可按水工建筑物的类型和现代化管理需要,选择并形成自动监测系统。

现场检查和仪器监测属于同一个目的两种不同技术表现,二者密切联系互为补充,不可分割。世界各国在努力提高观测技术的同时,仍然十分重视检查工作。规范《水利水电工程安全监测》(DL/T 51-78—2003)规定监测工作应遵循仪器监测和巡视检查相结合的原则,大量的实践也证明很多工程问题是通过检查观测发现的,所以二者不可偏废。

(二)工程监测类型

现场检查一般分日常检查、年度检查和特别检查3种。

(1)日常检查。根据工程情况和特点制定切实可行的检查制度,具体规定检查时间、部位、内容和要求,并确定日常巡视检查的路线和检查程序,由有经验的监测和维护人员负责进行巡视检查。日常检查的方式主要是巡视检查,用直觉方法并结合采用锤钎、钢尺、放大镜、望远镜、石蕊纸、回弹仪、照相机、录像机、闭路电视、潜水器等进行。日常检查频次在运行期一般为2~4次/月。

(2)年度检查。在每年汛期、枯水期、冰冻期及蚁害显著期等,按规定的检查项目,由管理单位负责组织进行的比较全面或专门的检查,在巡视检查的基础上确定是否需要进行现场检测,即进一步作现场检查。年度检查在运行期一般为2~3次/年。

(3)特别检查。当遇到严重影响安全运用的特殊情况时,如特大洪水、强烈地震、重大事故等,由主管部门负责组织的检查,一般应组织人员和设备对可能出现的险情进行巡视检查和现场检测,测次应按需要确定。

仪器监测一般分为施工期监测、蓄水期监测、运行期监测。各期的任务、目的和作用有所不同。①施工期监测是指从施工建立观测设备时起,至水库开始首次蓄水前为止的监测。②蓄水期监测,指从首次开始蓄水到库水位达到或接近正常高水位共3年时间内的监测。③运行期监测,指蓄水阶段后的正常使用期的监测。

第二节　水工建筑物监测系统

一、设置监测系统的意义

监测系统是指通过充分利用当今先进的计算机软件技术、国内外先进的工程监测成果和经验,开发出的一套在原型观测技术方面具有先进性、可靠性、通用性和可扩充性的,并能进行自动监测和数据处理分析,保存和辅助观测设备的网络集合,所以也称为工程安全监测分析评价预报系统,这种系统使工程安全监测分析评价预报和管理实现监测的自动化、网络化,可以使水利水电工程部门和流域电力系统等上级管理部门及时掌握工程的实际状态,进行工程安全评价,及时指导水利水电工程的安全运行,提高管理水平,充分发挥工程的经济效益和社会效益。建立工程安全监测分析评价预报系统是十分必要的,我国在已建成的86 900多座大坝中,大都还没有实现大坝安全监测自动化,更没有配置大坝安全监测分析评价预报系统软件,资料的整理分析更是滞后于工程运行需要,直接影响到水利枢纽或水电站的安全运行,不能及时发现大坝的病害或隐患,有的工程只能降低水位运行,影响水利水电工程效益的发挥,因而对于工程有必要重新设置安全监测系统。

二、监测系统的构成

(一)系统总体结构

监测分析评价预报系统由几个相互依存的子系统组成。

(1)数据采集接口。系统与监测数据自动采集硬件部分用数据采集接口相连。

(2)数据库系统。包括设计、施工、运行期间所有数据和资料以及正分析和反分析的成果的存储。

(3)预处理系统。是将监测量转换为效应量,并予以评判识别。对仪器的稳定性进行判断,对监测资料的误差进行校验,对实测资料进行实变值识别、趋势变化识别和异常识判。

(4)资料整编系统。各种原始数据和各种分析成果,专家系统的意见等材料经过审查、考证、编辑、综合整理形成系统化、图表化的成果。

(5)图形(图像)系统。各类图形、图表的存储和查询。

(6)模型库系统。这些模型用来拟合与说明大坝工作性状,并预测预报大坝的未来状况。

(7)分析(算法库)系统。包括安全监测分析评价预报系统可能用到的各种分析(算法)。

(8)知识库系统。是用于知识信息的存储和查询的计算机软、硬件系统。

(9)综合分析推理系统。系统的功能包括数据流程设计、直线分析、成因分析、专家综合分析和决策支持等模块设计,系统能够对监测资料进行正、反分析,对不安全因素进行综合评判,辅助决策和工程安全度综合评价。

(10)预测预报系统。建立预报模型,进行仿真分析,对可能遇到的某些突发性灾害进行预报,并提供辅助决策及应急措施。

(11)总控和实时监控。①总控平台可以实现实时监控的全部功能,实现综合分析推理;②实时分析大坝的性状和变化,达到实时控制系统的目标。

图 2-1 为一土石坝安全监测分析评价预报系统硬件总体结构。

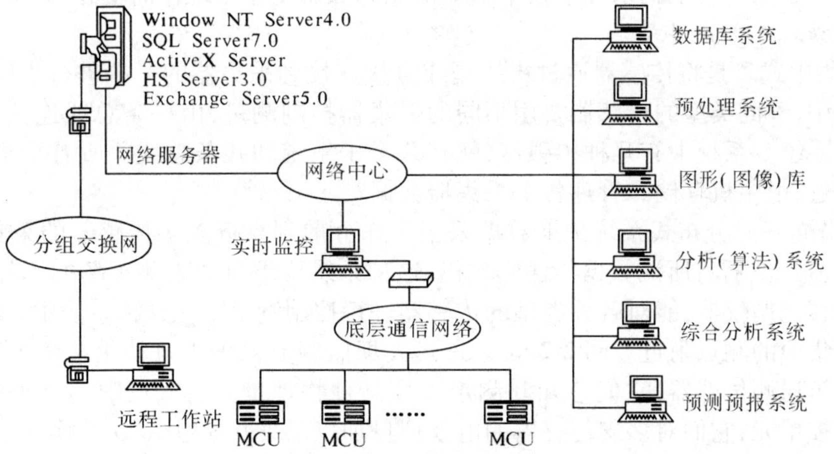

图 2-1　土石坝安全监测分析评价预报系统硬件总体结构

(二)网络结构

1. 电缆

监测系统的不同部位和不同仪器需要连接不同规格的电缆。

2. 传感器

传感器包括渗压计、渗流量计、垂线仪、倾斜仪、测缝计、多点位移计、锚杆应力计、钢筋计、应变计、温度计等各种仪器。应选择其中对监控工程安全起重要作用且人工观测又不能满足要求的关键测点纳入自动化观测系统,同时所有被纳入自动化系统的仪器都应预先经过现场观测值的可靠性鉴定,证明其工作性态正常。

3. 测控单元

测控单元分布设置于各测点群的近处,具有分组汇集的切换作用和一定的测量控制功能,同时可将电模拟量转换为数学量的模拟数字。转换功能的测控装置(MCU),也称数据采集单元(DAU)。

4. 采集站

采集站由测控单元组成并根据仪器分布情况决定其布置,一般设在较集中的仪器测点附近。

5. 监测分站

一般根据建筑物规模及布置情况决定,如大坝泄水道、电站等可分别设置分站,应避免强电磁干扰。如系统规模较小也可不设分站。

6. 监测总站

一个工程设一个总站,即现场安全监控中心。

7. 管理中心

管理中心即枢纽管理局或需要远传观测数据的上级领导单位。

(三)系统连接

系统结构由 LAN(Local-Area Network,局域网)和 WAN(Wide-Area Network,广城网)共同构成。LAN 使得多个用户在相对较小的地理区域内交换信息和文件,也能访问诸如文件服务器之间的共享资源。WAN 通过普通电话线来连接 LAN,可将地理位置相对分散的用户连接起来。这里就系统中数据采集形成和数据传输系统作简要介绍。

1. 数据采集布置形式

(1)集中式。是将传感器通过集线箱或直接连接到采集器的一端进行集中观测。在这种系统中,不同类型的传感器要用不同的采集器控制测量,由一条总线连接,形成一个独立的子系统。系统中有几种传感器,就有几个子系统和几条总线。所有采集器都集中在主机附近,由主机存储和管理各个采集器数据。

(2)分布式。分布式系统是把数据采集工作分散到靠近较多传感器的采集站(测控单元)来完成,然后将所测数据传送到主机,这种系统要求每个观测现场的测控单元应是多功能的智能型仪器,能对各种类型的传感器进行控制测量。在这种系统中,采集站一般布置在较集中的测点附近。图 2-2 为分布式大坝监测数据采集自动化系统示意图,它的底层为各类遥测传感器,它们感知和测定大坝某种物理量并将其反映为某种电模拟量。中层为测控单元,它们对多支传感器的电模拟量加以采集并通过 A/D 转换为半角数字量付给控制机。上层为控制机,可以为工控机或计算机或二者兼有,它对多个 MCU 传来的数字量进行存储处理,对整个系统加以控制。

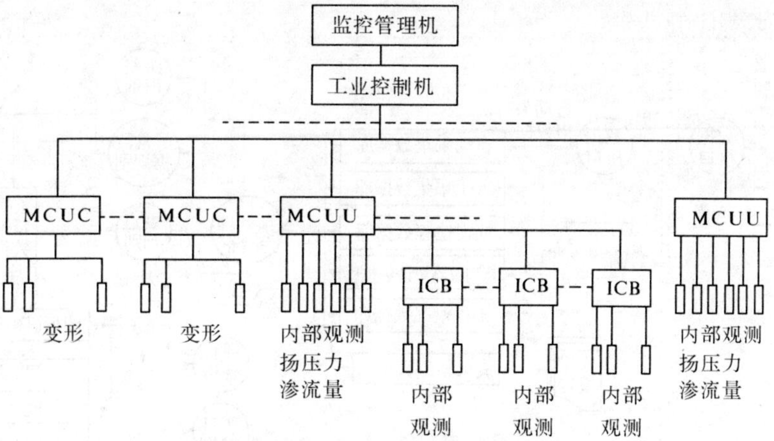

MCUC—电容仪测控装置;MCUU—各种通用测控装置;ICB—智能箱

图 2-2 分布式大坝监测数据采集自动化系统示意框图

2. 数据流程

系统数据流程是根据用户命令,监测数据自动采集系统(硬件)自动采集数据,通过数据接口进入本系统数据库系统中的自动采集数据库,人工采集数据、检查数据、监测仪器考证数据和工程概况数据,用人工输入各自的数据库。这些数据库可以直接输出,即在计算机屏幕上显示或打印;亦可通过预处理系统进行误差识别、正常数据识别和疑点识别,若无疑点,可进入整编数据库,若存在疑点,则进行成因分析,整编数据可以输出,也可以运行图形、图像代理,整编数据形象地用图形表示输出或存入图形(图像)库。调用知识库、模型库、分析和算法库中的知识,模型和分析算法进行各项分析,然后运用专家知识和判别标准进行综合分析,提供辅助决策。整编资料也可以通过调用模型库的预测预报模型进行预测预报。上述综合分析、辅助决策和预测预报成果可以直接输出,指导工程安全运行或进入生成数据库,再以成果报告形式提供给用户。

某一土石坝安全监测分析评价系统数据流程如图 2-3 所示。

三、系统功能

(一)传感器

感应大坝变形、渗流、应力、温度等各种物理量,将模拟量、数字量、脉冲量、状态量等信号输送到采集点。传感器种类可分为电阻式、电感式、电容式、振强式、调步式、压阻式、变压器式、电位器式等。

(二)采集站

(1)根据确定的观测参数、计划和顺序进行实际测量计算和存储,并有自检、自动诊断功能和人工观测接口。除与主机通信外,还可定期用便携式计算机读取数据。

(2)根据确定的记录条件,将观测结果及出错信息与指定监测分站或其他测控单元进行通信。

(3)检测指定的报警条件,一旦报警状态或条件改变,则通知指定的监测分站。

(4)将所有观测结果保存在缓冲区中,直到这些信息被所有指定监测分站明确无误地接收完为止。

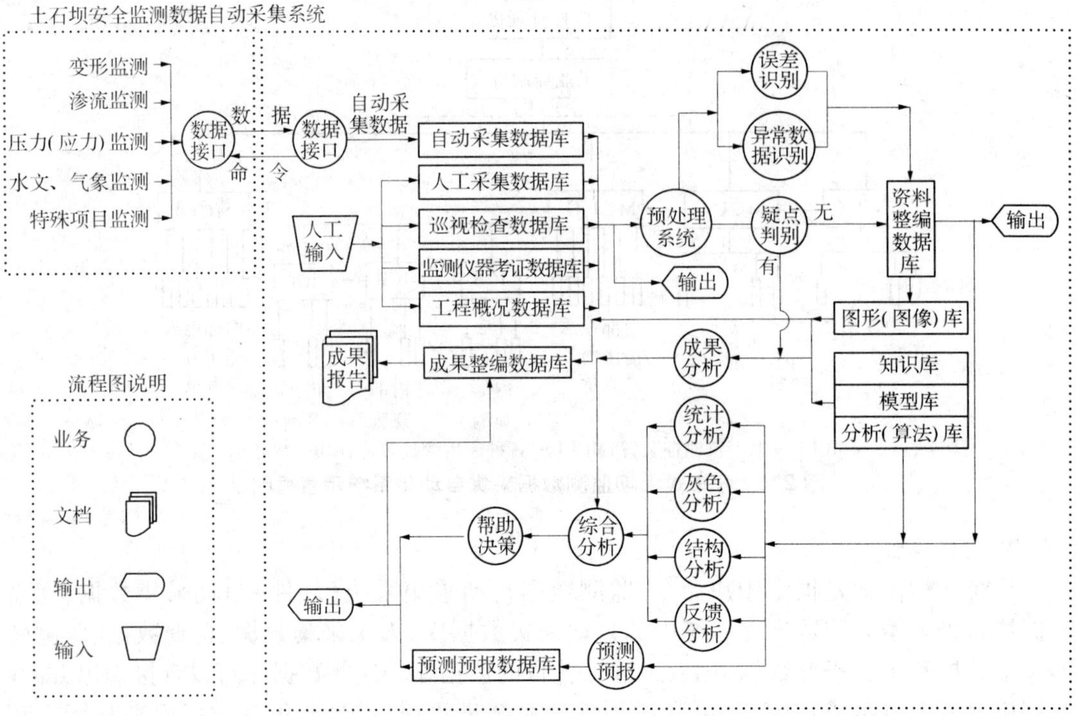

图 2-3　土石坝安全监测分析评价系统数据流程

(5)管理电能消耗,在断电、过电流引起重启动或正常关机时保留所有配置设定的信息,并可防雷、抗干扰、防尘、防腐和适用于恶劣温度环境。

(6)采集系统的运行方式主要分中央控制式(应答式)及自动控制式(自报式),必要时也可采用任意控制式。

(三)监测分站

(1)系统自动启动,数据自动采集分巡测、选测、正常及加速周期等数据采集。

(2)输入人工读数或记录器读数,将所属测控单元内存储的数据汇集到监测分站。

(3)监测数据的检查校核,包括软硬件系统自身检查、数据的可靠性和准确程度的检查及数字模型检查。

(4)数据存储、删除、插入、记录、显示、换算打印、查询及仪器位置参数工作状态显示。

(5)安全监控、预报及报警。

(6)能与采集站和监测站进行数据传输,双向通信。

(四)监测总站

(1)除有监测分站的功能外,还具有图像显示、工程数据库及其数据管理功能。

(2)具有较强的脱机(离线)处理功能,并备有齐全的数据分析处理软件。

(3)将各监测分站数据和人工监测数据汇集到总站数据库内,再次进行验证,发现异常即反馈到分站进行校核或现场检查。

(4)建立、标定安全监控数学模型,并进行影响因素分析及综合性的分析、预报和安全评价。

(5)数据远程传输及双向通信功能。

第三节 水工建筑物的变形观测

变形观测是用仪器和设备对水工建筑物在内外荷载及各种影响因素作用下产生的结构位置和总体形状的变化所进行的量测。包括水平位移观测、垂直位移观测、固结观测及裂缝观测。

水工建筑物的变形观测是在建筑物上设置固定的标点,然后用仪器测量出它的位移量(包括铅直方向和水平方向的位移量)。

一、位移观测设施的设置

(一)观测点

1. 水准基点

水准基点可采用国家水准网的水准点或国家水准点接测的点位。

2. 位移标点

位移标点是设置在坝体、坝基和基岩上的需要观测位移的点位。位移标点有不同的形式。

土工建筑物的位移标点,通常由底板、立柱和标点头 3 部分组成,对于有块石护坡的土工建筑物,可采用如图 2-4(a)所示的位移标点,标点立柱为 ϕ50 mm 的钢管,钢管的顶部焊接一块 200 mm × 200 mm × 8 mm 的铁板,铁板表面刻画十字线或钻一小圆孔,以便观测水平位移,同时在十字线的一侧焊接一个铜的或不锈钢的标点头,此标点为沉降标点,用以观测竖直位移。立柱设置在用砖石砌成的井围中间,井内填砂,砂面在标点头以下 10 cm,立柱底部浇筑在厚度约 40 cm 的混凝土底板内,底板的底部应在护坡层以下的土层内,在冰冻地区,则应设置在最深冰冻线以下。对于无块石护坡的土工建筑物,则可采用图 2-4(b)所示的位移标点,标点立柱和底板为混凝土结构。标点顶部高出坝面 50 ~ 80 cm,底板位于最深冰冻线以下 0.5 m 处。

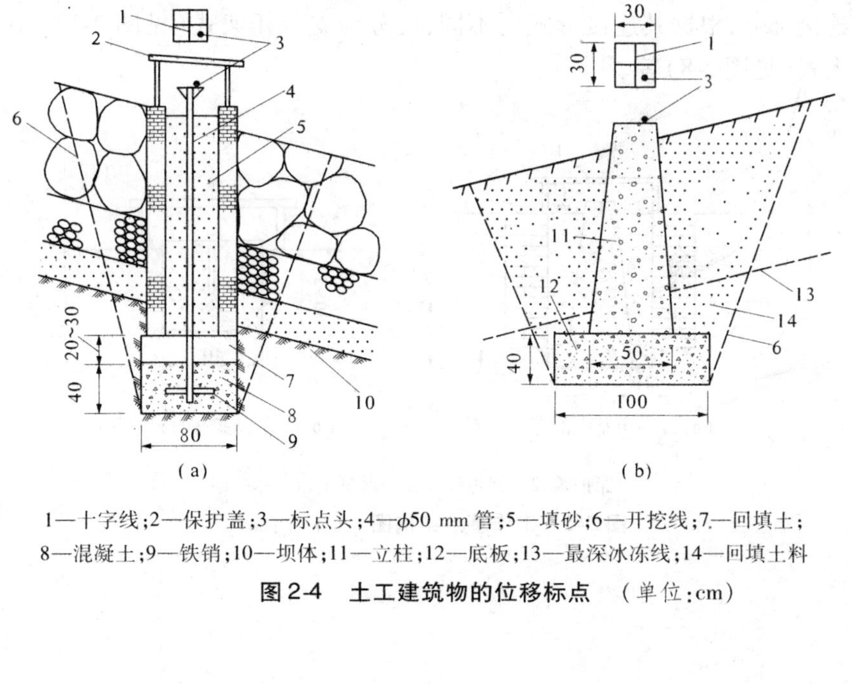

1—十字线;2—保护盖;3—标点头;4—ϕ50 mm 管;5—填砂;6—开挖线;7—回填土;8—混凝土;9—铁销;10—坝体;11—立柱;12—底板;13—最深冰冻线;14—回填土料

图 2-4 土工建筑物的位移标点 (单位:cm)

混凝土建筑物的位移标点比较简单,如图 2-5 所示。对于只需观测竖直位移的标点,一般只需用直径 15 mm、长 80 mm 的铜螺栓埋入混凝土中,而将螺栓头露出混凝土外面 5 ~ 10 mm作为标点头。

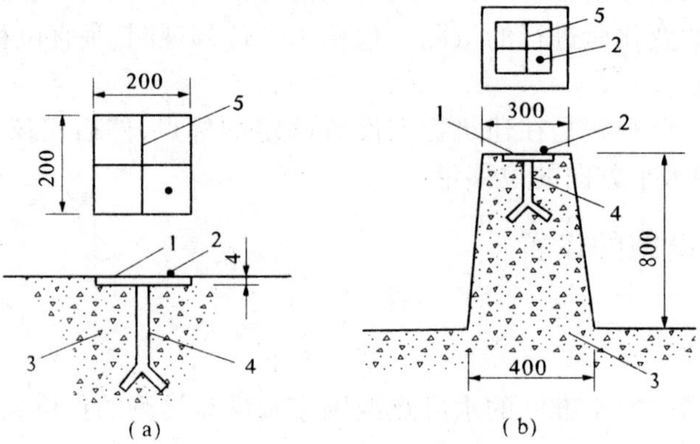

1—铁板;2—铜标头;3—混凝土;4—直径 20 mm、长 200 mm 的钢筋;5—十字线

图 2-5 混凝土建筑物的位移标点 (单位:mm)

3. 工作基点与起测基点

工作基点是测定位移标点的起始或终点的点位。起测基点是观测沉降标点的基准点位。

工作基点根据仪器安装要求的不同可分为埋置式(见图 2-6)和外露式(见图 2-7、图 2-8),一般包括混凝土柱(或混凝土墩)和上部结构两部分。外露式工作基点柱的顶面尺寸一般为 0.3 m×0.3 m,柱的高度为 1.0 ~ 1.2 m,底座部分的尺寸为 1.0 m×1.0 m×0.3 m,可直接浇在岩基上(见图 2-7),也可埋设在土基中(见图 2-8)或土工建筑物上,对于埋设在土基上的工作基点,基点底座应埋入冰冻线以下。上部结构为柱(墩)身与经纬仪或觇标连接部分,根据其连接形式的不同,可分为支承托架式(见图 2-7)、中心直插式和中心旋入式(见图 2-8)等。

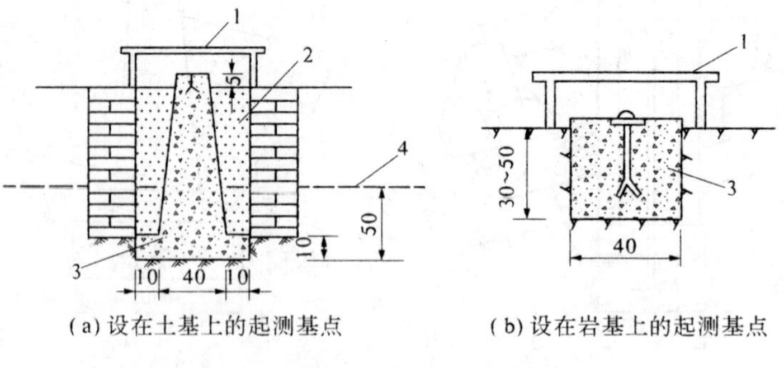

1—保护盖;2—回填细砂;3—混凝土;4—冰冻线

图 2-6 工作基点结构图 (单位:cm)

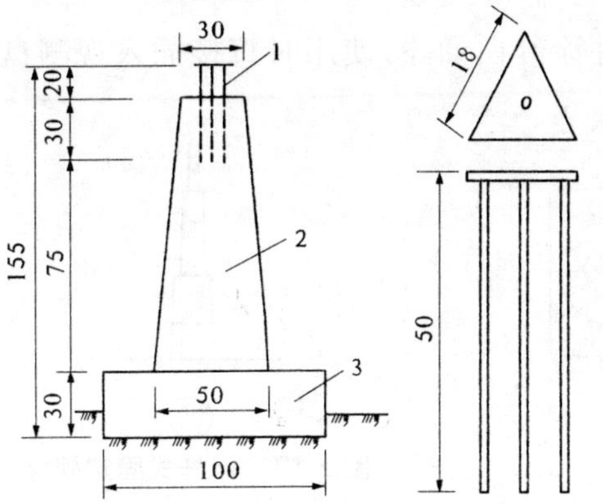

(a) (b)

1—支承托架;2—柱身;3—底座

图 2-7 设置在岩基上的工作基点 (单位:cm)

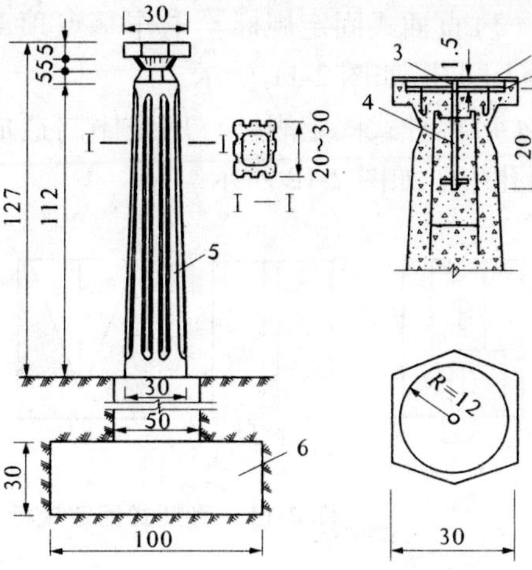

(a) (b)

1—保护盖;2—垫板;3—螺丝头;4—直径 16 mm 的金属棒;5—柱身;6—底座

图 2-8 设置在土基上的工作基点 (单位:cm)

工作基点是供安置经纬仪和觇标以构成视准线。埋设在两岸山坡上的工作基点称为固定工作基点,埋设在建筑物上的工作基点则称为非固定基点。

(二)观测觇标

观测水平位移的觇标可分为固定觇标和活动觇标。

1. 固定觇标

固定觇标设于后视工作基点上,用以构成视准线。多用于三角网法和视准线法的观测,常用的形式有以下几种。

(1)墙标式固定觇标。利用工作基点混凝土墩侧面画上觇标图案,如图 2-9 所示。图案中心必须与顶部安置经纬仪的中心点一致。

(2)强制对中式固定觇标。如图 2-10 所示,觇标为辐射形图案,中间为红玻璃,后面装有电灯,可供夜间观测。觇标底座与经纬仪底座一致。

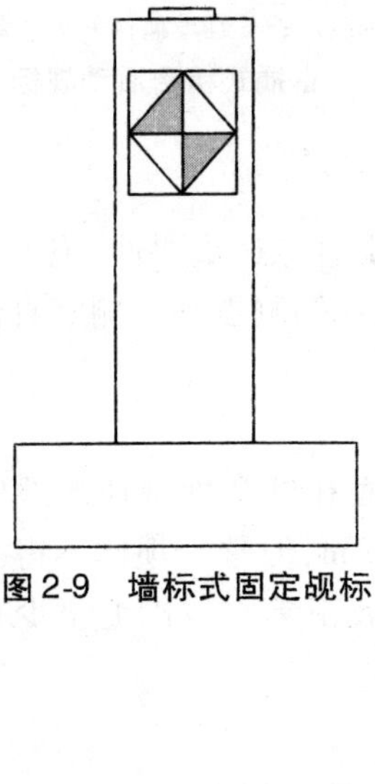

图 2-9 墙标式固定觇标

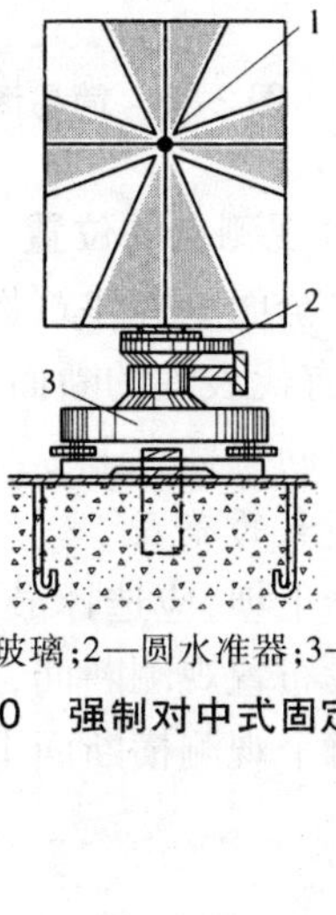

1—红玻璃;2—圆水准器;3—觇标

图 2-10 强制对中式固定觇标

(3)直插式固定觇标。工作基点顶部埋设有中心带圆孔的观测盘，观测时将固定觇标插入圆孔，如图2-11所示。

(4)标杆式固定觇标。用铁棒制造成塔形并涂红白油漆，使用时直接插入观测盘中心圆孔中。如图2-12所示。

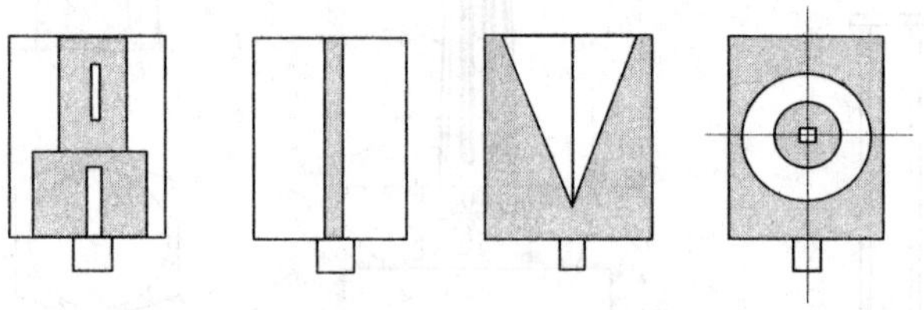

图2-11　直插式固定觇标

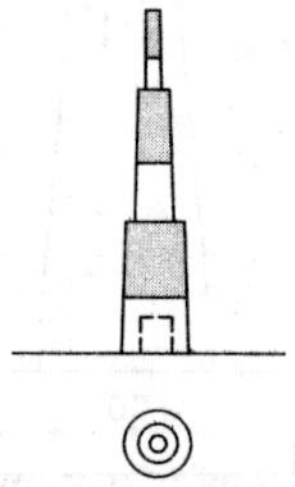

图2-12　标杆式固定觇标

2. 活动觇标

活动觇标置于位移标点上，供经纬仪瞄准并测量标点的位移。

(1)简易活动觇标。如图2-13所示，觇标底缘刻有毫米分划，其零分划与觇标图案中心一致。注记分划向左右增加，供观测时读数用。应用简易活动觇标，位移标点顶部的观测盘上只需刻上十字线，十字线中心即为位移标点中心。

(2)精密活动觇标。如图2-14所示为直插式精密活动觇标，使用时插入带圆孔的观测盘。觇标上有调节螺旋，用以移动觇标以对准观测仪器的竖丝，然后通过觇标的刻度尺和游标卡尺读数。

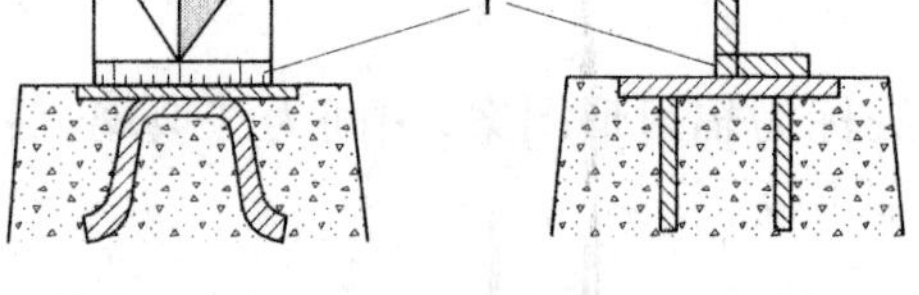

1—刻度尺；2—觇牌

图2-13　简易活动觇标

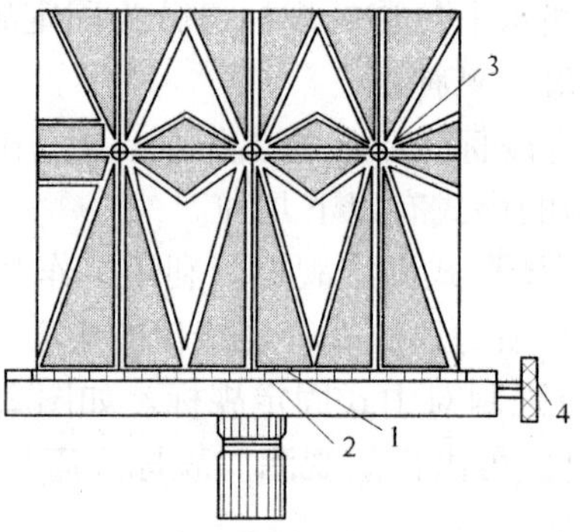

1—游标尺；2—刻度尺；3—红玻璃；4—水平微动螺旋

图2-14　直插式精密活动觇标

(三)观测点的位置

为了全面掌握建筑物的变形状态，应根据建筑物的规模、特点、重要性、施工及地质情况，选择有代表性的断面布设测点，并且常常将观测水平位移的测点和观测竖直位移的测点设置在同一标点上。

1. 测点的布置

对于土坝，应选择最大坝高处、合龙段、坝内设有泄水底孔处和坝基地形地质变化较大的坝段布置观测断面，观测横断面的间距一般为50～100 m，但整个坝体不得少于3个断面。每个观测横断面上最少布置4个测点，其中上游坝坡正常水位以上至少布置1个测点,下游坝肩上布置 1 个测点,下游坝坡上布置 2 ~ 3 个测点。

对于混凝土坝或浆砌石坝,在坝顶下游坝肩及坝趾处平行坝轴线各布置一个纵向观测断面,每个纵向断面上,应在各坝段的中间或在每个坝段的两端布置 1 个测点。对于拱坝,可在坝顶布置一个纵向观测断面,纵向观测断面上每隔 40 ~ 50 m 设置 1 个测点,但是在拱冠、四分之一拱段和坝与两岸接头处必须设置 1 个测点。

水闸可在垂直水流方向的闸墩上布置一个纵向观测断面,并在每个闸墩上设置 1 个测点,或在闸墩伸缩缝两侧各设 1 个测点。

2. 工作(起测)基点的布置

观测竖直位移的起测基点,一般布置在建筑物两岸便于观测且不受建筑物变形影响的岩基上或坚实的土基上,每一个纵向观测断面的两端各布置一个。

观测水平位移的工作基点应布置在不受建筑物变形影响,便于观测的岩基上或坚实的土基上。对于采用视准线法观测的工作基点,一般设置在每个纵向观测断面的两端,为了校核工作基点在垂直坝轴线方向的位移,在每一纵向观测断面的工作基点延长线上设置 1 ~ 2 个校核基点。当建筑物长度超过 500 m 或建筑物长度为折线形时,为了提高观测精度,可在每个纵向观测断面中间设置一个或几个等间距的非固定工作基点,如图 2-15 所示。对于采用三角网按前方交会法观测的工作基点,可选择在建筑物下游两岸,使交会三角形的边长在 300 ~ 500 m 之间,最长不超过 1 000 m,并使相邻两点的倾角不致太大。图 2-16 为采用前方交会法观测位移时测点和工作基点的布置图。

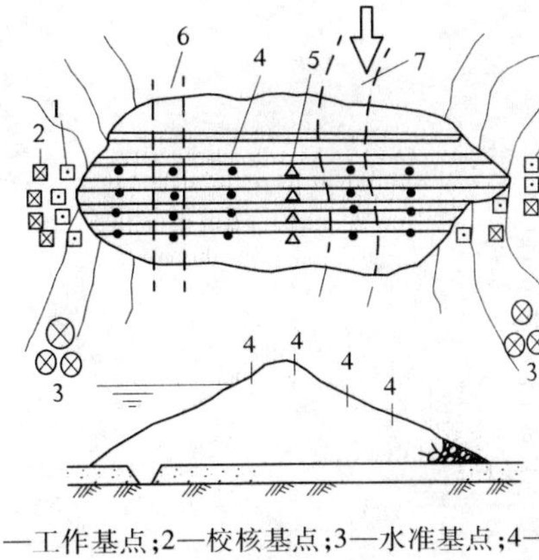

1—工作基点;2—校核基点;3—水准基点;4—位移标点;5—增设工作基点;6—合龙段;7—原河床

图 2-15 土石坝位移测点布置示意图

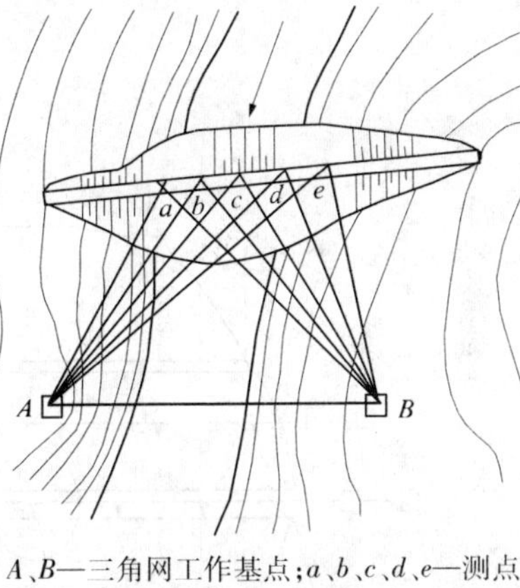

A、B—三角网工作基点;a、b、c、d、e—测点

图 2-16 采用三角网按前方交会法观测位移时测点和工作基点的布置

二、水平位移观测的方法

水平位移观测方法有视准线法、前方交会法、三角网法和导线法几种。混凝土建筑物(如混凝土坝、浆砌石坝等)还可以用正垂线法、倒垂线法和引张线法进行水平位移测量。在一些工程中还运用施测方便快捷的 GPS 技术、真空激光准直自动监测系统等技术设备进行水平位移的测量。为了便于对测量结果进行分析,水平位移和竖直位移的观测应配

合进行，并且在观测位移的同时观测上、下游水位。对于混凝土建筑物，还应同时观测气温和混凝土温度。

1. 视准线法

视准线法又称方向线法，以经过光学仪器的视准线建立一个平行或通过坝轴线的固定铅直平面作为基准面，定期观测确定的点位与基准面之间的偏离值，即为该点的水平位移，有活动觇标法和小角度法，是观测水工建筑物水平位移的一种常用方法。

1）活动觇标法

活动砚标的观测原理如图2-17所示。在观测断面两端的山坡上设置工作基点 A 和 B，然后将经纬仪设在 A 点（或 B 点），后视 B 点（或 A 点），构成视准线。可用以作为观测坝体变形的基准线。首次测出水平位移标点 a、b、c、d、e 中心偏离视准线的距离 l_{a0}、l_{b0}、l_{c0}、l_{d0}、l_{e0} 作为观测前的初测成果。当坝体发生位移后，各位移标点随之位移，再次测出各位移标点中心偏离视准线的距离 l_{a1}、l_{b1}、l_{c1}、l_{d1}、l_{e1}，与初测成果的差值即为各位移标点在垂直视准线方向上的水平位移，亦即坝体横向水平位移。观测时移动活动觇标，使觇标中心线与经纬仪望远镜的竖丝重合，并由持标者根据位移标点在活动觇标分划尺上所对应的刻度，记录读数，读数一般取两次的平均值。然后再按上法用倒镜观测一次，最后取正、倒镜观测读数的平均值作为第一测回的观测结果。随后按同样方法观测第二测回，两测回的差值不应大于4 mm，否则应重新测量。视准线法观测水平位移的记录表格如表2-1所示。

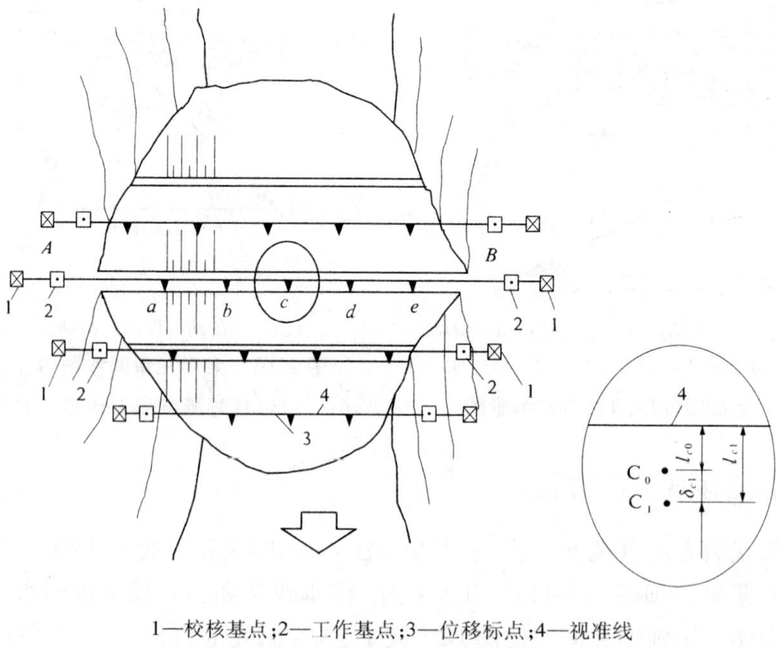

1—校核基点；2—工作基点；3—位移标点；4—视准线

图2-17　活动砚标观测原理图

表 2-1　水平位移观测记录计算表(视准线法)

日期＿＿＿＿　天气＿＿＿＿　气温＿＿＿＿　水位＿＿＿＿

测站＿＿＿＿　后视＿＿＿＿　司标＿＿＿＿　司镜＿＿＿＿

记录＿＿＿＿　计算＿＿＿＿　校核＿＿＿＿

<table>
<tr><th rowspan="2">测点</th><th rowspan="2">测回</th><th colspan="3">正镜</th><th colspan="3">倒镜</th><th rowspan="2">一测回平均值</th><th rowspan="2">本次偏离值</th><th rowspan="2">埋设偏距</th><th rowspan="2">上次偏离值</th><th rowspan="2">间隔位移量</th><th rowspan="2">累计位移量</th></tr>
<tr><th>1</th><th>2</th><th>平均</th><th>1</th><th>2</th><th>平均</th></tr>
<tr><td rowspan="2">2 - 3</td><td>1</td><td>+35.4</td><td>+32.8</td><td>+34.1</td><td>+34.6</td><td>+33.8</td><td>+34.2</td><td>+34.2</td><td rowspan="2">+33.7</td><td rowspan="2">+28.3</td><td rowspan="2">+32.5</td><td rowspan="2">+1.2</td><td rowspan="2">+5.4</td></tr>
<tr><td>2</td><td>+33.2</td><td>+34.6</td><td>+33.9</td><td>+32.6</td><td>+31.8</td><td>+32.2</td><td>+33.1</td></tr>
<tr><td></td><td>…</td><td></td><td>…</td><td>…</td><td>…</td><td></td><td>…</td><td>…</td><td>…</td><td>…</td><td>…</td><td>…</td><td></td></tr>
</table>

注:1. 埋设偏距为位移标点的初测成果,即位移标点在位移前与视准线的初始偏差。

2. 位移方向以向下游方向读数为"+",向上游方向读数为"-"。

上述测量水平位移的方法是固定端点设站观测法,仅适用于建筑物长度小于 500 m 的情况,当建筑物长度超过 500 m 时,可适当增加测回数或增设中间非固定工作基点进行分段观测,对折线形建筑物可在转折处设中间非固定工作基点进行观测。

2)小角度法

用小角度法观测水平位移,所用观测仪器、工作基点、位移标点等设备与视准线相同,觇标则只需要固定觇标,其原理如图 2-18 所示。先将经纬仪安置在工作基点 A 与后视点 B,构成视准线 AB,前视位移标点 a_0,读出 Aa_0 方向线与视准线 AB 之间的夹角 α_{a0},由于 α_{a0} 一般均较小,故 a_0 点偏离视准线 AB 的距离 aa_0 可近似地按下式计算

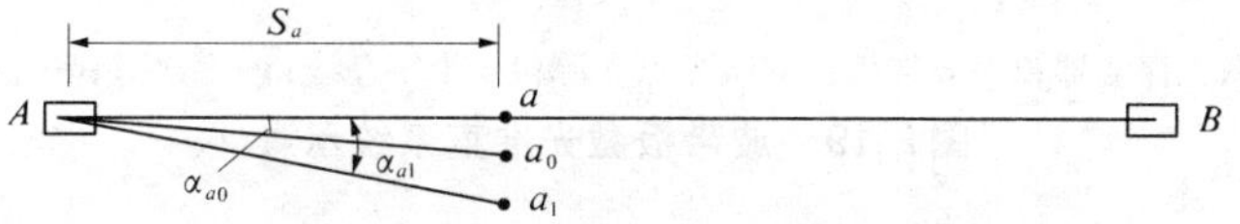

图 2-18　用小角度法观测水平位移

$$\overline{aa_0} = \frac{2\pi S_a}{360^\circ}\frac{\alpha_{a0}}{60 \times 60} \times 1\ 000 = \frac{1\ 000 S_a}{\rho}\alpha_{a0} \tag{2-1}$$

式中　$\overline{aa_0}$——a_0 点偏离视准线 AB 的距离,mm;

S_a——位移标点 a 距工作基点 A 的距离,m;

α_{a0}——Aa_0 方向线与视准线 AB 的夹角,(″)。

$\rho = 206\ 265''$。

令

$$K = \frac{1\ 000}{\rho} = 0.004\ 848 \tag{2-2}$$

则 $\overline{aa_0} = KS_a\alpha_{a0}$。

因此,位移标点 a 的位移量(即 a_1 点的偏移值)为

$$\overline{aa_1} = KS_a\alpha_{a1} - KS_a\alpha_{a0} = KS_a(\alpha_{a1} - \alpha_{a0}) \tag{2-3}$$

式中　α_{a1}——建筑物变形后 Aa_1 方向线与视准线 AB 的夹角,(″);

其他符号意义同前。

为了保证观测精度,对混凝土坝可采用测角精度为 0.5″、测距精度为 $2\ \text{mm} + 2 \times 10^{-6} \times S$ 的全站仪(或经纬仪、测距仪);对土石坝和滑坡体可采用精度为 1″、测距精度为 1 mm + 2

$\times 10^{-6} \times S$ 的全站仪。

2. 激光准直法

激光准直法是利用激光束代替光学测量仪器的视线进行照准的准直方法。

1）激光器法

利用激光经纬仪发射的红色激光束直接准直，按视准线法原理测量位移值，也可将活动觇标和固定觇标改为光电接收靶接收激光光斑，从接收靶上的测微鼓读取偏离值。

2）衍射投影法

由安装在工作基点上的一个发散透镜将氦氖激光管发射的激光束扩大为目镜有效孔径的1.5倍左右射进望远镜，使激光束通过十字分划后（安于位移标点上）产生相干光的衍射现象并投影到观测屏上（安装在另一端的工作基点上）成像，测其偏移值，再根据三角形相似原理计算位移标点的偏移值。

3）波带板法

波带板法又称三点准直法，主要由激光器点光源、波带板和接收靶3部分组成，将波带板安置在位移标点上起聚焦作用，在接受靶上形成一个亮点或十字线，测定其中心位置即可确定位移标点的位置，如图2-19所示。

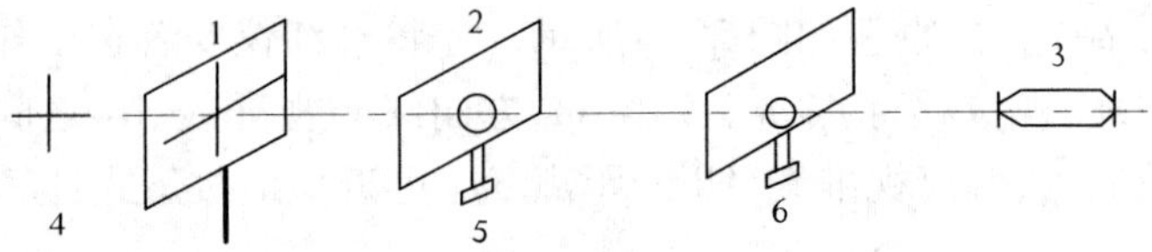

1—激光探测器；2—波带板；3—激光点光源；4—十字亮线；5—测点1；6—测点2

图2-19　波带板激光准直系统示意

4）真空激光准直法

真空激光准直包括激光准直系统和真空管道系统（见图2-20）。真空管道系统是由真空管道、测点箱、软连接段、两端平晶密封段、真空泵及其配件组成。测读与前述方法类似。此法观测精度高，而且可同时观测水平和垂直两项位移，所以适用于坝长大于1 000 m的直线坝。

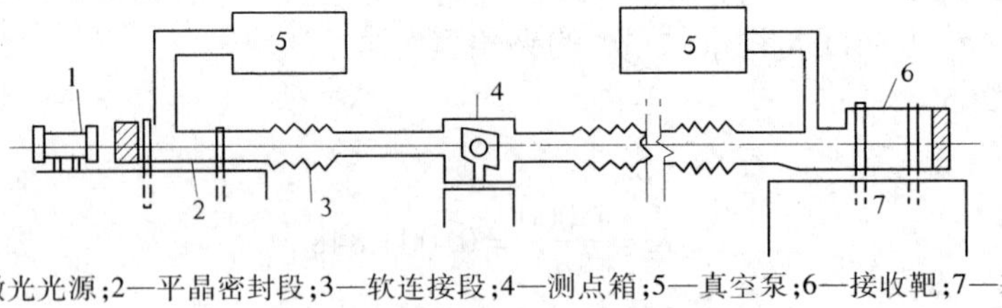

1—激光光源；2—平晶密封段；3—软连接段；4—测点箱；5—真空泵；6—接收靶；7—基点

图2-20　真空激光准直系统示意

3. 前方交会法

用视准线法来观测水平位移，虽然有很多优点，但对于长坝，视线很长，受望远镜放大倍数的限制，观测精度大大降低。对折线型和曲线型坝，则需要加设非固定工作基点，精度更低。此时采用前方交会法进行观测，可获得较好的效果。

前方交会法是在建筑物下游侧的两岸山坡上，不受建筑物变形影响的地点，设置2个

(或3个)工作基点,如图2-21中的A点和B点,A、B两点间的水平距离及其方位角均已测出。如M点是位移标点,M_0为初测时位移标点M的位置,则首先应将全站仪(或经纬仪)分别安置在A、B两点,测出交会角α_0(AM_0方向线与基线AB的夹角)和β_0(BM_0方向线与基线AB的夹角)计算出M_0点的坐标(x_{M_0},y_{M_0})。当建筑物变形后,位移标点M_0位移到M_1点,用同样方法测出位移标点M_1的交会角α_1和β_1,并算出M_1点的坐标(x_{M_1},y_{M_1}),则M_1和M_0点坐标之差即为位移标点M_0在坐标轴方向的位移分量,即

$$\left.\begin{aligned}\delta x_M &= x_{M_1} - x_{M_0}\\ \delta y_M &= y_{M_1} - y_{M_0}\end{aligned}\right\} \tag{2-4}$$

M点的位移量δ_M

$$\delta_M = \sqrt{\delta x_M^2 + \delta y_M^2} \tag{2-5}$$

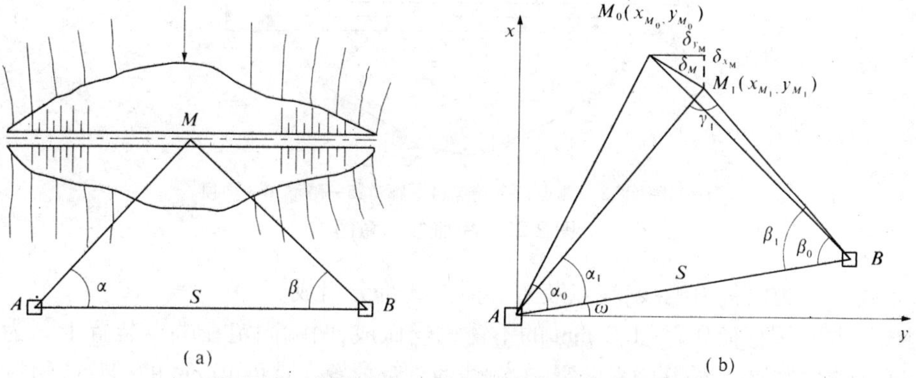

图2-21 用前方交会法观测建筑物的水平位移

为了使位移计算方便起见,通常采用下列方法来计算位移量。设α_1、β_1和α_n、β_n分别为第一次和第n次交会测量时测得的交会角,S为A、B两个工作基点间的距离,ω为AB边与坐标水平轴之间的夹角,$\gamma_1 = 180° - (\alpha_1 + \beta_1)$,$\gamma_n = 180° - (\alpha_n + \beta_n)$,$d\alpha$和$d\beta$为第$n$次交会测量测得的交会角$\alpha_n$和$\beta_n$与第一次交会测量测得的交会角$\alpha_1$和$\beta_1$的差值。根据图2-21中所示的几何关系,并通过数学运算,可得第n次观测位移值,与第一次观测相比较,位移标点M的累计位移量为

$$\left.\begin{aligned}\delta_x &= A_1 d\alpha + A_2 d\beta\\ \delta_y &= A_3 d\alpha + A_4 d\beta\end{aligned}\right\} \tag{2-6}$$

式中系数A_1、A_2、A_3、A_4可根据第1次交会测量所测得的交会角α_1、β_1及γ_1来计算,即

$$\left.\begin{aligned}A_1 &= \frac{S\sin\beta_1 \sin(\beta_1 - \omega)}{\rho\sin^2\gamma_1}\\ A_2 &= \frac{S\sin\alpha_1 \sin(\alpha_1 + \omega)}{\rho\sin^2\gamma_1}\\ A_3 &= \frac{S\sin\beta_1 \cos(\beta_1 - \omega)}{\rho\sin^2\gamma_1}\\ A_4 &= \frac{S\sin\alpha_1 \cos(\alpha_1 + \omega)}{\rho\sin^2\gamma_1}\end{aligned}\right\} \tag{2-7}$$

其中,$\rho = 206\ 265''$。

4. 引张线法

引张线法观测水平位移，一般用于混凝土坝、砌石坝等水工建筑物，这种观测方法所需设备简单，不需精密的测量仪器，可以在建筑物的廊道内进行观测，因此不受气候的影响。

引张线法是在建筑物两端基点间拉紧一根钢丝作为基准线（见图 2-22），然后测量建筑物上各测点对此基准线的偏离值来计算水平位移。引张线即相当于视准线法中的视准线。

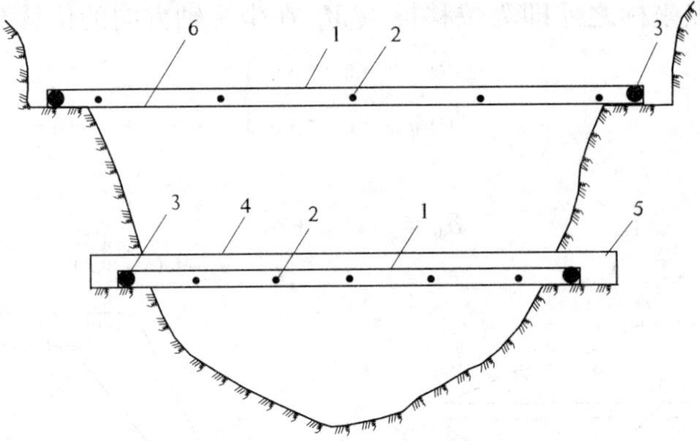

1—引张线；2—测点；3—端点；4—廊道；5—隧洞；6—坝顶

图 2-22　引张线示意图

引张线法观测设备由测线、端点装置和测点 3 部分组成。

测线一般采用直径 0. 2 ~ 1. 2 mm 的不锈钢丝做成，两端固定在端点装置上。为了保证观测精度，保护测线不受外部因素的影响，测线通常都放置在直径 10 cm 的钢管或塑料管内。

端点装置由墩座、夹线装置、滑轮、线锤连接装置和重锤所组成，如图 2-23 所示。墩座一般用钢筋混凝土或金属做成，具有一定的刚度，并与地基牢固结合，以便能承受测线传来的张力。夹线装置（见图 2-24）的作用是使测线始终固定在一个位置上，其构造是在一块钢质基板上嵌入一个铜质 V 形夹槽。将测线放入 V 形槽中，盖上压板，旋紧压板螺丝，测线即被固定在这个位置上。在安装夹线装置时，应使测线通过重锤经测轮拉紧后高出 V 形槽底 2 mm，并使 V 形槽中心线与测线方向一致，与墩座上的滑轮中心剖面在一个平面上。在非观测期间，重锤垫起，测线放松。

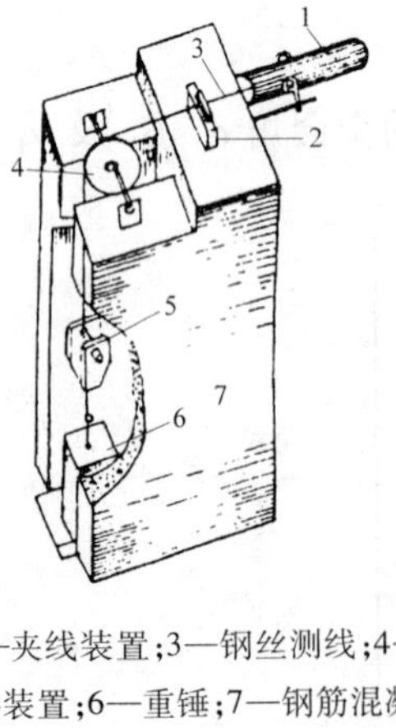

1—保护管；2—夹线装置；3—钢丝测线；4—滑轮；5—线锤连接装置；6—重锤；7—钢筋混凝土墩

图 2-23　端点装置

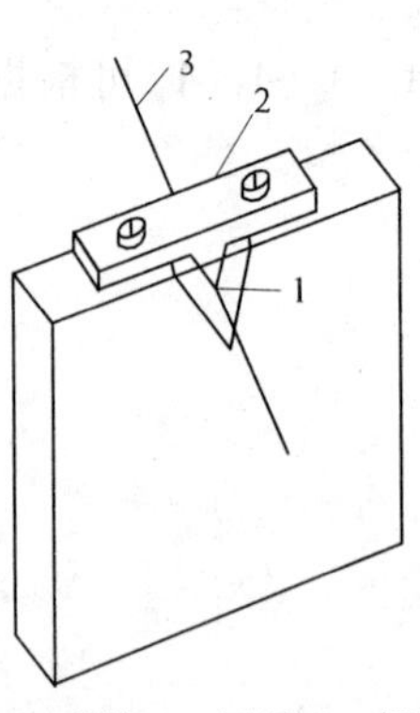

1—V 形槽；2—压板；3—钢丝

图 2-24　夹线装置

测点是一个固定在建筑物上的金属箱，每隔 20~30 m 设置一个，箱内设有水箱和标尺。水箱内盛水，水面设有浮船，用以支托钢丝，如图 2-25 所示。

标尺是一条长 15 cm 的不锈钢尺，刻度至毫米，安装在一段槽钢表面。安装时应使尺面水平，尺身与测线垂直。各测点的标尺应尽可能安置在同一高程上，误差应控制在 ±5 mm。

观测时将重锤放下，使测线张紧，然后将夹线装置旋紧，并在水箱中加水。观测方法有读数显微镜法和两用仪观测法。

(1)读数显微镜法。先用肉眼在标尺上读取毫米以上整数，然后用读数显微镜观测毫米以下小数，即将显微镜的测微分划线对准该整数分划，读取测线左边缘和右边缘至该分划线的距离 a 和 b，则钢丝(测线)中心线的读数为 l = 整数读数 + $(a+b)/2$。一个测点的观测通常进行 3 个测回，3 个测回的误差应不大于 0.2 mm。

(2)两用仪观测法。首先将两用仪(见图 2-26)安置在测点上，旋转底脚螺旋，使水准气泡居中，然后转动望远镜复合系统，使之成上视位置，同时旋转微动螺旋和对光螺旋，使望远镜光栏内的两根钢丝成像清晰并重合，此时即可从读数镜内的游标尺上读出读数。

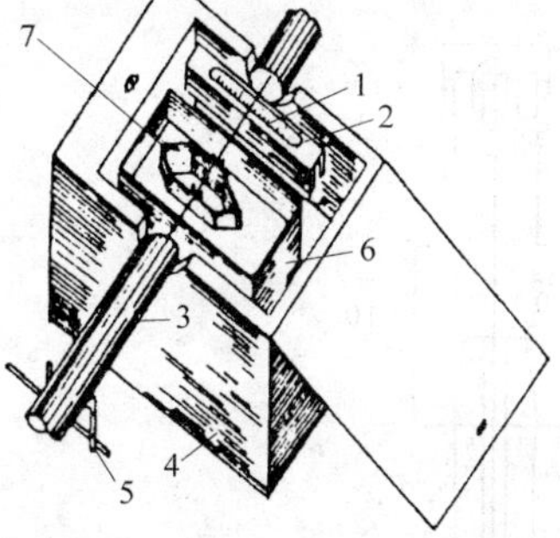

1—标尺；2—槽钢；3—测线保护管；4—保护箱；5—保护管支架；6—水箱；7—浮船

图 2-25 测点结构

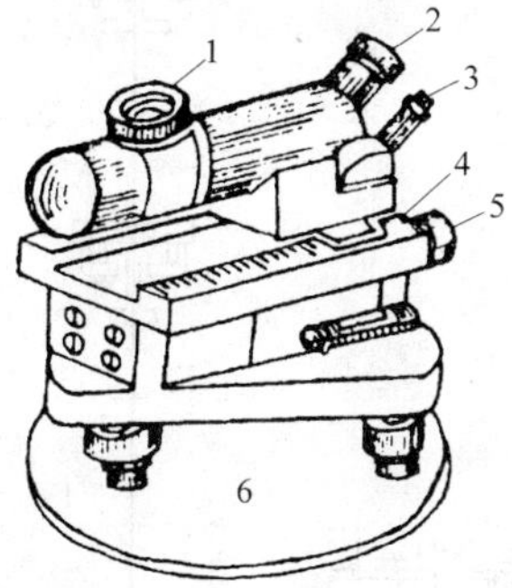

1—物镜；2—目镜；3—读数放大镜；4—标尺；5—转动手轮；6—底盘

图 2-26 两用仪

5. *垂线法*

混凝土坝坝体水平位移随高程不同会不一样。一般是坝顶水平位移最大，靠近坝基处最小，测出坝体水平位移沿高程的分布并绘制分布图，即为坝体挠度。垂线法的观测目的是观测坝体挠度。但实际上是观测坝体相对坝基的水平位移。垂线法观测混凝土坝的水平位移，是用垂线作基准线，测量沿垂线不同高程坝体各测点的水平位移。该法设备简单、精度和效率较高、观测方便，为此得到普遍采用。垂线有正垂线和倒垂线两种。

正垂线法是在坝体竖井或宽缝的上部悬挂一条直径 0.8~1.0 mm 的不锈钢丝，钢丝下部系有重 10~15 kg 的重锤，重锤悬浮在高 40~45 cm，直径 40 cm 的油箱内，箱内注入不冻的锭子油或变压器油。在重锤处于稳定状态时，钢丝则处于铅直位置；当坝体变形时，垂线也随着位移，因此若沿垂线在不同高度设置观测装置，即可测得顶点相对于不同高程测点的水平位移。坝基测点的读数与各高程测点读数之差，即为各高程测点与坝基测点的相对位移值，这种观测装置称为一点支承多点观测装置(见图 2-27(a))。如若沿垂线在坝体不同高程上埋设夹线装置，当垂线被某一高程的夹线装置夹紧，即可通过坝基观测点测得该点对于坝基测点的相对位移，这种装置称为多点支承一点观测装置（见图2-27(b)）。

观测时将坐标仪放置在观测墩上，使仪器整平后照准垂线，然后读记纵横尺的观测值，取两次照准读数的平均值作为一测回，每测点应进行两测回，其误差不大于0.1 mm。

倒垂线法观测装置如图2-28所示，是将垂线的下端锚固在新鲜基岩内，垂线的上端通过连杆连接一个外径50 cm、内径25 cm、高33 cm的浮子，浮子悬浮在外径60 cm、内径15 cm、高45 cm的金属油桶内，在测点处设置混凝土观测墩或金属支架观测平台，墩（或平台）的中间有直径15 cm的圆孔，垂线从孔中穿过，墩顶（或平台面）装设观测仪器，当坝体变形时观测墩（或平台）随之位移，而垂线则不动，故通过观测仪器即可测出观测点的水平位移。

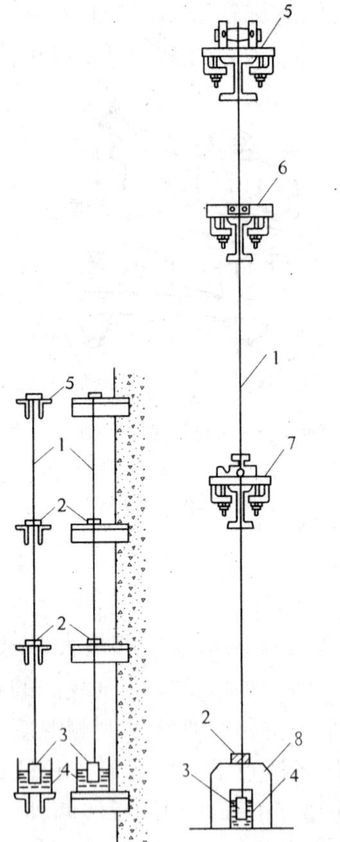

(a) 一点支承多点观测装置　(b) 多点支承一点观测装置

1—垂线；2—观测仪器；3—垂球；4—油箱；5—支点；6—固定装置；7—活动夹；8—观测墩

图2-27　正垂线法观测水平位移

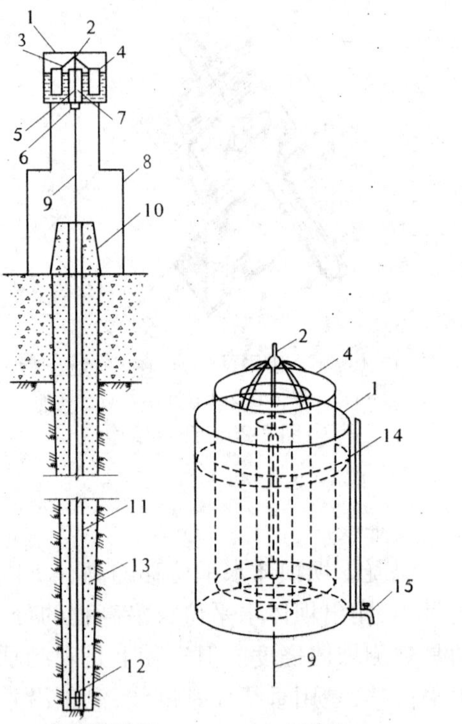

(a) 倒垂线装置　(b) 浮体组

1—油箱；2—浮子连杆连接点；3—连接支架；4—浮子；5—浮子连杆；6—夹头；7—油桶中间空洞部分；8—支承架；9—不锈钢丝；10—观测墩；11—保护管；12—锚夹；13—钻孔；14—液面；15—出油管

图2-28　倒垂线法观测装置

三、竖直位移观测方法

建筑物竖直位移的观测方法通常采用水准仪观测法和连通管观测法。

(一)水准仪观测法

水准仪观测法是在建筑物两岸不受建筑物变形影响的地方设置水准基点或起测基点,在建筑物表面的适当部位设置沉降标点,然后以水准基点或起测基点的高程为标准,定期用水准仪测量沉降标点高程的变化值,即得该标点处的沉降位移量。每次观测应进行两个测回(往返一次为一个测回),每测回对测点应测读3次。对于混凝土坝、大型砌石坝和重要土石坝,应采用精密水准测量,其往返闭合差 Δh 不超过 $\pm 0.72\sqrt{n}$ mm,其中 n 为测站数目;对于中型水库的混凝土坝、一般土石坝和一般建筑物,采用普通水准测量,其往返闭合差 Δh 不超过 $\pm 1.4\sqrt{n}$ mm。

(二)连通管观测法

连通管观测法是利用液面水平的原理,将起测基点和各沉降位移标点用连通管连接,灌水后即可获得一条水平的水面线,量出水面线与起测基点的高差,算出水面线的高程。然后依次量出各沉降位移标点与水面线的高差,即可算出各沉降标点的高程。将前后两次所测得的沉降标点的高程相减,即得两次观测间隔时间内的位移量。如将该次测得的沉降标点高程与初测的沉降标点高程相减,即得该标点的累计位移量。

连通管可做成固定式的(见图2-29)和活动式的(见图2-30)。活动式的连通管是由外径1.4 cm、长120 cm的玻璃管,内径1.2 cm、长20 m的胶管和刻有厘米分划的刻划尺所组成,观测时由两人各执一根刻划尺,分别直立在两个相邻的测点上,读出管内水位的高度,两测点读数之差即为两点的高差。

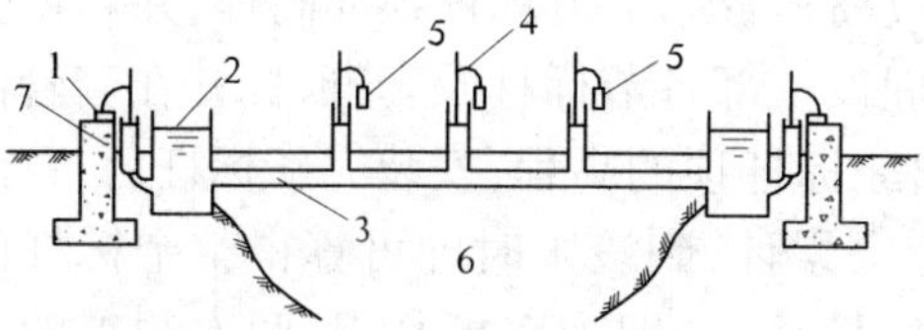

1—起测基点;2—水箱;3—埋设的连通管;4—水位测针;
5—竖直位移标点;6—建筑物;7—混凝土基础

图2-29 固定式连通管布置示意图

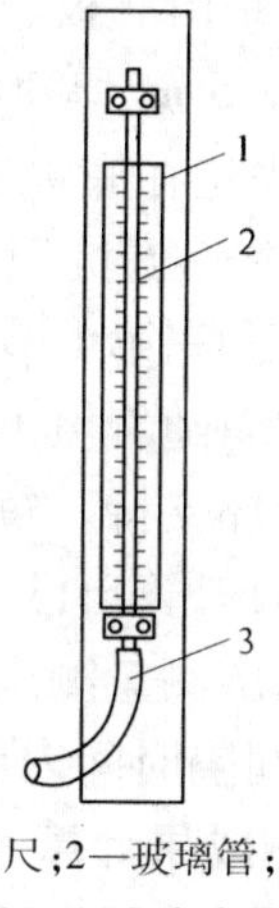

1—刻划尺;2—玻璃管;3—胶管

图2-30 活动式连通管

四、土坝的固结观测

为了掌握土坝在施工期和运用期的固结情况及规律,需要进行土坝的固结观测。由于土坝单位厚度土层的固结量是随坝高而变化的,所以除了要观测坝体的总固结量之外,还要观测坝体不同高程处的沉陷量，以推算出坝体分层固结量。为此，需要在坝体同一断面位置的不同高程上设置测点，观测其高程变化。是在坝体中不同高程处埋设横梁式固结管或深式标点，观测出各测点的高程变化，用以推算出各分层的固结量。

(一)固结观测点的布置

固结观测测点的布置应根据工程的规模和重要性、土坝结构形式和施工方法以及地形地质等情况而定，一般应布置在老河床、最大坝高、合龙段以及进行固结计算的断面。每座坝至少选择2个观测断面，每个断面埋设2~3组观测设备。测点间距应根据坝身土料特性和施工方法而定，一般为3~5 m，最小间距不小于1 m，最低测点应置于坝基面上。

(二)固结观测设备及埋设

土坝固结观测，目前常用的设备有横梁式固结管、深式标点、静水式沉陷计。

1. 横梁式固结管

横梁式固结管由管座、带横梁的细管、中间套管3部分组成，如图2-31所示。管座是一根直径50 mm、长1.1 m的铁管，底部用铁板封闭，铅直地埋入深1.4 m、直径135 mm的钻孔内，如果是岩石地基，管座四周回填水泥砂浆，如果是土基，则回填与周围相同的土料，并加以夯实。带横梁的细管是一根直径38 mm的管，每节长1.2 m，用U形螺栓将一根长1.2 m两端焊有翼板的角钢与细管正交连接并焊死。细管两端插入套管内，接口处用浸沥青的麻布包裹。套管是直径50 mm的铁管，其长度比测点间距短0.6 m。观测时先用水准仪测出管口高程，再用测沉器或测沉棒自下而上依次测定各细管下口至管顶的距离，按表2-2的格式算出两测点间土层的固结量。无论测沉器或测沉棒观测，每个测点均应测读两次，读数差不大于2 mm，取其平均值，否则重测。

2. 深式标点

深式标点是由底板、与底板相连的标杆和套管3部分组成，如图2-32所示。底板是一块边长1~1.5 m、厚40 cm的混凝土板，或厚10 mm的铁板。标杆是一根直径50 mm的铁管，下端固定在底板上，套管是直径100 mm的铁管。当填土超过底板预计的埋设高程50 cm时，挖一方坑埋设底板及第1节标杆，以及第1节套管，套管底距底板表面为20~50 cm，埋设完第1节标杆后，随即测出底板高程及第1节标杆顶部高程，并算得管顶到底板的距离。随着填土高度的增加，再依次埋设上部各节标杆及套管，标杆在套管内用弹性钢片或导环支持。每次安装标杆前应测出原标杆顶的高程，安装完新标杆后，再测出新标杆顶的高程，算出已安装的标杆的长度，依次累计，到竣工时即可算得整个标杆的长度。每次用水准测量测出标杆顶高程后，减去标杆长度，即为底板高程，两次测得的底板高程差，即为间隔时间内底板的沉陷量。

(三)观测成果计算

土石坝的固结量包括分层固结量和总固结量。分层固结量为计算层坝体厚度的减小值，各分层固结量之和为总固结量。不论是分层固结量还是总固结量，都应计算累计固结量和间隔固结量。观测时的坝体厚度与首次测得的坝体厚度之差为累计固结量，相邻两次累计固结量或相邻两次坝体厚度之差为间隔固结量。固结量的计算一般在表格中进行，表2-2为计算示例。

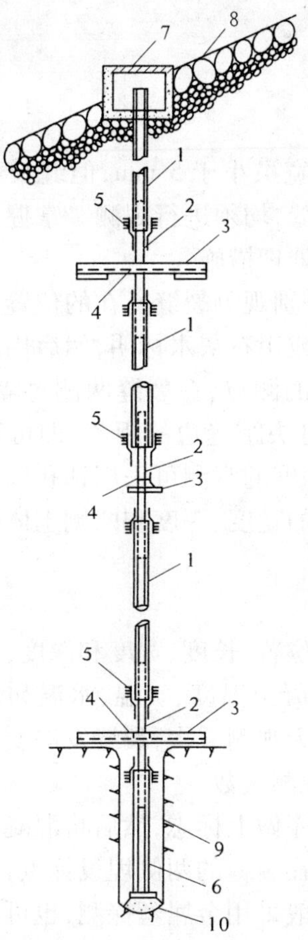

1—套管;2—带横梁的细管;3—横梁;4—U 形螺栓;5—浸沥青的麻布;6—管座;7—保护盒;8—块石护坡;9—岩石;10—砂浆

图 2-31　横梁式固结管

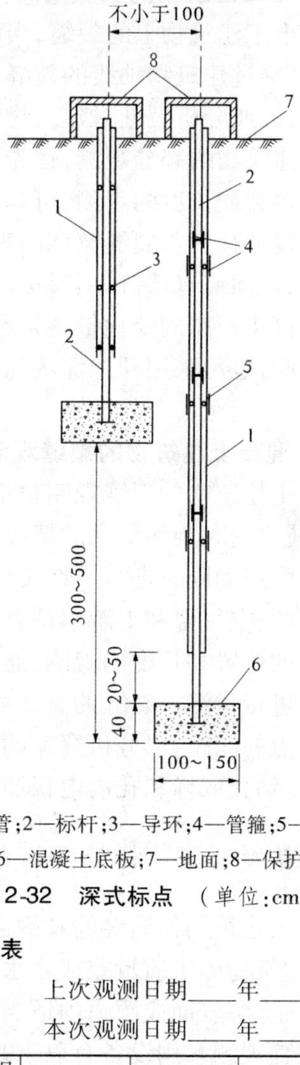

1—套管;2—标杆;3—导环;4—管箍;5—铁垫圈;6—混凝土底板;7—地面;8—保护盖

图 2-32　深式标点 (单位:cm)

表 2-2　固结观测成果计算表

固结管编号＿＿＿＿＿＿　　　　上次观测日期＿＿年＿＿月＿＿日

间隔时间＿＿＿＿＿＿天　　　　本次观测日期＿＿年＿＿月＿＿日

<table>
<tr><th>测点编号</th><th>管顶高程（m）</th><th>测点至管顶距离（m）</th><th>本次观测的测点高程（m）</th><th>测点始测高程（m）</th><th>测点垂直位移量（mm）</th><th>测点始测间距（m）</th><th>本次观测的测点间距（m）</th><th>本次累计固结量（mm）</th><th>上次累计固结量（mm）</th><th>间隔时间内固结量（mm）</th><th>备注</th></tr>
<tr><td></td><td>(1)</td><td>(2)</td><td>(3) = (1) - (2)</td><td>(4)</td><td>(5) = (4) - (3)</td><td>(6)</td><td>(7)</td><td>(8) = (6) - (7)</td><td>(9)</td><td>(10) = (8) - (9)</td><td rowspan="5">上次是指本次的前一次</td></tr>
<tr><td>一</td><td>45.834</td><td>13.203</td><td>32.631</td><td>32.635</td><td>4</td><td>3.021</td><td>3.002</td><td>19</td><td>5</td><td>14</td></tr>
<tr><td>二</td><td>45.834</td><td>10.201</td><td>35.633</td><td>35.651</td><td>18</td><td rowspan="2">3.033</td><td rowspan="2">2.991</td><td rowspan="2">42</td><td rowspan="2">13</td><td rowspan="2">29</td></tr>
<tr><td>三</td><td>45.834</td><td>7.210</td><td>38.624</td><td>38.650</td><td>26</td></tr>
<tr><td>四</td><td>45.834</td><td>4.197</td><td>41.637</td><td>41.637</td><td>0</td><td>3.013</td><td>3.013</td><td>0</td><td>0</td><td>0</td></tr>
<tr><td colspan="8">全管累计固结量(mm)</td><td>61</td><td></td><td></td><td></td></tr>
</table>

五、水工建筑物的裂缝观测

(一)土工建筑物的裂缝观测

对于土工建筑物上的裂缝,当缝宽大于 5 mm,或缝宽虽小于 5 mm,但缝长和缝深较大,或者是穿过建筑物轴线的裂缝,以及弧形缝、竖直错缝,均须进行观测。掌握裂缝的现状和发展,以便分析裂缝对建筑物的影响和研究裂缝的处理措施。

土工建筑物的裂缝观测,首先应将裂缝编号,然后分别观测裂缝所在的位置、长度、宽度和深度。裂缝长度的观测,可在裂缝两端打入小木桩或用石灰水标明,然后用皮尺沿缝迹测量出缝的长度。裂缝宽度的观测,可选择有代表性的测点,在裂缝两侧每隔 50 m 打入小木桩,桩顶钉有铁钉,用尺量出两侧钉头的距离及钉头距缝边的距离,即可算出裂缝的宽度。钉头距离的变化量就是裂缝的变化量。裂缝深度的观测可采用钻孔取土样的方法进行观测,也可采用开挖深坑和竖井的方法观测裂缝的宽度、深度和两侧土体的相对位移。

(二)混凝土建筑物的裂缝观测

混凝土建筑物的裂缝观测包括裂缝的分布,裂缝的位置、长度、宽度和深度,对于漏水的裂缝,还应同时观测漏水的情况。裂缝的观测应与混凝土温度、气温、水温和建筑物上游水位等的观测同时进行。在裂缝发生的初期,一般每天观测一次,裂缝发展变慢后可减少观测次数;在气温和上游水位有较大变化时,应增加观测次数。

裂缝的位置和长度的观测,通常是在裂缝两端用油漆做上标志,然后将混凝土表面画上方格来进行量测。裂缝的宽度可用放大镜观测,并可在裂缝的两侧埋设标点,用游标卡尺测定标点的间距,以分析缝宽的变化。裂缝的深度一般采用金属丝探测,也可采用超声波探伤仪、钻孔取样和孔内电视照相等方法观测。

六、混凝土建筑物伸缩缝的观测

混凝土建筑物伸缩缝的观测通常选择建筑物高度最大、地质条件复杂有较大断层或破碎带、建筑物施工质量差或止水不良,有显著漏水以及进行应力应变观测的地段,在建筑物顶部、下游表面或廊道内适当位置布置测点,每条伸缩缝上不少于 2 个测点。

伸缩缝观测常用设备有以下几种。

(一)单向测缝标点

单向测缝标点是在伸缩缝两侧混凝土体上各埋设一段角钢,角钢与缝平行,一翼向上,一翼用螺栓固定在混凝土上。向上的翼板上各焊有一半圆球形的标点,以用外径游标卡尺(读至 0.1 mm)测量两标点头间的距离,见图 2-33。

(二)型板式三向测缝标点

型板式三向测缝标点可以测出伸缩缝开合、错动和高差 3 个方向变化值,是用两块宽约 30 mm、厚 5 ~ 7 mm 的金属板,锚固在缝侧混凝土上,金属板弯曲成互相成直角的三段,每段焊上一个不锈钢的或铜的标点,埋设后量出 3 对标点的距离 x、y、z,作为初始值,在观测时重新量出 3 对标点的距离,即可算出伸缩缝沿 X、Y、Z 方向的变化量,见图 2-34。

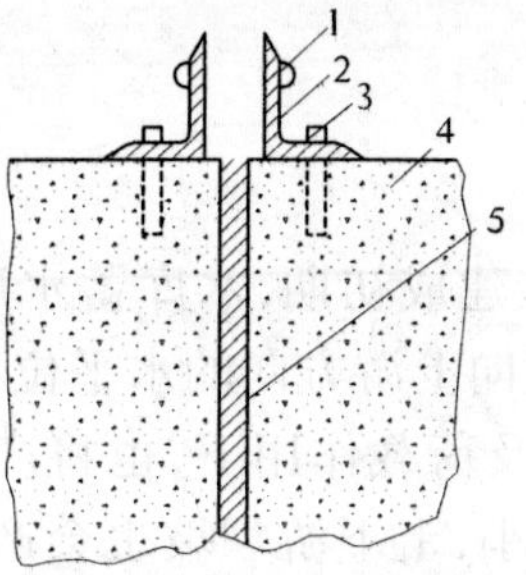

1—标头;2—角钢;3—螺栓;
4—混凝土;5—伸缩缝

图 2-33 单向测缝标点

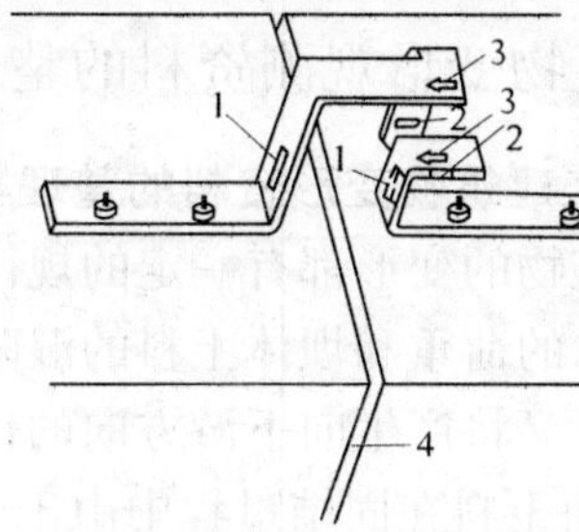

1—观测 X 方向的标点;2—观测 Y 方向的标点;
3—观测 Z 方向的标点;4—伸缩缝

图 2-34 型板式三向测缝标点

(三)三点式测缝标点

三点式测缝标点是由组成等边三角形的 3 个标点组成,其中两个标点埋在伸缩缝的一侧,并使两点连线与缝平行,另一个标点埋在伸缩缝的另一侧。标点下部埋入混凝土,露出的标头为一圆柱体,中心为一圆坑,见图 2-35。三点式测缝标点需用专门的游标卡尺测量。

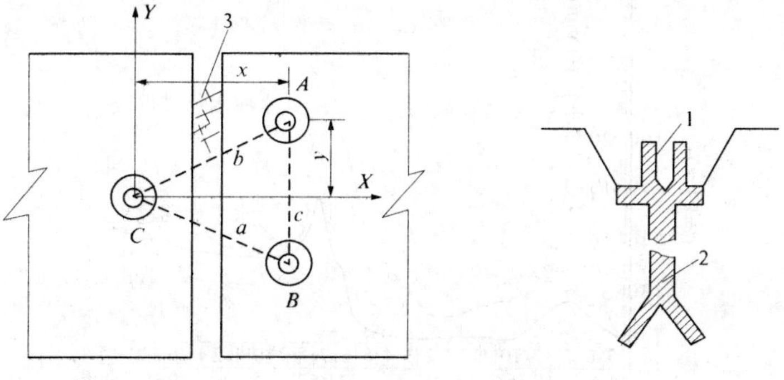

A、B、C—标点;1—放卡尺测针的小坑;2—标点固定锚筋;3—伸缩缝填料

图 2-35 三点式测缝标点结构图

(四)差动式电阻测缝计

差动式电阻测缝计的工作原理与电阻应变计相同,在浇筑建筑物混凝土的同时埋设。在埋设时,首先在较高的浇筑块中埋入套管,然后当低浇筑块的混凝土上升后,将测缝计旋入套筒内,再回填混凝土,如图 2-36 所示。

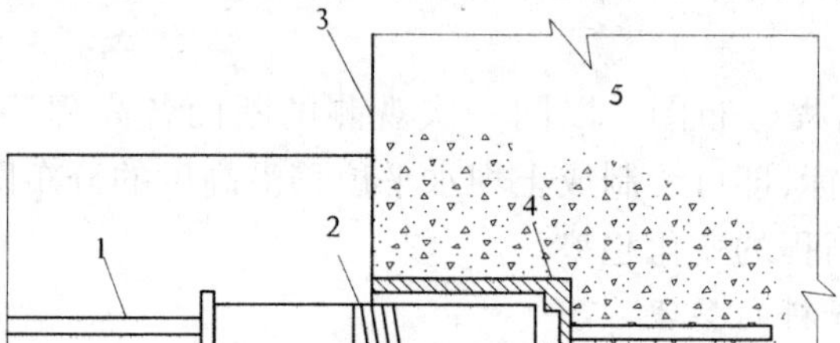

1—电缆;2—波纹管;3—接缝;4—套筒;5—高浇筑块;6—低浇筑块;7—挖去的混凝土

图 2-36 差动式电阻测缝计的埋设图

七、建筑物变形观测资料的整理

(一)土工建筑物变形资料的整理与分析

土工建筑物的变形都有一定的规律性。例如土坝,在建成初期,水库蓄水后,由于在上游坝坡上水的荷重和坝体土料的湿陷等作用下,会产生向上游方向的水平位移,随后在水压力作用下又将产生向下游方向的位移。同时在自重及荷载作用下,也将产生竖直位移(沉陷)。而土料在固结过程中由于土层厚度的逐渐减小,上下游坝坡也会产生向坝趾方向的水平位移。所以将建筑物变形观测资料加以整理,可以分析变形是否正常,对建筑物会产生什么样的影响,是否会危害建筑物的稳定和安全,为此需要采取什么样的安全保护措施。

1. 水平位移观测资料的整理

(1)水平位移过程线。以观测标点的库水位、水平位移为纵坐标,以时间为横坐标,绘制水平位移过程线,如图 2-37 所示。在水平位移过程线图上,通常还画上相应的水库水位过程线,以便对照分析。

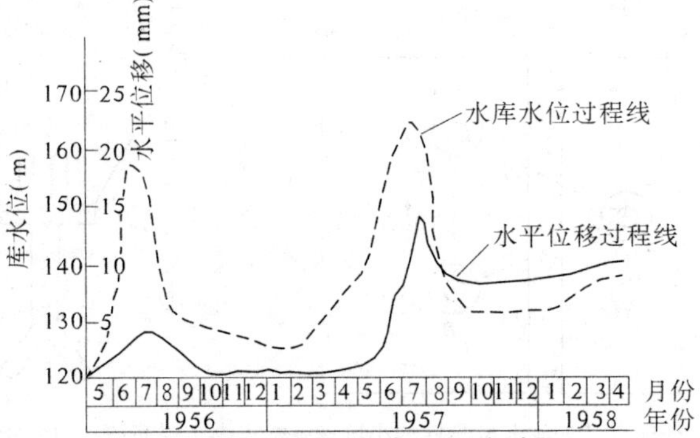

图 2-37 土坝坝顶水平位移过程

(2)累计水平位移变形曲线。以历年水平位移累计值或相对值(历年水平位移累计值与坝高之比)为纵坐标,以时间为横坐标,绘制累计水平位移变化曲线,如图 2-38 所示。

(3)水平位移分布图。以水平位移观测断面为横坐标,以水平位移为纵坐标,按一定比尺将各测点的水平位移标于建筑物平面图上,即可绘制成水平位移分布图,如图 2-39(b)所示。

(4)水平位移沿高程分布图。以同一次观测的断面各高程测点的水平位移为横坐标,测点的高程为纵坐标,即可绘制成土坝水平位移沿高度的分布图。从图中可以分析出各测点水平位移量沿高程的变化趋势。

2. 竖直位移观测资料的整理

(1)竖直位移过程线。以某一观测标点的累计竖直位移或相对竖直位移(竖直位移与坝高比值的百分数)为纵坐标,时间为横坐标,绘制成竖直位移过程线。

(2)纵断面竖直位移分布图。以纵向观测断面为横坐标,以断面上各测点竖直位移为纵坐标,绘制纵断面竖直位移分布图,如图 2-39(a)所示。

(3)横断面竖直位移分布图。以横向观测断面为横坐标,以横断面上各测点竖直位

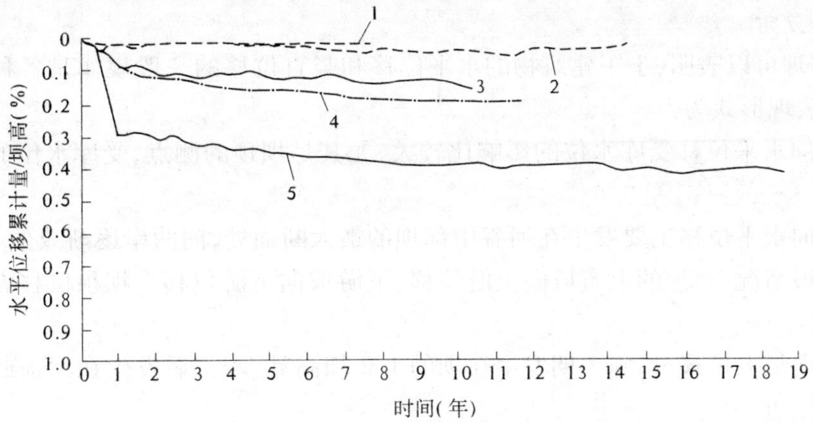

1—大黑谷;2—鱼梁濑;3—水洼;4—九头龙;5—御母衣

图 2-38　土坝累计水平位移变化曲线

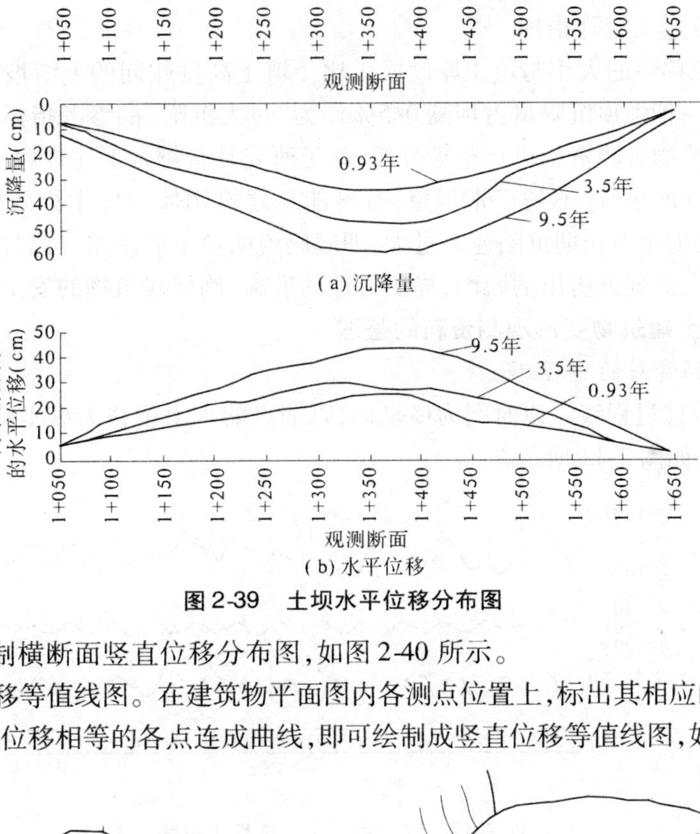

图 2-39　土坝水平位移分布图

移为纵坐标,绘制横断面竖直位移分布图,如图 2-40 所示。

(4) 竖直位移等值线图。在建筑物平面图内各测点位置上,标出其相应的竖直位移(沉陷)值,并将竖直位移相等的各点连成曲线,即可绘制成竖直位移等值线图,如图 2-41 所示。

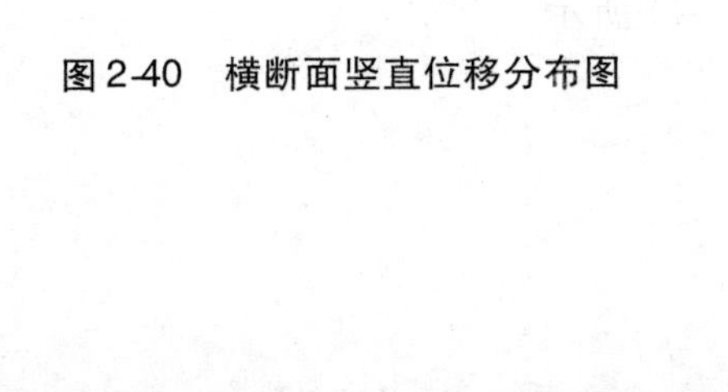

图 2-40　横断面竖直位移分布图

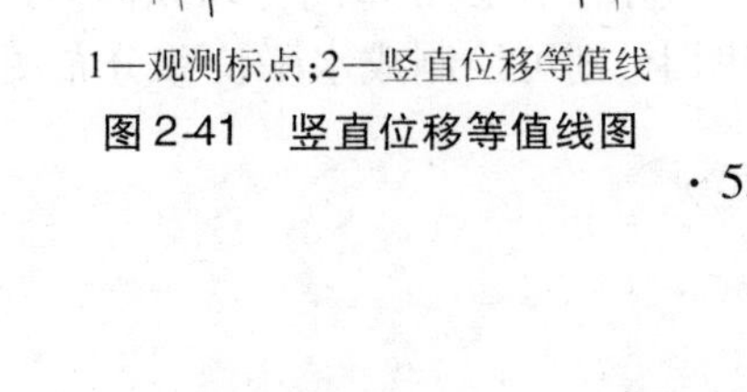

1—观测标点;2—竖直位移等值线

图 2-41　竖直位移等值线图

3. 资料分析

通过整理可以表明，土工建筑物的水平位移和竖直位移的一般规律是各种作用的综合反映，其表现形式为：

（1）横向水平位移受库水位的影响比较大，尤其是坝顶的测点，受库水位的影响更强烈。

（2）横向水平位移主要发生在河谷中部坝的最大断面处，向两岸逐渐减少。

（3）一般情况下，坝的上游坡向上游位移，下游坡向下游位移。坝顶位移方向则视具体条件而定。

（4）横向最大位移量，施工期发生在坝的1/2 坝高处，竣工后发生在坝顶或坝顶以下1/3 坝高处附近。

（5）竖直位移在水库初蓄期增长较快，以后渐趋平缓，随着土体固结速率越来越小，最终接近水平线。一般土石坝在竣工后5 ~7 年，沉降基本稳定。我们把竣工后相对沉降率3% 作为累计过大沉降指标。

（6）竖直位移量的大小与填土厚度成正比。填土高度相同的上游坡比下游坡位移量大。竣工后第一年坝顶沉降量占坝高0.5% 作为“过大沉陷”的参考指标。

对土工建筑物观测资料进行整理分析，就是研究是否符合上述规律。例如，实测竖直位移量远较预计的小，这不是正常现象，有可能是建筑物体内发生拱效应而形成内部裂缝。反之，如大坝竣工初期沉陷速率过大，即起码说明填土质量差，抗裂抗渗性能低，往往有裂缝和渗漏。根据分析出的原因，提出处理的措施，确保建筑物的安全。

（二）混凝土建筑物变形观测资料的整理

1. 水平位移资料的整理

（1）水平位移过程线。以时间为横坐标，以测点的水平位移为纵坐标，即可绘制成水平位移过程线，如图2-42 所示。

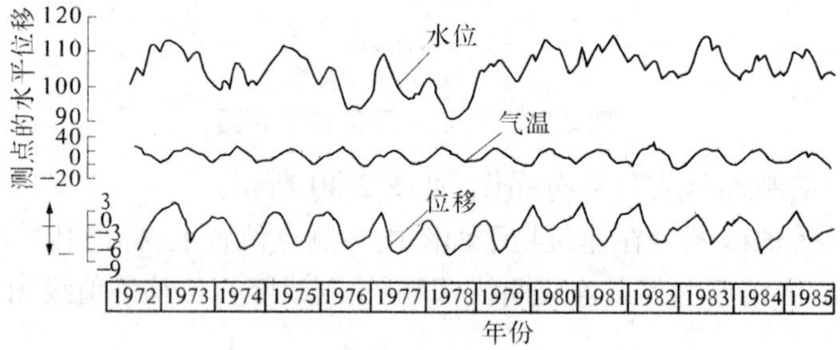

图2-42　陈村拱坝水平位移过程线

（2）挠度曲线。以横坐标表示水平位移，以纵坐标表示测点高程，即可绘制成表示同一垂线上各测点水平位移的挠度曲线，如图2-43 所示。

（3）水平位移分布图。以纵向观测断面为基线，将各测点的水平位移按一定比例尺标于图上，则可绘制成水平位移分布图，如图2-44 所示。

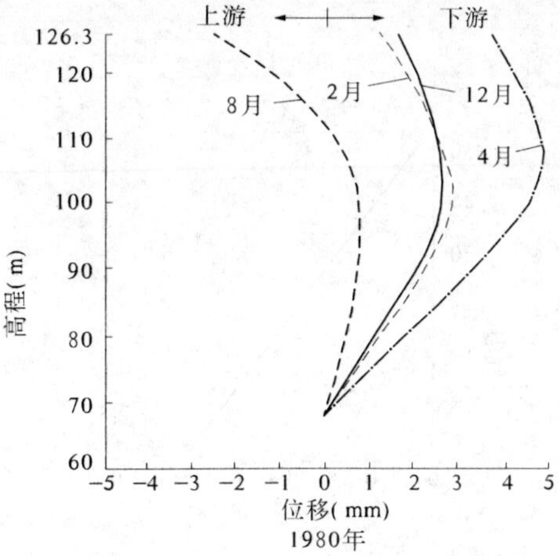

图 2-43　拱坝拱冠断面挠度曲线

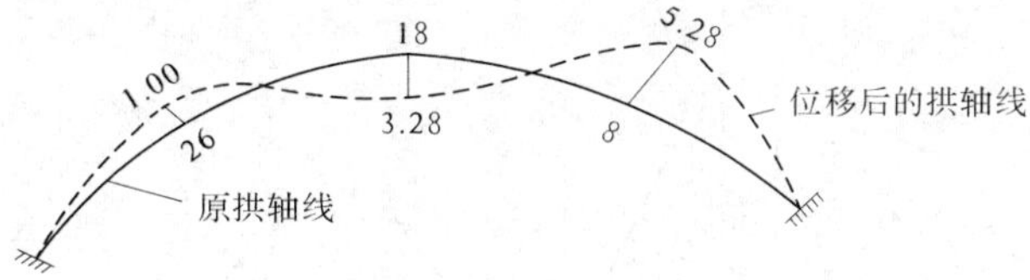

图 2-44　某拱坝拱环的水平位移分布图　（单位:mm）

2. 竖直位移观测资料的整理

混凝土建筑物竖直位移观测资料可整理成竖直位移过程线（见图 2-45）、累计竖直位移变化曲线（见图 2-46）和竖直位移分布曲线（见图 2-47）。

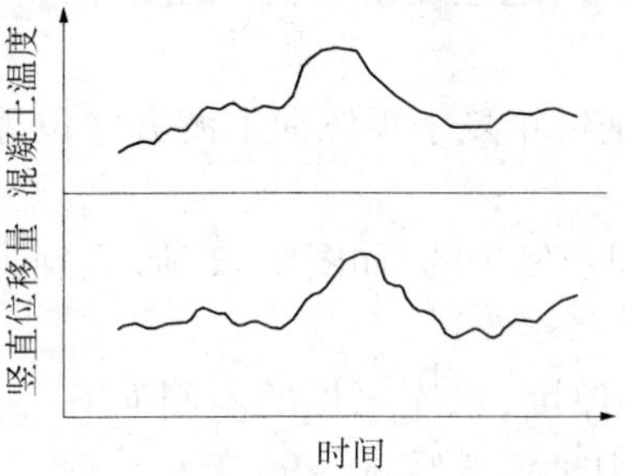

图 2-45　竖直位移过程线

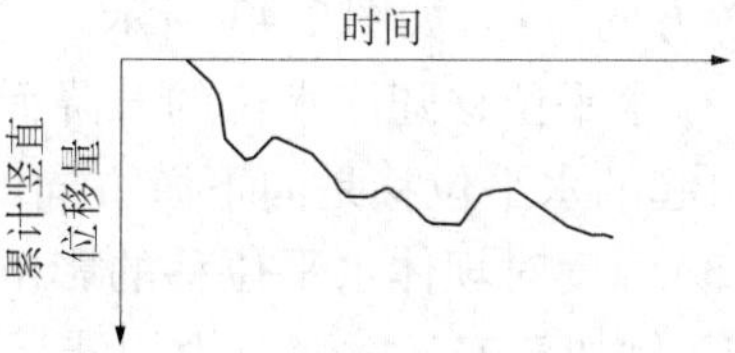

图 2-46　累计竖直位移变化曲线

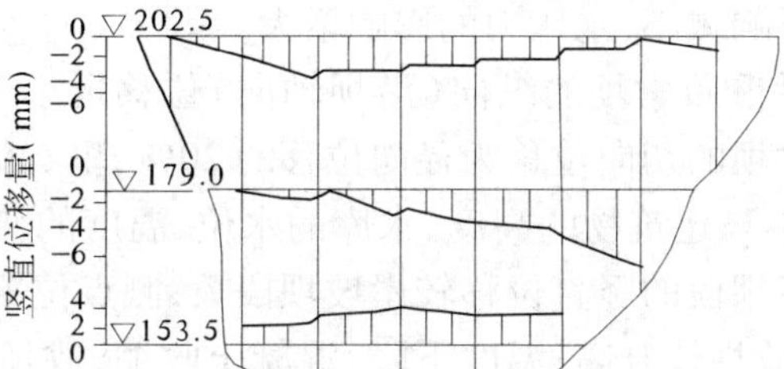

图 2-47　竖直位移分布曲线

3. 伸缩缝观测资料的整理

伸缩缝宽度的观测资料通常整理成以下形式：

(1)伸缩缝宽度变化过程线。以横坐标表示时间，以纵坐标表示缝宽，即可绘制成伸缩缝宽度过程线，如图 2-48 所示。

(2)伸缩缝宽度与气温关系曲线。伸缩缝宽度的变化与气温有密切关系，如以横坐标表示伸缩缝宽度，以纵坐标表示气温，即可绘制成伸缩缝宽度与气温的关系曲线，如图 2-49 所示。

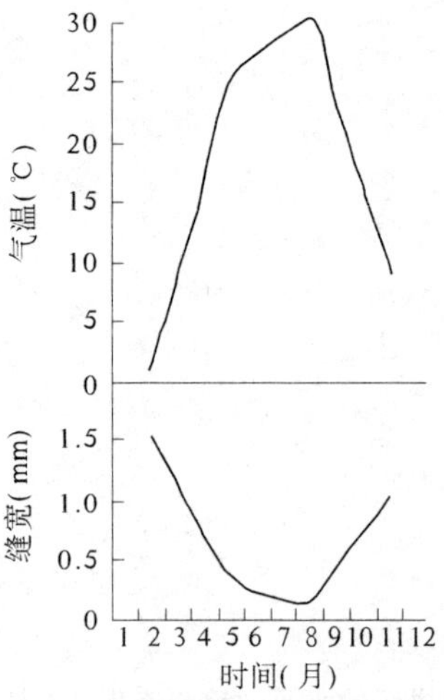

图 2-48　伸缩缝宽度变化过程线

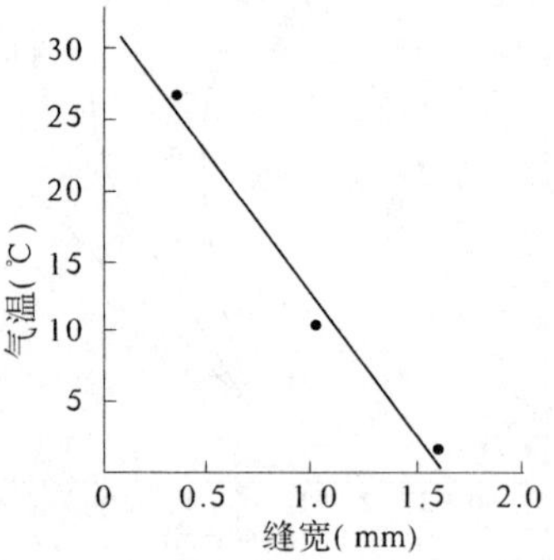

图 2-49　伸缩缝宽度与气温关系曲线

4. 资料分析

混凝土建筑物在自重、外荷载和温度变化的作用下将产生水平和竖直位移,特别是在水库水位升降或温度骤然变化时,都会立即产生变形,这些变形具有一定的特点和规律性,如以混凝土坝为例,其表现形式为:

(1)水平位移的变化具有一定的周期性,一般是每年夏季坝体向上游方向位移,冬季向下游方向位移,如图 2-43 所示。

(2)水平位移随库水位的升降而变化,一般是同步发生的,如图 2-42 所示。而且水压力所引起的水平位移是向下游方向的。

(3)温度对坝体水平位移的影响,随坝型、坝体厚度、水库水位的不同而有一定的滞后作用,例如新安江宽缝重力坝滞后 90 天,陈村重力拱坝滞后 30 ~ 90 天。

(4)对水平位移而言,在坝体的上部,温度变化的影响较大,水压力的影响较小;在坝体的下部,温度变化的影响减小,水压力的影响增大。

(5)拱坝的切向位移和重力坝的纵向(沿坝轴向)位移远小于径向位移和上、下游方向的位移值,例如陈村拱坝的切向位移为径向位移的 20%,里石门拱坝为 10%。

(6)竖直位移的大小与建筑物的高度、水库的水位、温度的变化和坝基的地质情况有关。对于同一座坝,最高坝段的竖直位移较岸坡坝段大;测点位置愈高,竖直位移也愈大。温度增高,混凝土膨胀,故坝体升高;温度下降,混凝土收缩,故坝体下降。水库水位的变化将引起坝体温度和应力的变化,因而影响坝体竖直位移的变化。地质条件愈好,竖直位移愈小,反之则愈大。

第四节　水工建筑物的渗流观测

水库建成蓄水后,在上下游水头差的作用下,坝体和坝基会出现渗流。渗流分正常渗流和异常渗流。正常渗流不会对水库水量损失和大坝安全造成影响,水利工程中是允许的。异常渗流往往会逐渐发展并对建筑物造成破坏。在一定的边界条件下,正常渗流有可能转化为异常渗流。所以,为了保证坝体安全和水库的蓄水效益,对水库中的渗流现象必须引起足够的重视,并进行认真的检查观测,从渗流的现象、部位、程度来分析并判断建筑物的运行状态,保证水库安全运用。

一、土石坝的渗流观测

土石坝渗流观测的目的是监视土石坝在渗流作用下的工作情况,以确定正确的运用方式和及时发现存在的问题及隐患,便于采取措施加以防护和补救,保证大坝的正常工作和安全。

在进行渗流观测时,应结合上下游水位、气温、水温、降雨等进行观测。下面介绍土石坝通常进行的渗流观测内容。

(一)土石坝的浸润线观测

土石坝浸润线观测最常采用的方法是在坝体选择有代表性的横断面,埋设适当数量的测压管,通过测量测压管中的水位来获得浸润线位置。

1. 测压管布置

土石坝浸润线观测的测点应根据水库的重要性和规模大小、土坝类型、断面尺寸大小、坝基地质情况以及防渗、排水结构等进行布置。一般选择最重要、最有代表性,而且能控制主要渗流情况以及预计有可能出现异常渗流的横断面,作为浸润线观测断面,布置测压管。例如选择最大坝高、老河床、合龙段以及地质情况复杂处。在设计时进行浸润线计算的断面,最好也布置测压管进行观测,以便与设计进行比较。布置测压管的横断面间距一般为 100 ~ 200 m,如坝体较长、断面情况大体相同,可以适当增大断面间距,在有特殊需要的坝段应增设断面。对于一般大型和重要的中型水库,浸润线观测断面不少于 3 个,一般中型水库不少于 2 个。

每个横断面内测点的位置和数量,以能使观测成果如实地反映出断面内浸润线的几何形状及其变化,并能充分描绘出坝体各组成部分(防渗体、排水体、反滤层等)在渗流下的工作状况为原则进行布置。要求每个横断面内的测压管数量不少于 3 根。

(1)对于具有堆石排水体的均质土坝,在坝顶上游坝肩和排水体上游坡与坝基相交点各布置 1 根测压管,其间根据具体情况布置 1 根或数根测压管。如图 2-50(a)所示。

(2)对于具有褥垫式排水体的均质土坝,可在上游坝肩和褥垫式排水上游端各布置 1 根测压管,其间视情况而定。褥垫式排水体的上面根据需要可增设 1 根测压管。如图 2-50(b)所示。

(3)对于宽心墙坝,可在心墙内布置 2 ~ 3 根测压管,在心墙下游面靠近心墙的透水料中和排水体上游端各布置 1 根测压管,其间根据具体情况布置如图 2-50(c)。对于窄心墙坝,可在心墙上下游和排水体上游端各布置 1 根测压管,其间根据具体情况布置,如图 2-50(d)所示。

(4)对于塑性斜墙坝,在紧靠斜墙下游面坝底处应埋设 1 根测压管,反滤坝址上游端埋设 1 根测压管,其间视具体情况布置。紧靠斜墙的测压管,为了不破坏斜墙的防渗性能并便于观测,通常采用有水平管段的 L 形测压管。水平管段略呈倾斜,进水管段稍低,坡度在 5% 左右,以免破坏斜墙的不透水性。此外,应在排水体上游坡脚处布置 1 根测压管，其间根据具体情况布置，如图2-50(e)所示。

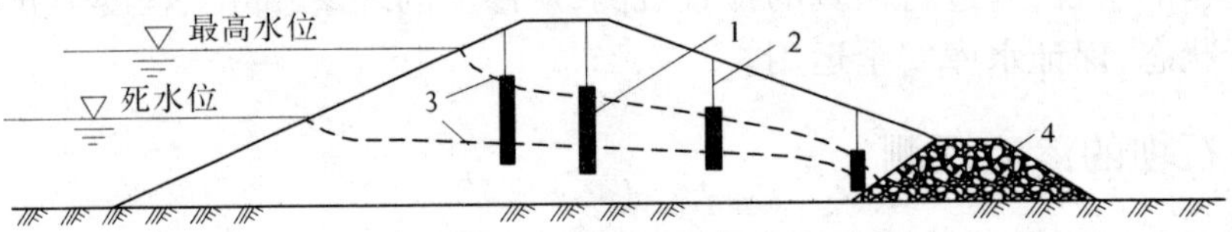

(a) 均质土坝(有反滤坝址)

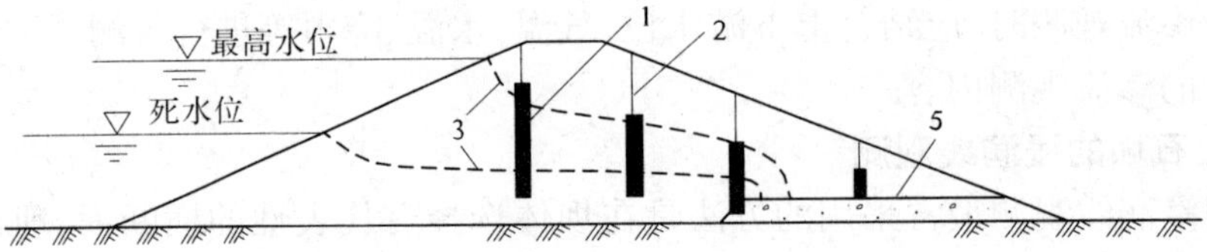

(b) 均质土坝(有水平排水)

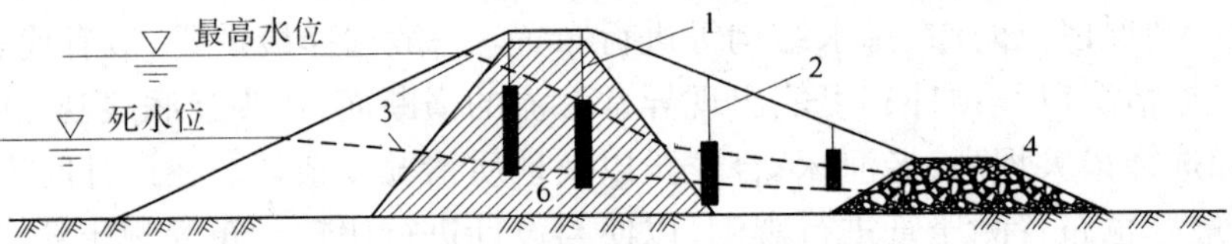

(c) 宽心墙坝

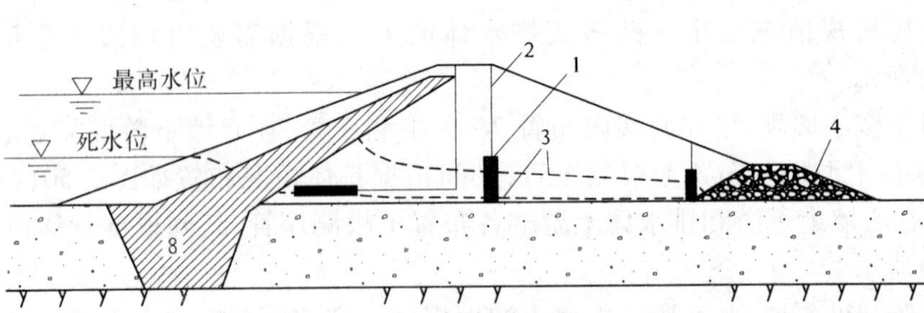

(d) 窄心墙坝

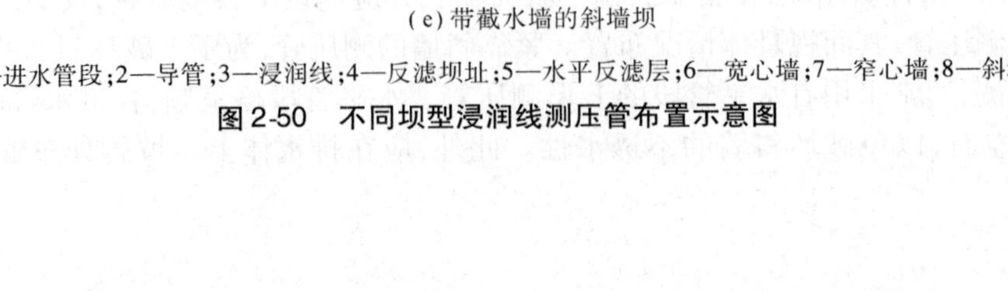

(e) 带截水墙的斜墙坝

1—进水管段；2—导管；3—浸润线；4—反滤坝址；5—水平反滤层；6—宽心墙；7—窄心墙；8—斜墙

图2-50　不同坝型浸润线测压管布置示意图

2. 测压管的结构

测压管长期埋设在坝体内,要求管材经久耐用。常用的有金属管、塑料管和无沙混凝土管。无论哪种测压管均由进水管段、导管和管口保护设备 3 部分组成。

1)进水管段

测压管的进水管段应能顺利进水而又防止土粒进入管内,常用的进水管直径为 38 ~ 50 mm,下端封口,进水管壁钻有足够数量的进水孔。对埋设于黏性土中的进水管,开孔率为 15% 左右;对砂性土,开孔率为 20% 左右。孔径一般为 6 mm 左右,沿管周分 4 ~ 6 排,呈梅花形排列。管壁上焊有 4 ~ 8 根直径 6 ~ 8 mm 的纵向钢筋,然后呈螺旋状缠绕 12 ~ 14 号镀锌铅丝,外面包扎两层过滤层,过滤层外再包扎两层麻布。过滤层的内层可采用马尾网、玻璃丝布、铜丝网、尼龙丝布等,外层可采用棕皮。如图 2-51 所示。

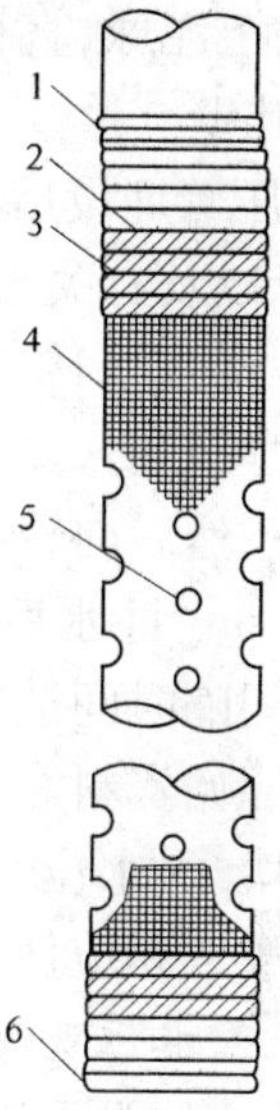

1—缠绕铅丝;2—两层麻布;3—第二过滤层;4—第一过滤层;5—进水孔;6—封闭管底

图 2-51　测压管进水管结构示意图

进水管的长度视土料的性质而定,对于黏土或沙壤土坝体,其长度自设计最高浸润线以上 0.5 m 至最低浸润线以下 1 m;对于粗粒透水料坝体,应不小于 3 m。进水管下部应留出 0.5 ~ 2 m 的沉淀管段。

2)导管

导管与进水管连接并伸出坝面,连接处应不漏水,其材料和直径与进水管相同,但管壁不钻孔。其作用是将测压管引出坝面,以便观测管内水位。

3)管口保护设备

管口保护设备安装在测压管管口,以保护测压管不受人为的破坏,防止雨水、地表水流入测压管内或沿测压管外壁渗入坝体,并避免石块和杂物落入管中,堵塞测压管。

3. 测压管的安装埋设

测压管一般在土石坝竣工后钻孔埋设,只有水平管段的 L 形测压管必须在施工期埋设。安装程序是首先钻孔,再埋设测压管,最后进行注水试验,以检查是否合格。

1)钻孔注意事项

(1)钻机一般在短时间内即能完成钻孔,如短期内不易塌孔,可不下套管,随即埋设测压管。若在沙壤土或砂砾料坝体中钻孔,为防止孔壁坍塌,可先下套管,在埋好测压管后将套管拔出,或者采用管壁钻了小孔的套管,万一套管拔不出来也不会使测压管作废。

(2)建议钻孔采用麻花钻头干钻,尽量不用循环水冲孔钻进,以免钻孔水压对坝体的扰动破坏及可能产生裂缝。

2)埋设测压管的注意事项

(1)在埋设前应对测压管作细致检查,进水管和导管的尺寸和质量应合乎设计要求,检查后应做记录。管子分段接头可采用接箍或对焊。在焊接时应将管内壁的焊疤打去,以避免由于焊接使管内径缩小,造成测头上下受阻。管子分段连接时,要求管子在全长内保持顺直。

(2)测压管全部放入钻孔后,进水管段管壁与孔壁应加填粒径约为0.2 mm的洗净的干砂。导管段管壁与孔壁之间应加填黏土并夯实,以防雨水沿管外壁渗入。由于管、孔壁之间间隙小,回填松散黏土往往难以达到防水效果,导管外壁与钻孔之间可加填事先制备好的膨胀黏土泥球,直径1~2 cm,每填1 m,注入适量稀泥浆水,以浸泡黏土球使之散开膨胀,封堵孔壁。

(3)测压管埋设后,应及时做好管口保护设备,记录埋设过程,绘制结构图,最后将埋设处理情况以及有关影响因素记录在考证表内。

3)测压管注水试验检查

测压管埋好后,要及时进行注水试验,以检验测压管的灵敏度是否合格。试验前先量出管中水位,然后向管中注入清水。对于一般土料,注水使管内水位升高3~5 m,砂砾料升高5~10 m。注水后测量水面高程,再经过5、10、15、20、30、60 min后各测量一次管中水位,以后间隔时间适当延长,测至降到原水位为止。记录测量结果,并绘制水位下降过程线,作为原始资料。对于黏壤土,测压管水位如果5昼夜内降至原来水位,认为是合格的;对于砂壤土,水位一昼夜降到原来水位,认为合格;对于砂砾料,如果在12 h内降到原来水位,或灌入相应体积的水而水位升高不到3~5 m,认为是合格的。

4.测压管水位观测方法

测压管水位常采用测深钟或电测水位器进行观测,也有采用示数水位器、遥测水位器等进行观测的。

1)测深钟测定测压管水位

测深钟的结构型式如图2-52所示,为上端封闭、下端开敞的一段金属圆管。圆管长30~50 mm,外径较测压管内径小,形状好像一个倒置的杯子。吊绳用皮尺或测绳,零点置于测深钟下口。

观测时,用吊绳将测深钟慢慢放入测压管中,当测深钟下口接触管中水面时,若发出空筒击水的"嘭嘭"声,即停止下送。再将吊绳稍微提起又放下,使测深针反复击水并连续发出"嘭嘭"的声音为止,此时即可测出管口至管内水面的高度L,再根据管口高程Z_g,计算出管水位高程Z,即

$$Z = Z_g - L \tag{2-8}$$

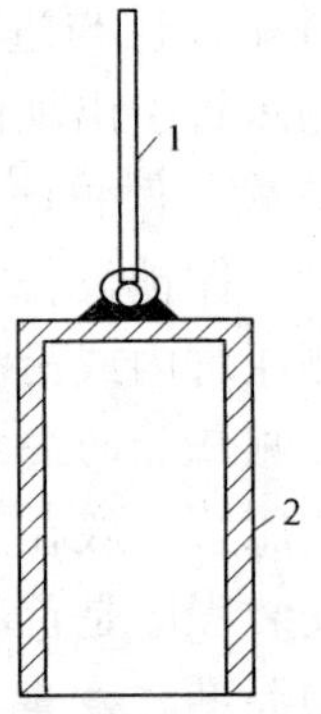

1—吊绳;2—测深钟

图2-52 测深钟示意图

一般要求测读两次,读数差不大于2 cm。

2)电测水位器测定测压管水位

电测水位器是利用水导电来接通电路的原理构成的。一般由测头、指示器和吊尺组成。测头为铜管或铁管,中间安装电极。指示器采用微安表或灯泡或蜂鸣器等,其作用是指示电路的通断情况。指示器与测头电极用导线连接。对于只有一个电极的测头,如图2-53(a)所示,需用一根导线将指示器与金属测压管连接。图2-53(b)的双电极则用两根导线接成回路。

测头挂接在吊尺上,吊尺可用钢尺。也可不用吊尺,将导线改用带有刻度的水工专用

电缆。测头、指示器和导线可安装在木制的测量箱内,如图 2-54 所示。观测时,将测头放入测压管中,至指示器得到反响后,将测尺靠在测压管口边缘读数,可用式(2-8)计算。但测头(特别是双电极测头)入水后将使管内水位升高,其升高值可由试验测出,在计算管内水位时减去测头入水引起的水位升高值。

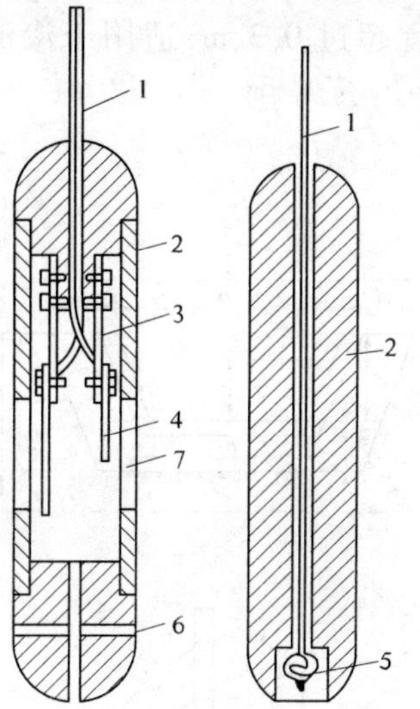

(a) 单导线测头　(b) 双导线测头

1—电线;2—金属管;3—隔电板;4—电极;

5—电线头;6—进水孔;7—排气孔

图 2-53　测头构造示意图

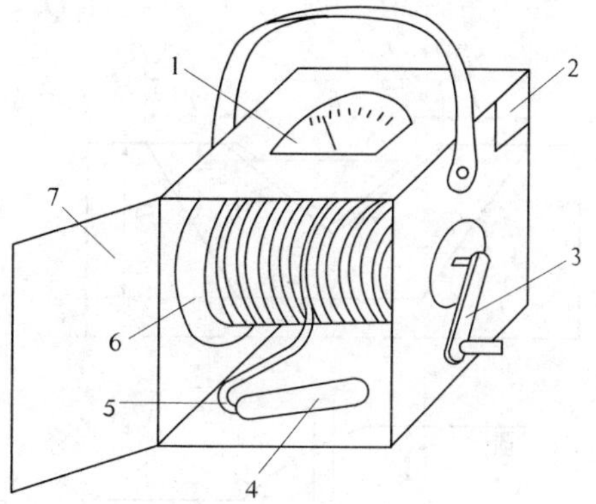

1—指示器;2—电池盒;3—手摇柄;4—测头;

5—导线;6—滚筒;7—木门

图 2-54　电测水位箱

电测法测管水位需测读两次,两次读数差对于大型水库不大于 1 cm,中型水库不大于 2 cm。

测压管水位的测次,应根据水库蓄水等具体情况而定。水库初蓄水阶段每日观测一次,以后逐渐减少到每 10 天一次。但当水库水位超过历年最高水位或接近设计最高水位,以及发现不正常渗流或地震后,应增加测次。测压管口高程,在水库运用初期应每月用水准法测量一次,以后逐渐减少,但每年至少一次。

(二)土石坝的渗流量观测

土石坝渗流量观测的目的是通过测量渗流量的大小,掌握渗流量的变化规律,以便分析土坝防渗和排水设备的工作状况,判断土坝的工作是否正常。

土石坝渗流量的观测,通常是将坝体和坝基排水设备中的渗水分别引入集水沟,在集水沟中布置量水设备进行观测。如果坝体和坝基的渗水可以分区拦截,则应分区进行观测,以利于分析问题。

渗流量观测应与上下游水位、测压管水位、气温和降雨等项目的观测配合进行。渗流量的观测方法应根据渗流量的大小和渗水的汇集条件,采用容积法、量水堰法和测流速法。

其中量水堰一般常采用以下几种型式。

(1)三角堰。底角为直角,过水断面为等腰三角形的量水堰,如图 2-55 所示。三角堰适用于渗流量为 1 ~ 70 L/s 的情况，堰上水深一般不超过 0.3 m，最小不宜低于 0.05 m。直角三角堰自由出流的流量计算公式为

$$Q = 1.4H^{5/2} \tag{2-9}$$

(2)梯形堰。梯形堰过水断面为一梯形，边坡常用 1∶0.25，如图 2-56 所示。堰口应严格水平。底宽不宜大于 3 倍堰上水头。堰上水深不宜超过 0.3 m，适用于渗流量在 10 ~ 300 L/s 的情况。

堰口边坡为 1∶0.25 的梯形堰流量计算公式为

$$Q = 1.86bH^{3/2} \tag{2-10}$$

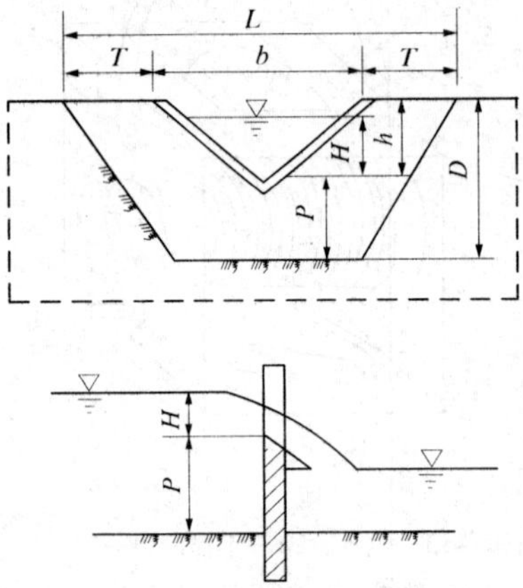

图 2-55　三角堰示意图

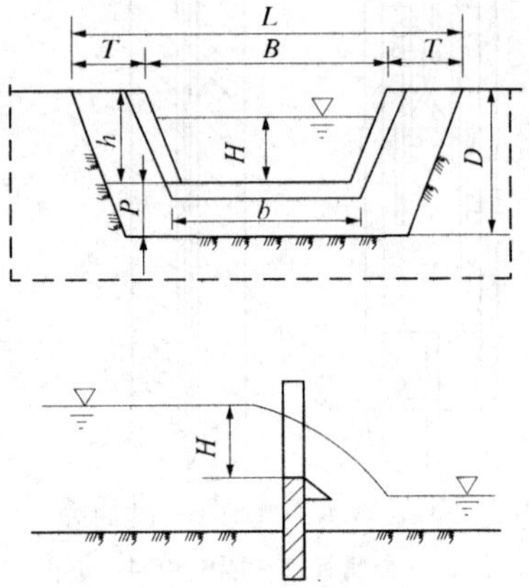

图 2-56　梯形堰示意图

(三)土石坝坝基渗水压力观测和绕坝渗流的观测

1. 坝基渗水压力的观测

坝基渗水压力的观测是为了了解坝基透水层和承压层中渗水压力的沿程分布，以判断坝基防渗和排水设备的工作效能，防止坝基产生渗透破坏。

坝基渗水压力是通过观测布置在坝基内的测压管管内水位，推算其各测点处的渗水压力水头。测压管的布置根据地基地质情况、防渗排水设施的结构型式，以及有可能发生渗透变形的部位而定。

1)测压管的布置

测压管沿渗流方向布置，一般结合浸润线断面布置。不同地质状况布置形式不一样。

(1)均质砂砾石地基上测压管的布置。一般垂直坝轴线布置 2 ~ 3 个观测横断面，每个横断面布设 3 ~ 5 根测压管，具体位置视坝型而定，如图 2-57 所示。①具有水平防渗铺盖的均质坝，一般每个断面埋设 4 根测压管，上游坝肩、下游坡、反滤坝趾上下游各埋设 1 根，如图 2-57(a)所示。②对有塑性截水墙或垂直防渗帷幕的心墙坝，一般在截水墙前后各布设 1 根测压管，反滤坝趾上下游各埋设 1 根，如图 2-57(b)所示。③对有垂直防渗设施的斜墙坝，其黏土截水墙、灌浆帷幕或混凝土防渗墙靠近上游，测压管可全部布置在防渗设施下游，如图 2-57(c)所示。④对有水平防渗设施的斜墙坝，一般在土坝施工时预埋 L 形测压管，如图 2-57(d)所示。其水平管段应有 5% 的坡度。

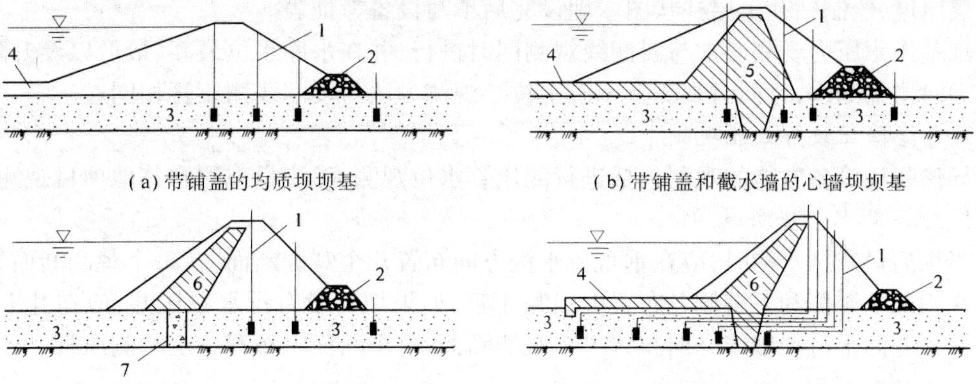

(a) 带铺盖的均质坝坝基　　(b) 带铺盖和截水墙的心墙坝坝基

(c) 带截水墙的斜墙坝坝基　　(d) 带截水墙的水平防渗斜墙坝坝基

1—测压管;2—滤水坝趾;3—砂砾石层;4—水平铺盖;5—心墙;6—斜墙;7—垂直防渗墙

图 2-57　均质砂砾石地基渗水压力测压管布置示意图

(2)对于上层为相对弱透水层,下层为强透水层的双层地基,应垂直坝轴线至少布置2~3个观测横断面,每个横断面布设2~4根测压管,并将测压管进水管段布设在强透水层中,如图2-58所示。多层透水地基可在各层中分别埋设测压管,每个观测横断面每层不少于3根,如图2-59所示。

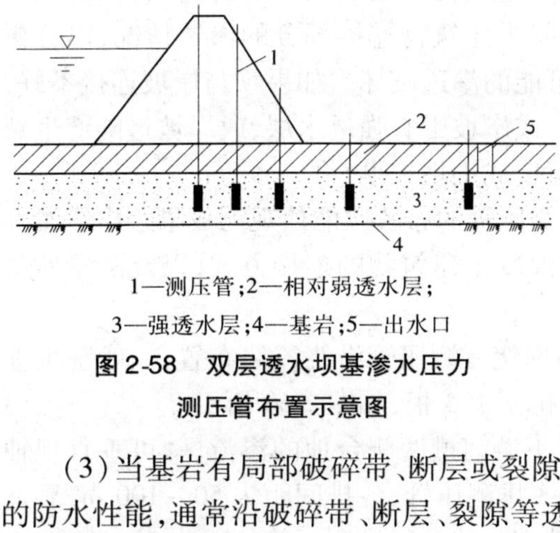

1—测压管;2—相对弱透水层;

3—强透水层;4—基岩;5—出水口

图 2-58　双层透水坝基渗水压力测压管布置示意图

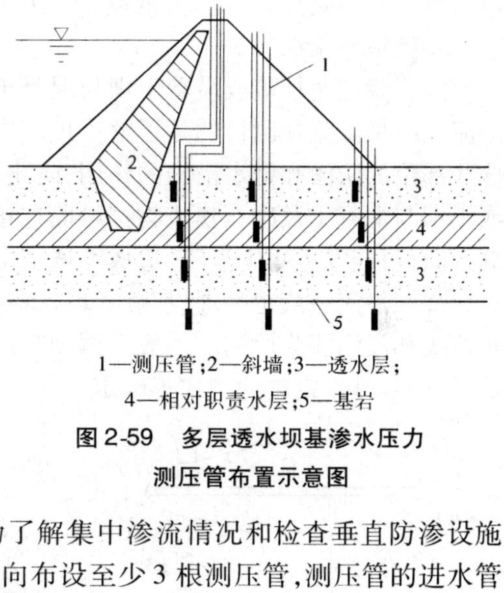

1—测压管;2—斜墙;3—透水层;

4—相对职责水层;5—基岩

图 2-59　多层透水坝基渗水压力测压管布置示意图

(3)当基岩有局部破碎带、断层或裂隙时,为了解集中渗流情况和检查垂直防渗设施的防水性能,通常沿破碎带、断层、裂隙等透水方向布设至少3根测压管,测压管的进水管深入断层或裂隙中。

(4)为获得坝趾出逸段的出逸坡降,需在坝趾下游一定范围内布置若干测压管。在已经发生渗流变形的地方,应在其四周临时增设测压管进行观测。当采取工程措施进行处理后,仍应保留一部分测压管,观测处理前后渗水压力的变化,以评价处理效果。

2)测压管的结构与管水位观测方法

坝基渗水压力测压管的结构与浸润线测压管基本相同,只是进水管较短,一般为0.5~1 m。坝基测压管的埋设一般在大坝施工期或水库初蓄水前进行,造孔埋设不得用泥浆固壁,应下套管防止塌孔。钻进过程中应取土样,鉴定土的性质,并测定高程和计算各种土层厚度，绘制钻孔土层柱状图。埋设完后填写设备考证表。

坝基渗水压力观测通常与浸润线观测同时进行，并在水库水位最高、最低以及升降变化较大时增加测次，且同时观测上下游水位。观测方法与浸润线测压管相同。

2. 导渗降压设备效能观测

导渗降压设备效能的观测包括进行测压管水位观测、渗流量观测和其他项目观测。

1) 测压管水位观测

当坝后设有排水沟时，应在垂直排水沟方向布置几个观测断面，在每个观测断面上至少应在沟的上游侧和下游侧各布置1根测压管，如果坝后设有排水减压井，应在井上游、井下游和井间平行坝轴线方向布置3个观测断面，每个断面上布置一定的测压管。

2) 渗流量观测

减压井和排水沟的渗流量观测一般是通过量水堰进行的，对于减压井的渗流量可采用体积法或用小流速仪在井内观测其涌水量。

3) 其他项目观测

减压井的其他项目观测还包括涌水透明度、淤积量和失效后果等的观测。

涌水透明度的观测可参见本节（四）内容。淤积量的观测一般是在每年汛前和汛后各进行一次，其方法是分别测量井口和井底的高程，则井的淤积量 = 井的断面 ×[（原井口高程 - 井口高程）-（原井底高程 - 井底高程）]。

3. 绕坝渗流观测

渗流绕过两坝端或沿着土坝与混凝土及砌石建筑物的接触面向下游流出，称为绕坝渗流。绕坝渗流观测目的是了解土坝两岸与混凝土建筑物连接部分的渗透情况，以分析这些部位的防渗和排水措施的作用，防止出现可能的渗透破坏。如果坝与岸坡连接不好，或土坝与混凝土及砌石建筑物接触面连接不好，或岸坡中有强透水层，或岸坡过陡产生裂缝，都有可能发生集中渗流，造成渗透变形，甚至造成土坝失事。

绕坝渗流一般也是埋设测压管进行观测。测压管的布置以能使观测成果绘出绕渗等水位线和浸润线为原则。一般根据坝与岸坡和混凝土建筑物的连接方式，以及两岸地质情况、防渗排水设施的型式等确定。

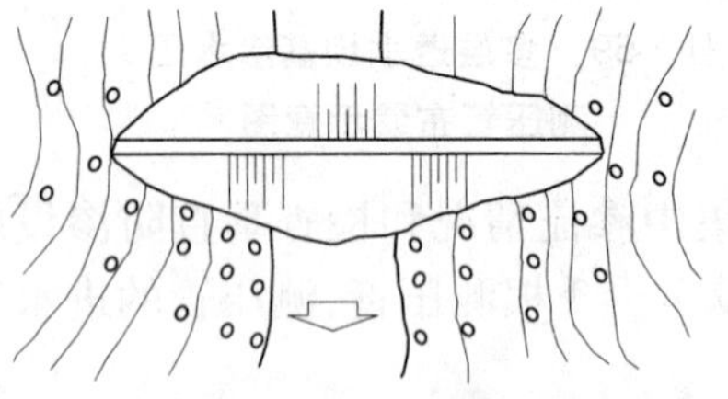

图2-60　绕坝渗流测压管平面布置图

(1) 两岸绕渗测压管沿绕流线布置，一般至少埋设2排，每排至少3根，如图2-60所示。

(2) 在下游河槽两侧台地的渗流区，可垂直坝轴线布置2～3排测压管，各排间距为50～100 m，靠近河槽处可稍密一些。每排测压管管距为50～200 m，近坝趾处稍密一些。每排测压管根数不少于3根。

(3) 岸坡内有防渗齿墙或灌浆帷幕的，应在其前后各设1～2根测压管。

(4) 对心墙或斜墙坝，下游坝壳的透水材料易成为绕渗的出口，因此除在坝外岸坡布设测压管外，还应在坝内岸坡段布设测压管，用以观测渗流出口处的渗透稳定性。

绕坝渗流属无压渗流，其观测实际是浸润线观测。因此，绕渗测压管的构造、埋设方法和坝体浸润线相同。但对岸坡为坚硬岩石时，可只钻孔而不必埋管。对于坝内岸坡段的测压管，进水管埋在岸坡内，坝体内为导管。若要对岸坡进行分层透水性观测，则按坝基渗水压力管的构造和埋设方法进行。

绕渗测压管的水位观测与坝体浸润线观测相同，观测仪器、方法及测次等规定也一样。

（四）渗水透明度检测

由坝体、坝基渗出的水，如果清澈透明，一般认为是正常渗流。如果渗流水中带有泥沙颗粒或渗水浑浊不清，或渗水中含有某种可溶盐成分，则反映坝体或坝基土料中细粒料被渗流水带出，或者是土料受到溶滤，这些现象通常是管涌、内部冲刷或化学管涌等渗流破坏的先兆。因此，应对渗流水进行透明度检测，并结合其他渗流观测分析判断是否会发生渗透破坏。

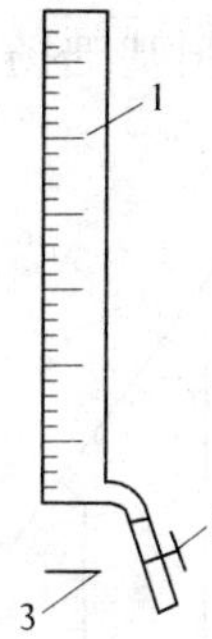

1—透明度管；2—阀门；3—5 号字符

图 2-61　透明度管示意图

检测渗水透明度用渗水透明度管进行。透明度管为一高 35 cm、直径 3 cm 的平底玻璃管，管壁刻有厘米刻度，零点在管底处。管底有一放水阀门，如图 2-61 所示。其观测方法如下。

（1）在渗水出口处取水样摇匀后注入透明度管内。

（2）用一块 5 号汉语拼音铅印字体置于管底下 4 cm 处。从管口通过水样看铅印字体。如看不清字样，则打开阀门放水，降低管中水柱观看铅印字体，直至看清字体时为止。

（3）从管壁刻度上读出水柱高度，即为渗水透明度。透明度大于 30 cm 为清水，透明度愈小，说明水样中含泥沙量愈大。若事先率定出含沙量的关系，即可由透明度查出含沙量。

渗水透明度检测应固定专人进行，以免视力差异引起误差。检测工作在同样光亮条件下进行。检测应做两次，两次读数差不大于 1 cm。渗水正常时，可每月或每季进行一次，渗水浑浊时每天检测一次或几次。

二、混凝土建筑物的渗水扬压力观测

对闸、坝等混凝土建筑物基础上的扬压力进行观测，以掌握扬压力的分布及其变化，从而判断建筑物地基内防渗设备的工作是否正常，如果在相同库水位下扬压力有显著增大，应及时分析原因并采取补救措施。

（一）观测设备及布置

建筑物基础扬压力观测断面一般选择在最大坝高、老河床和地质情况较差的地方，其间距视建筑物长度和结构型式而定，一般为 100～200 m，但不应少于 3 个断面。

观测断面上的测点数和测点位置，取决于断面大小、结构型式、地下轮廓形状和地质情况，以能准确测出扬压力为原则。通常可参照下列情况进行布置：

（1）为了了解坝基和闸基防渗设备对渗透水头的折减作用，应在帷幕灌浆、铺盖、齿墙、板桩等前后各布置一个测点。

（2）为了了解排水设备的降压效果，应在坝基排水孔、水闸和溢洪道护坦排水孔下游侧布置一个测点。

(3)在建筑物底面中间和紧靠建筑物下游面处布置一个测点。沿水闸边墙和上下游翼墙适当布置几个测点。

当混凝土坝或浆砌石坝有横向廊道时,可在横向廊道内布置测压断面,以便于观测,图2-62是重力坝扬压力测压管的布置图。支墩坝和连拱坝的扬压力测压管一般布置在支墩内。水闸基础扬压力测点根据地下轮廓线布置,一般按图2-63所示形式布置。

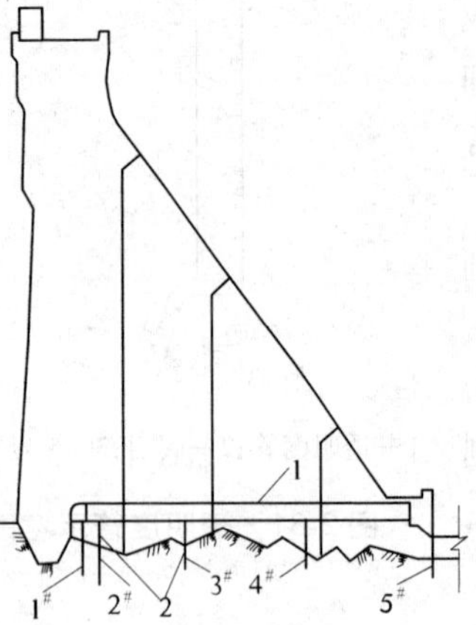

1—廊道;2—测压管

图2-62 重力坝扬压力测压管的布置

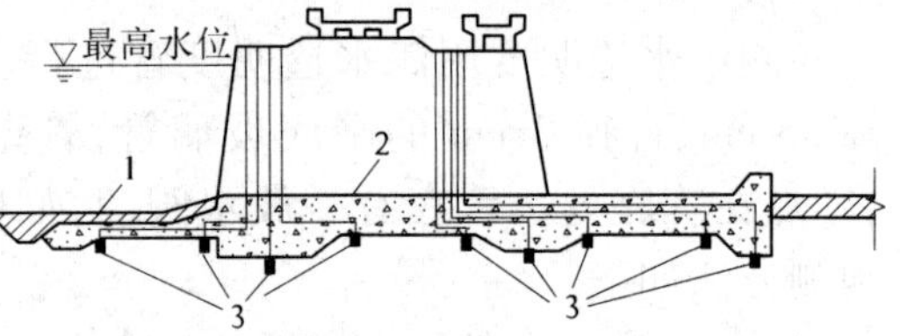

1—铺盖;2—底板;3—测压管进水管段

图2-63 水闸基础面扬压力测压管的布置

(二)观测设备安装

测点上的扬压力观测设备通常使用测压管和渗压计。

1. 测压管

基础扬压力测压管与土坝浸润线测压管类似,由进水管段、导管和管口保护设备组成。基础扬压力是指建筑物底面上某一点的水压力,该点水压力对应一个扬压水位,因此测压管的进水管段较短,只要不小于20 cm即可,进水管的管壁上钻有直径5~6 mm的小孔。进水管的外包反滤层要求较低,一般只包一层反滤层即可,进水管下部应留不短于5 cm的沉砂管段,管壁不钻孔,底部封死。

导管用与进水管直径相同的管材连接而成。导管埋设应尽量保持垂直。不能保持垂直时,可用水平的导管引至设计管口位置的铅直投影点上,然后从该点将导管垂直向上引至管口位置。

管口保护设备与土石坝测压管相同。

2. 渗压计

用于基础扬压力观测的渗压计有钢弦式、差动电阻式等。

渗压计的埋设与渗压计的结构形式、使用目的以及埋设部位等有关,当用于基岩上测定建筑物扬压力时,一般在基坑开挖完成后,在岩面钻孔。孔径10~20 cm,孔深30 cm,在孔底部放5~6 cm厚的细砂,上面再放细粒卵石或粗砂5~6 cm,将渗压计透水石卸下,浸水使其饱和,受压膜空腔内注满水并排尽空气,然后装好透水石,将渗压计放入孔中。周围用粗砂填紧并覆盖渗压计,坑内再灌入适当水分使反滤料饱和,最后用砂浆填满钻孔，上面浇筑混凝土。

（三）扬压力观测

扬压力测压管的观测方法视管内水位而定，如管中水位低于测压管管口，其观测方法和所用仪器与土坝浸润线测压管相同。如管中水位高于测压管管口，则应采用压力表或水银压差计进行观测，后者适用于管内水位高出管口 5 m 以内的情况。

压力表分为固定式和装卸式，其量程范围应比所量测的最大压力大 1/3 ~ 2/3。观测时将阀门（见图 2-64）打开，等压力稳定后再读取两次数据，两次读数之差应小于表中最小刻度单位。此时，测压管水位（m）= 压力表座高程 +0.1P。

采用压差计观测测压管水位时，压差计安装在测压管管口处的岔管上，如图 2-65 所示。通常采用直径为 10 mm、高度大于 400 mm 且带有三通管的 U 形玻璃管压差计，压差计背面是一块木板，在 U 形玻璃管中间的木板上钉有带刻度的标尺，标尺零点设在压差计中间高度处。安装时先向压差计中注入水银，使管中水银面与标尺零点齐平，然后用一根胶皮管接在压差计的三通管和测压管的岔管上，并从三通管的上口处向管内注水，直到水从管口流出为止，随后将三通管上口处的胶皮管扎紧，即可进行观测。观测时从压差计的标尺上读出两端水银面距标尺零点的高度 h_1 和 h_2（单位是 m），读至毫米，通常应测读两次，两次读数的差值不应大于 1 mm。此时，测压管水位（m）= 标尺零点高程 $+13.6(h_1+h_2)-h_2$。

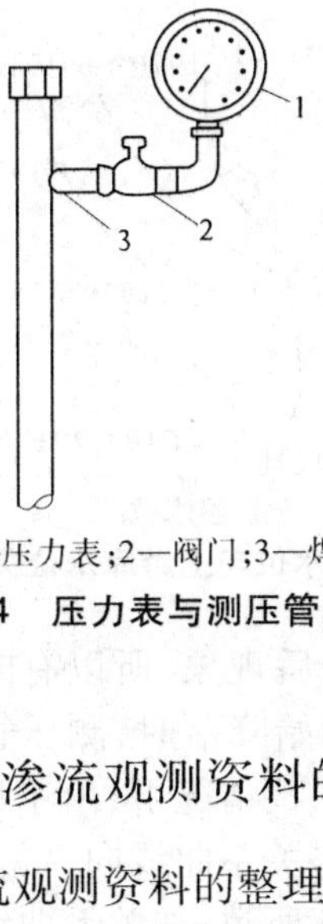

1—压力表；2—阀门；3—焊接

图 2-64　压力表与测压管的连接

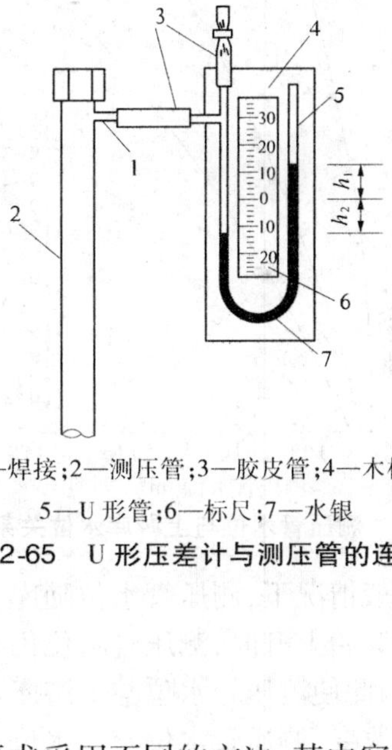

1—焊接；2—测压管；3—胶皮管；4—木板；
5—U 形管；6—标尺；7—水银

图 2-65　U 形压差计与测压管的连接

三、渗流观测资料的整理分析

渗流观测资料的整理分析，可根据不同目的和要求采用不同的方法，其内容一般包括检查现场记录、核对计算成果、填写报表、绘制测压管过程线和各种关系曲线等。分析的方法是采用对比法，将外界条件相同或不同情况下各时期的观测资料进行对比、不同地点的资料进行对比、实测资料与理论计算结果进行对比，检查其变化及趋势，分析其变化是否正常，如发现异常时，应寻找原因，立即采取措施进行防护和处理。

（一）测压管水位整理分析

测压管水位的整理通常包括绘制测压管水位过程线、测压管水位与上游水位关系曲线和特定库水位与历年测压管水位关系曲线等。

1. 测压管水位过程线

测压管水位过程线是以测压管水位、雨量为纵坐标、时间为横坐标绘制而成的曲线，如图 2-66 所示。在此图上，一般还应绘出上、下游水位过程线和雨量分布线等。

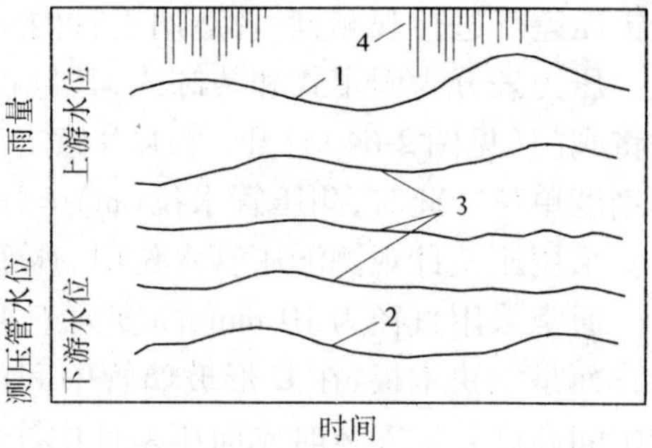

1—上游水位；2—下游水位；3—测压管水位；4—雨量

图 2-66　测压管水位过程线

2. 测压管水位与上游水位关系曲线

以测压管水位为横坐标，以上游库水位为纵坐标，将实测结果点绘在图上，如果这些点比较密集，则可通过这些点的中间绘出一条曲线，即为测压管水位与上游库水位关系曲线，如图 2-67 所示。如果上述测点并不密集，则可按观测顺序将各点依次连接，形成一个回环状的曲线，即为测压管水位与上游库水位关系过程线，如图 2-68 所示。

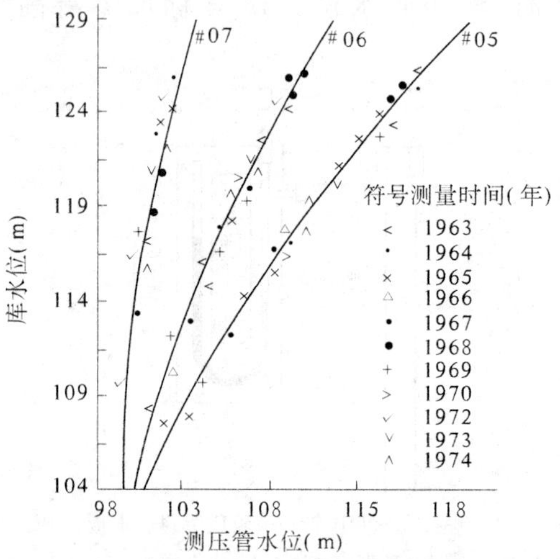

图 2-67　测压管水位与上游库水位关系曲线

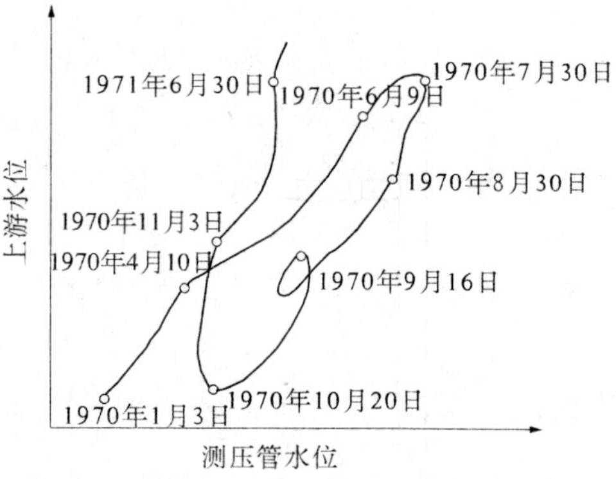

图 2-68　测压管水位与上游库水位关系过程线

在一般情况下，测压管水位随库水位而变化，但由于存在滞后现象，所以有时候库水位由降落开始上升时，测压管水位仍然下降，或库水位由上升开始降落时，测压管水位仍然上升，因此使测压管水位与上游库水位过程线呈回环状。在一些情况下，由于坝趾处排水条件的改变，测压管水位与库水位关系曲线会出现左右偏移。关系曲线向左偏移，说明库水位相同时测压管水位逐年降低，这可能是由于产生渗透破坏所致；如关系曲线向右偏移，说明库水位相同时测压管水位逐年升高，这可能是由于排水堵塞所造成的。

3. 特定库水位与测压管历年水位关系曲线

根据水库多年运行情况，选取每年都可能出现的高、中、低 3 级特定库水位，然后以相应于上述 3 级库水位的历年测压管水位为纵坐标，以时间（年份）为横坐标，绘制成测压管特定水位过程线,如图 2-69 所示。

测压管特定水位过程线可能出现下列 3 种情况:

(1)测压管水位随水库运用时间逐年下降,如图 2-69(a)所示,这种情况一般是土坝处于正常运用状态下,但也可能是由于排水设备受到冲刷破坏所致。

(2)测压管水位随水库运用时间逐年上升,如图 2-69(b)所示,这种情况可能是由于排水设备堵塞造成的。

(3)测压管水位随水库运用过程有升有降,呈锯齿状,如图 2-69(c)所示,但其总的趋势有下降和上升两种,其原因如上面(1)、(2)所述。

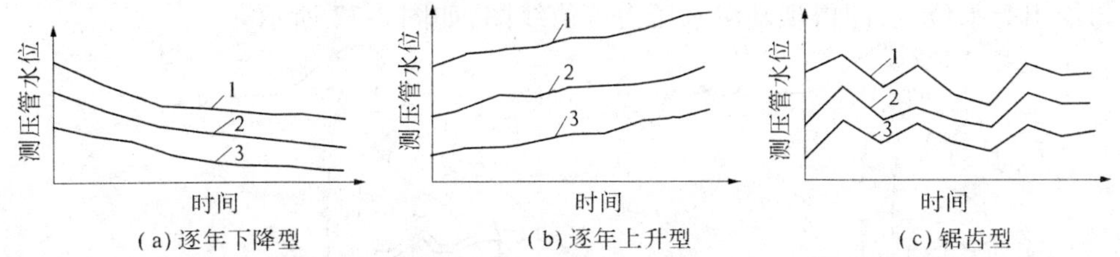

1—水库特定高水位;2—水库特定中水位;3—水库特定低水位

图 2-69　测压管特定水位过程线

(二)渗流量整理分析

渗流量观测资料一般可绘制成渗流量过程线和渗流量与上游水位关系曲线。

在渗流量过程线图上一般还需绘制上、下游水位过程线、测压管水位过程线、渗水透明度过程线和雨量分布线,如图 2-70 所示。通过此图可分析:

(1)如果渗流量随库水位变化,但略有滞后,则属正常情况。

(2)如果渗流量过程线有突然变化,则应查明原因,看是否由于降雨等情况所引起。

(3)如果渗流量随测压管水位变化,则属正常情况。

(4)如果透明度无变化,属正常情况,如果透明度持续降低,渗流量相应增大,则可能是由于坝体或坝基产生渗透破坏所致。

渗流量与上游水位关系曲线如图 2-71 所示,如果关系曲线稳定不变,属正常情况;如关系曲线随时间向左偏移,则说明土坝上游淤积,渗流量逐年减小;如关系曲线随时间向图右侧偏移,说明渗流量逐年增大,土坝或坝基遭受冲刷破坏。

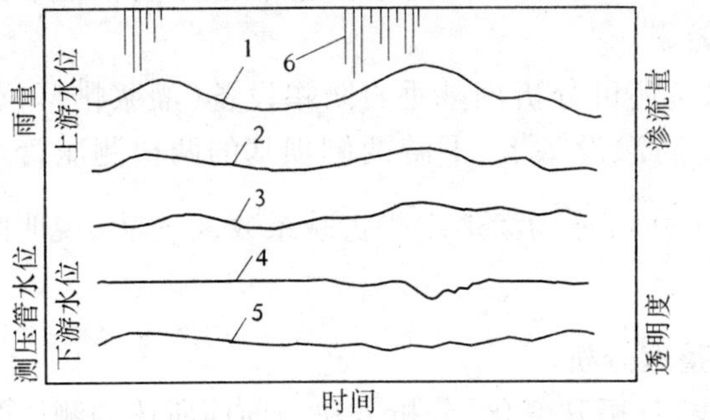

1—上游水位过程线;2—渗流量过程线;3—测压管水位过程线;4—透明度过程线;5—下游水位过程线;6—雨量

图 2-70　渗流量过程线

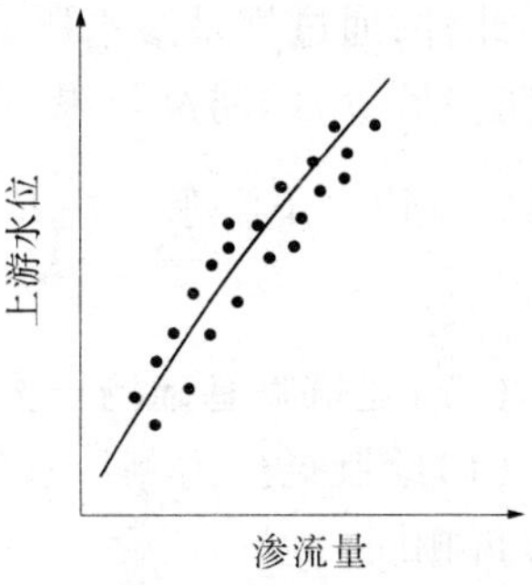

图 2-71　渗流量与上游水位关系曲线

(三)浸润线分析

在土坝横断面图上,绘出测压管位置和设计浸润线,然后选择有代表性的实测测压管水位绘于图上,即为实测浸润线。

如果实测浸润线与设计浸润线相差不大,属正常情况;如果两者相差较大,则应分析原因。如果实测浸润线高于设计浸润线,可能是由于下游排水堵塞所造成;如果实测浸润线上游部分与设计浸润线差不多,而下游部分较低,则可能是下游坝体遭受冲刷破坏所引起。

(四)坝基渗水压力分析

将同一次的坝基渗水压力测压管的水位点绘在土坝平面图上,然后根据各测点水位高程勾绘出等水位线,即得坝基渗水压力等值线图,如图2-72所示。

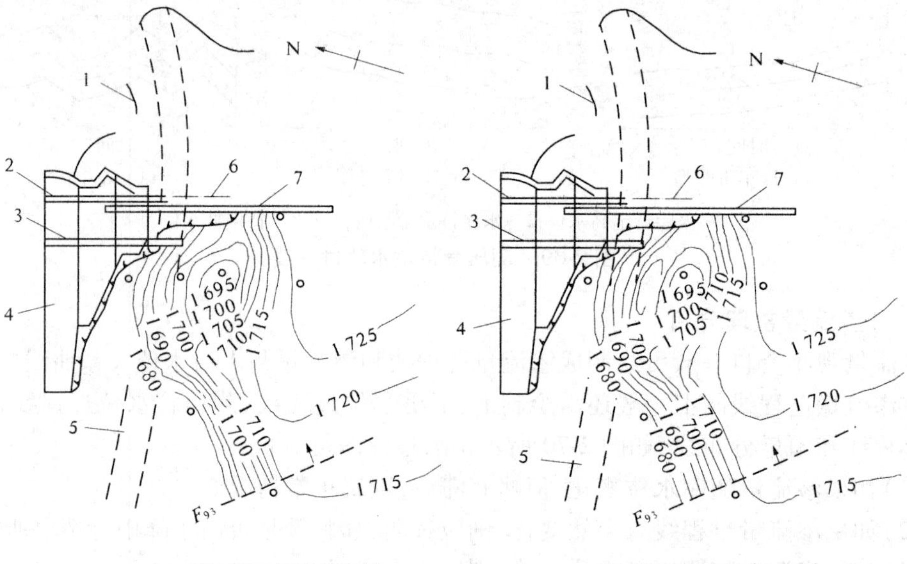

(a) 1980年10月25日实测　　(b) 1982年11月1日实测

1—水库水边线;2—左岸排水灌浆洞;3—排水洞;4—大坝;5—导流洞;6—坝轴线;7—左岸灌浆洞

图2-72　刘家峡水库岸坡坝基渗水压力等值线图

如果渗水压力等值线在两岸比较密集,河床中部较稀,说明渗透水力坡降在两岸较河床大,这属于正常情况。

通过对坝基渗水压力等值线图的比较可知,若各测压管水位连年逐渐下降,随后渐趋稳定,说明坝前泥沙逐年淤积,起到防渗效果。

此外,通过坝基渗水压力测压管的水位还可分析坝基垂直防渗设备(灌浆帷幕、截水槽、防渗墙等)的防渗效果。例如,取垂直防渗设备上、下游两侧坝基的两根测压管水位差 Δh,除以上下游水位差 H,即 $\eta = \frac{\Delta h}{H} \times 100\%$,$\eta$ 为渗透水头折减系数,η 愈大,说明防渗效果愈好。

(五)建筑物基础扬压力观测资料的整理分析

(1)绘制扬压力测压管的水位过程线,分析其变化,分析方法与前面所述的测压管水位分析相同。

(2)绘制扬压力水头和扬压力测压管水位的纵向分布图,如图2-73所示。通常扬压力水头和扬压力测压管水位的纵向分布与坝高的纵向分布一致，河床部分较大，两岸较小，如果某处扬压力较相邻测压管的扬压力大许多，说明该处防渗帷幕或排水效果差或有缺陷。

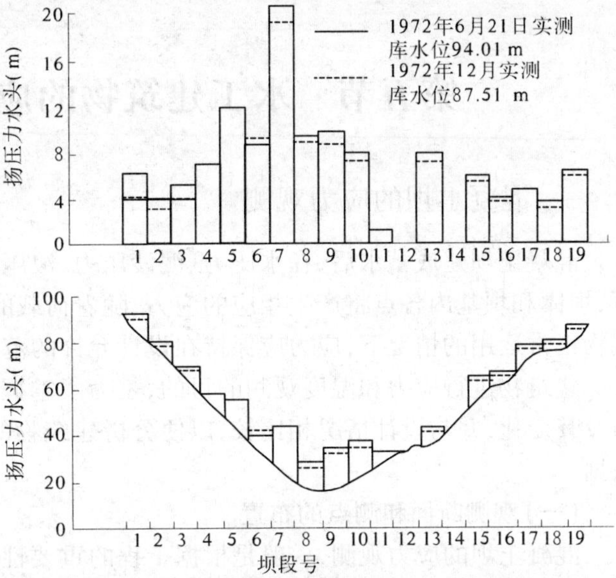

图2-73　扬压力水头和扬压力测压管水位纵向分布图

(3)绘制建筑物横断面上扬压力分布图(横向分布图)，如图2-74所示，在此图中还应绘出扬压力的设计分布值，以便于比较。通常，实测值不应超过设计值，如若扬压力实测值的分布面积大于设计值的分布面积，说明建筑物的稳定有问题，应加强防渗和排水措施。如若扬压力分布面积逐年减小，说明上游淤积使渗透减弱。

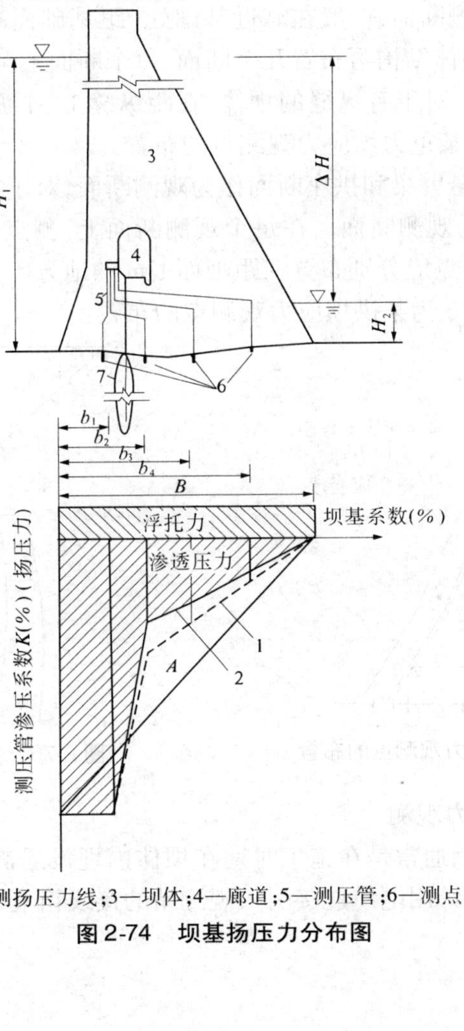

1—设计扬压力线；2—实测扬压力线；3—坝体；4—廊道；5—测压管；6—测点(进水段)；7—灌浆帷幕

图2-74　坝基扬压力分布图

第五节　水工建筑物的应力和温度观测

一、混凝土坝的应力观测

混凝土坝建成蓄水后，在水压力、泥沙压力、浪压力、扬压力和温度等荷载和因素作用下，坝体和坝基内各点将产生相应的应力，随着荷载的变化，应力也相应地产生变化，在建筑物正常运用的情况下，应力应保持在设计允许的范围内，以保证建筑物的安全。

建筑物进行应力和温度观测的目的，是为了掌握在各种工作条件下应力和温度的分布及其变化，并与设计情况相比较，以便分析建筑物的工作状况，并作为工程控制运用的依据。

（一）观测断面和测点的布置

混凝土坝的应力观测，一般是根据工程的重要性、坝的型式、荷载及地质情况选择有代表性的坝段或某些特殊部位进行观测。对于重力坝，通常对溢流坝和非溢流坝各选择一个坝段，对于重要的和地质条件复杂的工程，可适当增加观测坝段。对于每个观测坝段，至少布置 1 ~ 2 个观测断面，一般在靠近基础处（距基础面高度不小于 5 m）布置一个断面，然后根据坝高和坝体结构再布置几个断面，每个断面上至少布置 5 个测点，上、下游测点距坝面不小于 3 m。对于有纵缝的坝体，在距纵缝上、下游 1.5 ~ 2.0 m 处可以各增设一个测点。图 2-75 为某重力坝应力观测点的布置。

拱坝通常选择拱冠悬臂梁和拱座断面作为观测断面，对于重要的拱坝，还可取距拱座 1/4 弧长的径向断面作为观测断面。在每个观测断面上，测点的布置原则与重力坝基本相同，但截面上下游的测点应分别布置在距坝面 1 m 的地方。为了观测温度应力的变化，测点可适当加密。图 2-76 为某拱坝应力观测点的布置。

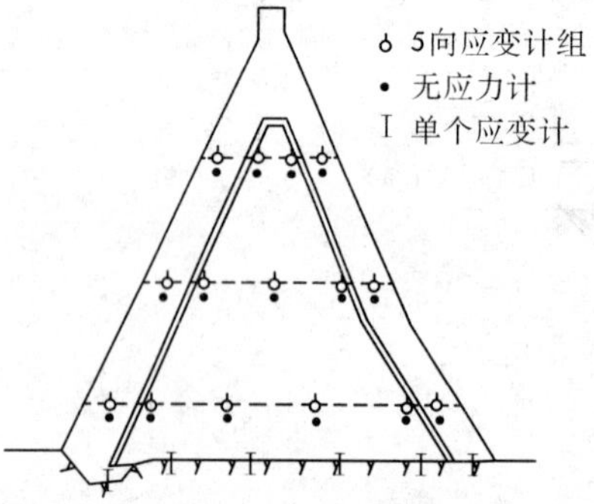

图 2-75　某重力坝应力观测点的布置

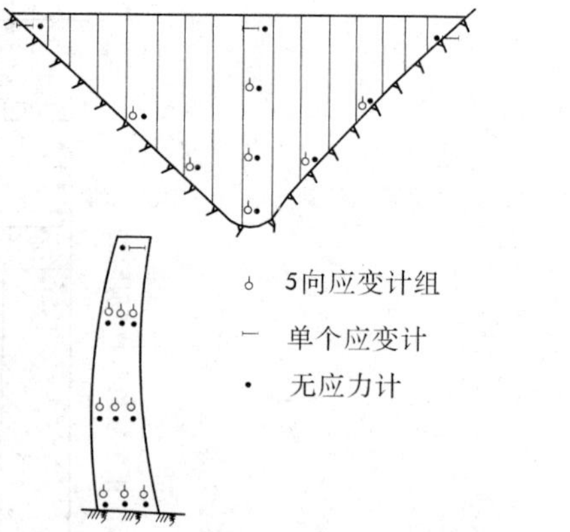

图 2-76　拱坝应力观测点的布置

（二）观测设备和应力观测

混凝土坝的应力观测通常是在施工时期在坝体内埋设遥测应变计，并在附近埋设无应力计，应变计和无应力计用电缆连接引入观测站的接线箱上，利用比例电桥测读应变计的电阻和电阻比，计算出混凝土在应力、温度、湿度和化学作用下的总变形，并由无应力计观测混凝土在温度、湿度和化学作用下的非应力变形，将总变形减去非应力变形，得应力变形，然后通过混凝土的应力应变关系，并考虑到混凝土的徐变影响，即可算出测点的应力。对于重力坝可以在接近坝基、压应力最大部位埋设应力计进行观测，拱坝则可在拱冠及拱座埋设应力计。

当需要观测应力在平面上的方向和大小时，应在测点上埋设5向或4向应变计组，如图2-77(b)、图2-77(c)所示；当需要观测应力在空间的方向和大小时，应在测点上埋设9向应变计组，如图2-77(a)所示。对于应力方向已经明确，只需要观测应力大小的测点，可埋设单个应变计。在埋设应变计的测点附近，应埋设无应力计。

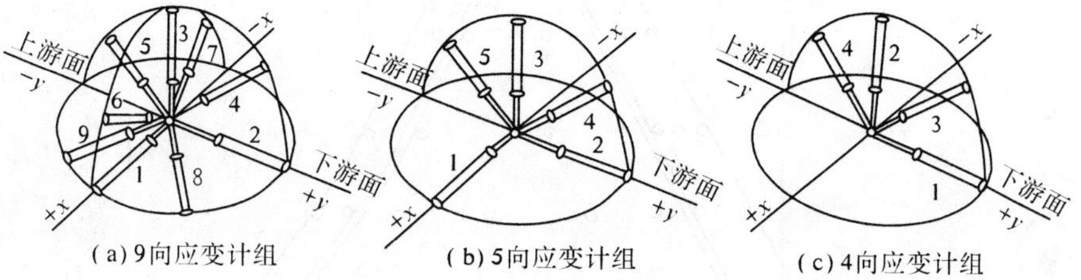

图2-77　应变计组示意图

对于重力坝，通常埋设5向应变计，其中4个应变计沿观测断面布置，另一个则与观测断面垂直，如图2-77(b)。对于支墩坝，支墩部分的测点一般埋设4向应变计，大头部分埋设5向应变计。对于拱坝，一般埋设9向和5向应变计，5向应变计中的4个沿悬臂梁断面布置，另一个则垂直于悬臂梁。为了校核弧线方向的切向应力，可沿弧线方向增设单个应变计。

应变计的观测，一般是在埋设前后各观测一次，测出仪器的电阻、电阻比、总电阻和分线电阻。在混凝土浇筑后的第1、2、3、5、8、12、18、24 h，应分别观测一次，以后两天，每隔4 h观测1次，第4天开始可每天观测2～3次，往后次数可减少。当混凝土全部竣工后，对于重力坝至少每月观测两次，对于轻型坝应每周观测2次。

二、混凝土坝的温度观测

对于混凝土坝，由于混凝土水化热而产生的温升、水库蓄水后的水温、周围的气温和太阳辐射的影响，坝体的温度在不断地变化，坝体表面和坝体内部的温度也不一致，形成内外温差。温度观测的目的是为了掌握大坝施工期混凝土的散热情况，改进施工方法，确定纵缝灌浆的时间，研究温度对坝体应力和体积变化的影响，防止产生温度裂缝，以及分析大坝的运行状态，及时发现存在的问题。

混凝土坝的温度观测，是在混凝土坝体内埋设电阻式温度计，并用电缆引至测站的接线箱上，通过比例电桥测定温度计的电阻，然后再将电阻转换成相应的温度。

温度观测断面和测点的布置，应适应坝内温度梯度的变化，便于掌握温度的分布及其变化规律。布置时应考虑到坝体结构的特点和施工方法，以及其他项目的观测。

温度测点通常布置在应力观测的坝段和观测断面上，坝体中部略稀，接近坝表面处较密，在钢管、廊道、宽缝和伸缩缝附近应增加测点。由于埋设有差动式电阻应力计的测点可以同时兼测温度，因此在这些测点可不必另外埋设温度计。

对于重力坝，应分别选择一个溢流坝段和非溢流坝段作为观测坝段，每个坝段的中间断面作为观测断面。在每个观测断面上，沿高度每隔 8 ~ 15 m 布置一排测点，一般不少于3 排，每排布置 3 ~ 5 个测点，如图 2-78 所示。

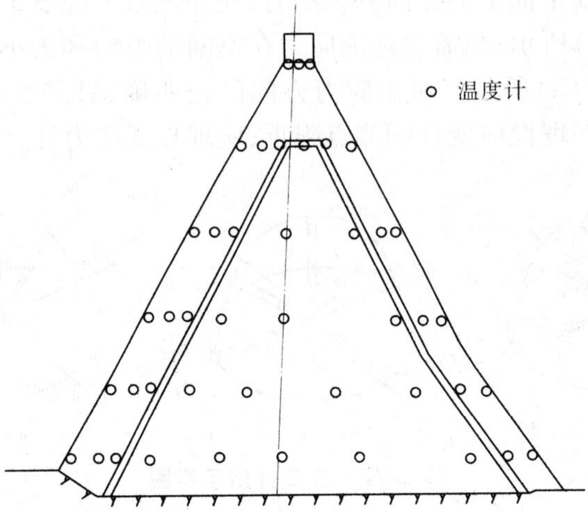

图 2-78　某宽缝重力坝温度测点的布置

三、土坝孔隙水压力观测

土坝坝体和坝基在自重和荷载作用下将逐步固结，在固结过程中会产生孔隙水压力。孔隙水压力的作用减小了土的有效应力，降低了土的抗剪强度。因此，对于重要的和较高的土坝应进行孔隙水压力的观测，以便掌握孔隙水压力的分布和消散情况，分析其对土坝稳定性的影响。

孔隙水压力的观测，通常是根据土坝的尺寸和结构型式、坝基的地形和地质情况以及土坝的施工方法选择几个观测断面，例如原河床断面、最大坝高断面、合龙段断面等，在每个断面上每隔 5 ~ 10 m 布置一排观测点，一般不少于 3 排，最好与固结观测点在同一高程上，每排布置 3 个以上测点，在稳定分析的滑弧区域和靠近坝基部位应增设测点，图 2-79 为土坝孔隙水压力测点布置示意图。

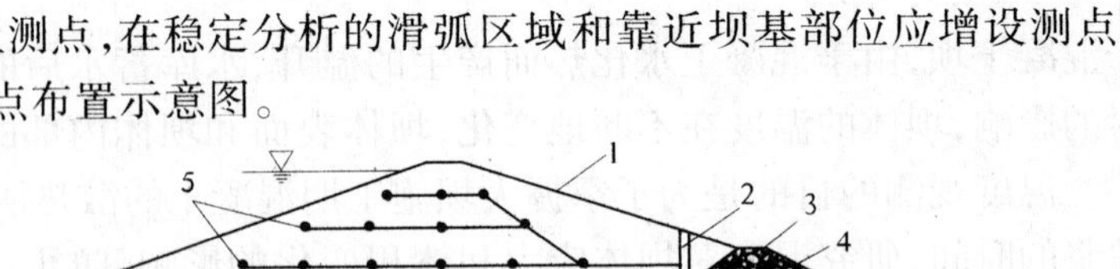

1—土坝；2—观测井；3—排水体；4—反滤层；5—测点；6—截水墙；7—砂砾层；8—不透水层

图 2-79　土坝孔隙水压力测点布置示意图

孔隙水压力的观测设备很多，目前常用的有钢弦式孔隙水压力仪、SKY 水管式孔隙水压力仪和双管式孔隙水压力计。

钢弦式孔隙水压力仪由测头（感受部分）和钢弦振荡频率接受器（测量部分）所组成。测头可分为填方埋入式（见图2-80）和钻孔埋入式（见图2-81）两种，主要是由透水石、受压膜、钢弦、线圈和外壳等几部分组成，当受压膜受孔隙水压力作用而产生挠曲时，钢弦长度缩短，钢弦的自振频率也随之变化，因此根据钢弦频率的大小，即可测得孔隙水压力的大小。观测时按动频率接受器上的电钮，交流电即通过电缆向测头内线圈（电磁铁）发送瞬时脉冲电流，产生磁力，吸引钢弦，钢弦便按自振频率振荡。同时电钮也接通频率接收器内标准钢弦处的电磁铁电路，标准钢弦也产生振荡，此时可调节测微螺旋，将标准钢弦的振荡频率调整到与测头中钢弦的振荡频率相同，频率接收器荧光屏上的成像即由椭圆逐渐变成一条直线，这时即可由测微圆盘的刻度上读出频率，然后按下式计算孔隙水压力

$$u = K(f - f_0) \tag{2-11}$$

式中 u——孔隙水压力，N/cm^2；

K——应力灵敏度系数，可由钢弦振荡频率接收器的率定曲线上查得；

f——由钢弦振荡频率接收器上测读出的频率值，$N/(cm^2 \cdot Hz)$；

f_0——无孔隙水压力情况下的起始频率，$N/(cm^2 \cdot Hz)$。

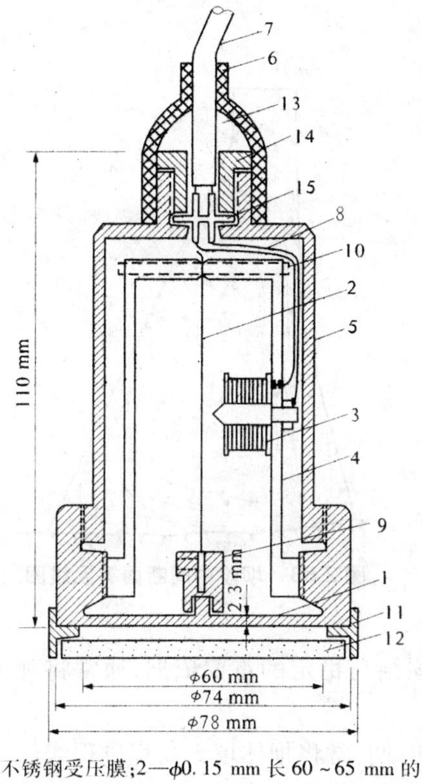

1—不锈钢受压膜；2—φ0.15 mm 长 60～65 mm 的钢弦；3—线圈；4—支架；5—外壳；6—橡皮密封；7—电缆；8—导线；9—固定夹；10—螺栓；11—透水石固定环；12—厚 5 mm 的透水石；13—密封胶；14—压帽；15—接线柱

图2-80 填方埋入式钢弦式孔隙水压力测头

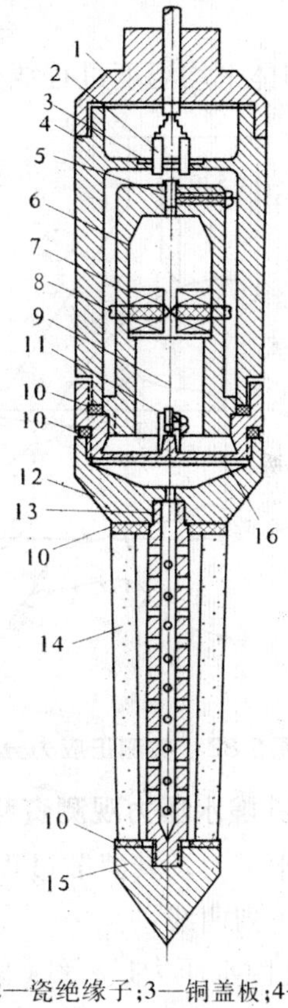

1—盖帽；2—瓷绝缘子；3—铜盖板；4—外壳；5—铝合金夹头；6—支架；7—胶木线圈架；8—螺钉；9—钢弦；10—橡皮垫圈；11—固定夹；12—底盖；13—连杆；14—透水石；15—锥头；16—不锈钢薄膜

图2-81 钻孔埋入式钢弦式孔隙水压力测头

四、应力和温度观测资料的整理

(一)应力观测资料的整理

根据测点应力观测资料,应绘制测点应力过程线、应力分布曲线。

(1)测点应力过程线。以时间为横坐标,以测点应力为纵坐标所绘制成的曲线,即为测点应力过程线。为了便于分析和比较,常将同一时期的水位过程线、混凝土浇筑高程过程线和混凝土过程线画在同一图上。

(2)应力分布曲线。将观测剖面上同一排测点的应力连接成的曲线,即为应力分布曲线。图 2-82 为某坝实测正应力分布曲线。

(二)温度观测资料的整理

温度观测成果通常整理成下列几种曲线:

(1)测点温度过程线。在此图上常绘有气温过程线或水库水温过程线,以便对比分析。

(2)观测坝段中间断面等温线图(见图 2-83)和观测坝段不同高程水平截面等温线图。

(3)坝体平均温度过程线图。

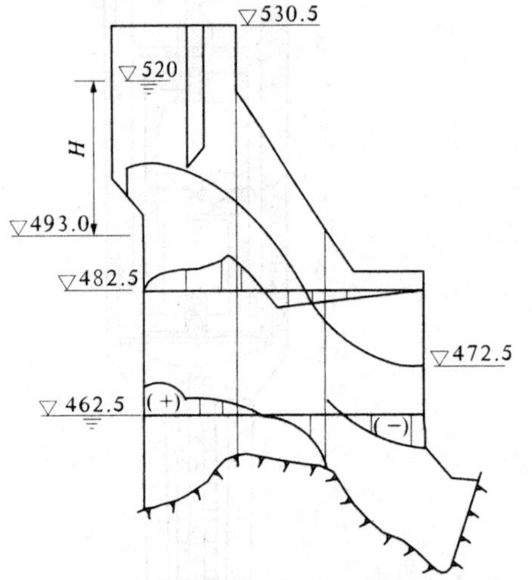

图 2-82 实测正应力分布曲线

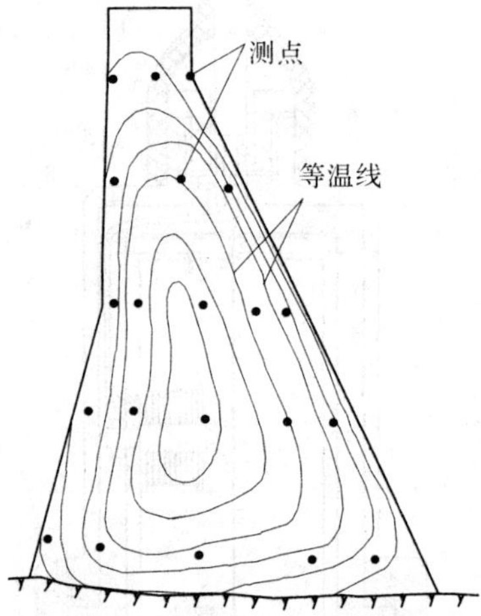

图 2-83 坝段中间断面等温线图

(三)孔隙水压力观测资料的整理

孔隙水压力及其消散过程是分析和计算坝体固结与稳定的重要依据,通常将观测资料整理成下列曲线:

(1)孔隙水压力过程线(见图 2-84),对于施工时期,常将坝体填土高程过程线绘于该图上;对于运用时期,常将水库水位过程线绘于该图上。孔隙水压力随荷载的增加而立即增大,但随后因消散而逐渐降低。孔隙水压力也随库水位的变化而变化,但略有滞后。

(2)孔隙水压力等值线图(见图 2-85),由此图中可以看出坝体内孔隙水压力的分布和消散情况。

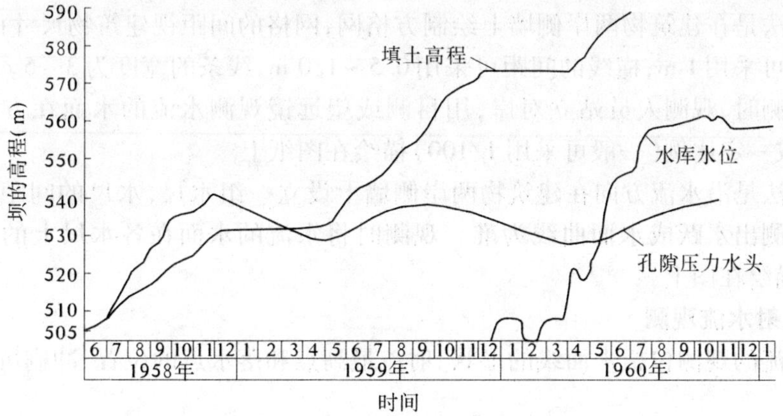

图 2-84　孔隙水压力过程线图

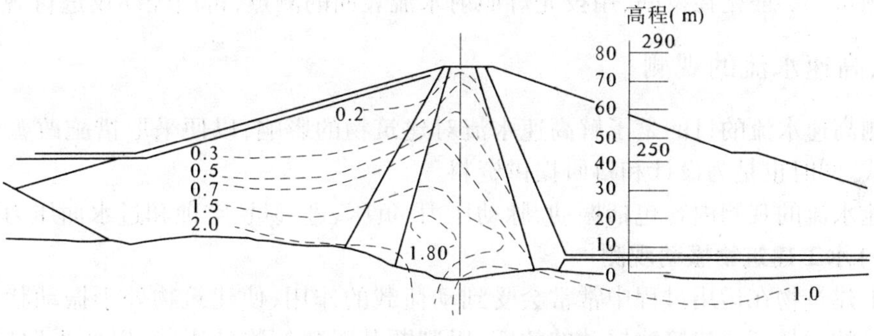

图 2-85　孔隙水压力等值线图

第六节　水工建筑物的水流观测

一、水流形态的观测

水工建筑物水流形态的观测，包括水流平面形态、水跃、水面曲线和挑射水流的观测，其目的是了解建筑物过流时的水流状况，以判断建筑物的工作情况是否正常，消能设备的效能是否符合设计要求，建筑物上下游河道是否会遭受冲刷或淤积。

水流形态的观测是水工建筑物在运用过程中的一项经常性的观测项目，通常与上下游水位、流量、闸门开度、风力、风向等项的观测同时进行。

(一)水流平面形态观测

水流平面形态观测的内容包括水流的方向、漩涡、回流、水花翻涌、折冲水流、水流分布，观测的方法是通过目测、摄影或浮标测量将水流情况测记下来。在进行目测和摄影时，为了便于观察和拍照，可在水流表面上撒上锯屑、稻壳、麦糠等漂浮物，以显示水流行迹。

(二)水跃和水面曲线观测

水跃和水面曲线的观测，一般是采用方格网法和水尺组法。

方格网法是在建筑物两岸侧墙上绘制方格网,网格的间距视建筑物尺寸而定,一般纵向线的间距可采用1 m,横线的间距可采用0.5 ~1.0 m,线条的宽度为3 ~5 cm,用白色磁漆绘制。观测时,观测人员站立对岸,用目测或望远镜观测水流的水面在方格网上的位置,并将其按一定比例(一般可采用1/100)描绘在图纸上。

水尺组法是沿水流方向在建筑物两岸侧墙上设立一组水尺,水尺的间距和刻度以能按要求精度测出水跃或水面曲线为准。观测时将水流的水面在各水尺上的位置测记下来,并将其描绘在图上。

(三)挑射水流观测

挑射水流的观测包括水面线的形状、射流最高点和落水点的位置、冲刷坑位置和水流掺气情况。

观测的方法通常采用摄影或在建筑物两岸布设观测基点,架设经纬仪,采用前方交会法进行测量。一般是在夜间,用投光灯照射水流表面的测点,再用经纬仪进行观测。

二、高速水流的观测

观测高速水流的目的是了解高速水流对建筑物的影响,以便采取措施改善建筑物的运用方式,同时也是为设计和科研提供资料。

高速水流的观测内容包括振动、脉动压力、负压、进气量、空蚀和过水面压力分布等。

(一)水工建筑物振动观测

水工建筑物在运用过程中常常会受到动荷载的作用,使建筑物处于振动状态。振动观测的目的就是了解建筑物振动的效应,以判断其对建筑物的影响,以便采取措施,保证建筑物的安全。

水工建筑物易产生振动的部位主要有闸门、阀门、钢管道、工作桥大梁等。

振动观测所采用的观测仪器有:

(1)电测仪器。通常由感应部分、扩大部分和显示部分所组成,观测时只需将感应部分与振动物体相接触,即可从显示部分(一般为示波仪)观测出振幅和频率。

(2)接触式振动仪。由触杆、传动杆、笔杆、定时器和记录机构所组成,观测时将触杆与振动物体相接触,则物体的振动即可通过传动杆由笔杆记录在纸上。

(3)振动表。由千分表、稳定铅块、弹簧和测微杆所组成,如图2-86所示。观测时将振动表的弹簧放置在振动物体表面,弹簧在上部重量的作用下随着振动而压缩和伸张,测微杆也因此而产生振动,此时即可由千分表上指针摆动的范围读出相对振幅。振动表的缺点是不能测出绝对振幅和频率。

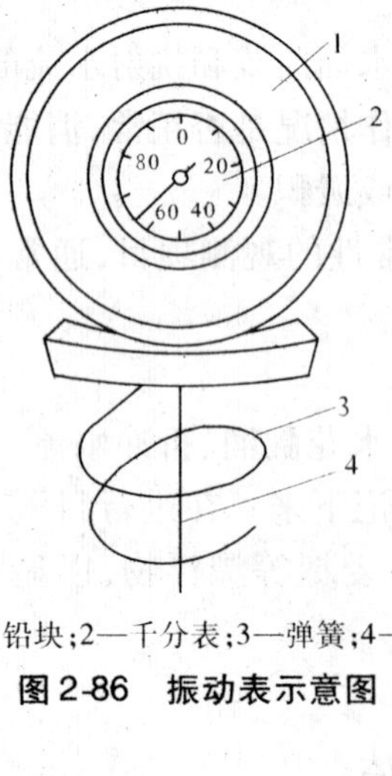

1—稳定铅块;2—千分表;3—弹簧;4—测微杆

图2-86 振动表示意图

(二)水流脉动压力观测

高速水流的压力脉动会引起建筑物上瞬时荷载的增大,使结构产生振动,而且还可能使建筑物产生空蚀。脉动压力的观测主要是观测压力脉动的振幅和频率。

建筑物产生压力脉动的部位，主要有闸门底缘、闸门和闸墩后面、隧洞和泄水管道出口处、溢流坝面、护坦上下表面等。

脉动压力的观测多采用电阻式脉动压力传感器（见图2-87），它是在金属膜片的上下面粘贴电阻应变丝所构成，当膜片外力作用而产生变形时，电阻应变丝也产生变形（伸长或缩短），电阻的变化又表现为线路上电流的变化，所以电流的不同变化就反映了作用在金属膜片上外力（压强）的变化。目前已研制成灵敏度较高、稳定性较好的FTF型电阻式脉动压力传感器。

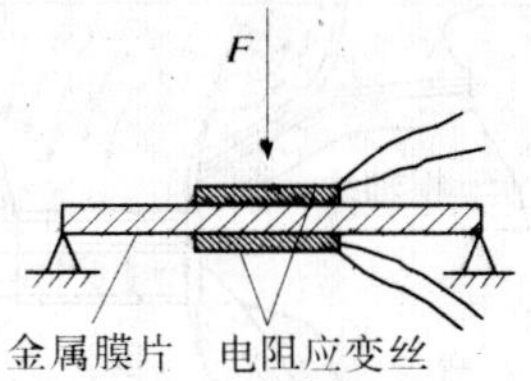

图2-87　电阻式脉动压力传感器示意图

（三）负压观测

在高压闸门的门槽、门后顶部、进水喇叭口、溢流面、反弧段末端、消力齿槛的表面等水流边界条件突变的部位，常常会产生负压，进行负压的观测就是为了研究负压对建筑物的影响，以及应采取的改善措施。

负压的观测多采用负压观测管，这是一根直径为18 mm或25 mm的金属管，施工时埋入测点，使管口与建筑物表面齐平，管的另一端则引入廊道或观测井中，并与真空压力表或水银压差计相连接。观测时，由于水流脉动的影响，真空压力表指针和水银压差计中的液面极不稳定，因此只需测读压力的最高值、最低值及平均值。

（四）进气量观测

在泄水建筑物的闸门下游侧，由于水流极不稳定，常常会产生空蚀和引起闸门振动，因此一般都设置通气管道，及时进行补气和排气，以改善建筑物的运用条件。进气量的观测就是为了了解通气管道的工作效能。

进气量的观测一般采用孔口板法、毕托管法和风速仪法。

（五）空蚀观测

在建筑物的某些部位，如泄水建筑物的反弧段及其下游、闸门门槽、底孔闸门下游、溢流坝面、挑流鼻坎、消力墩和消力槛的侧面及背面，在高速水流通过时，其表面常常会产生空蚀。空蚀对建筑物的破坏很大，必须加以防治。

空蚀的观测，通常是用沥青、石膏、橡皮泥等材料，先称好重量，然后再填入空蚀部位，将原先所称的重量减去剩余材料的重量，除以材料的容重，即为空蚀的体积。空蚀的平面分布可采用摄影法或测绘法进行观测。

（六）过水面压力分布观测

对于溢流坝面、泄水管道喇叭口表面、隧洞洞壁等过水面上的压力分布，通常是在这些过水面上布置一组测压管，根据测压管中的水面高程来确定压力的分布。

测压管通常采用直径50 mm的金属管或塑料管，进水管段的直径约18 mm，两者用渐变管连接。安装时，进水管口应与过水面齐平，另一端则引入观测廊道、观测井或墩顶，用水银压差计或压力表进行观测。

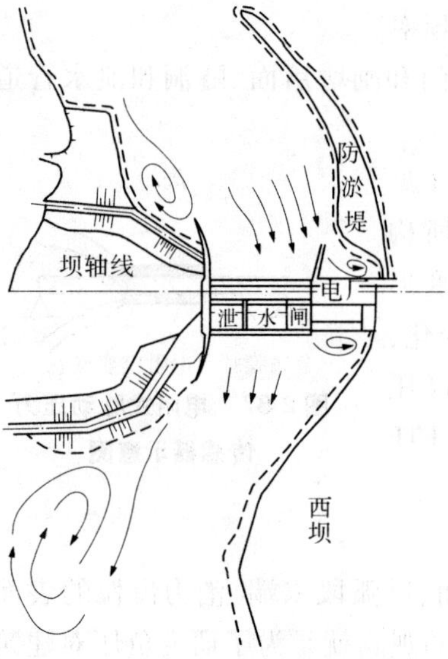

图 2-88　水流平面形态示意图

三、观测资料的整理

水工建筑物水流的观测资料通常按下列方式进行整理。

(1)水流平面形态图(见图 2-88)。将水流的流向、漩涡、回流等水流现象标注于图上。

(2)水跃和水面曲线观测图(见图 2-89)。

(3)挑射水流观测图(见图 2-90)。

(4)闸门开度与振幅、频率关系曲线。以闸门开度为横坐标,分别以振幅和频率为纵坐标,即可绘制成闸门开度与振幅、频率关系曲线(见图 2-91)。

(5)进气量与闸门开度关系曲线。以泄水管道闸门开度为横坐标,以门后通气管的进气量为纵坐标,即得进气量与闸门开度关系曲线(见图 2-92)。

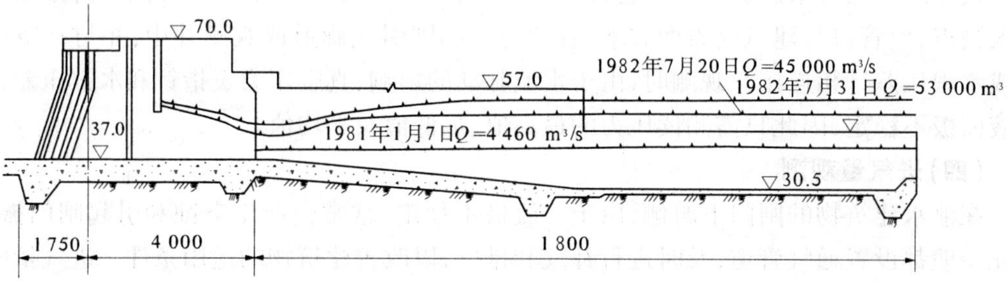

图 2-89　水跃和水面曲线观测图　(长度单位:cm)

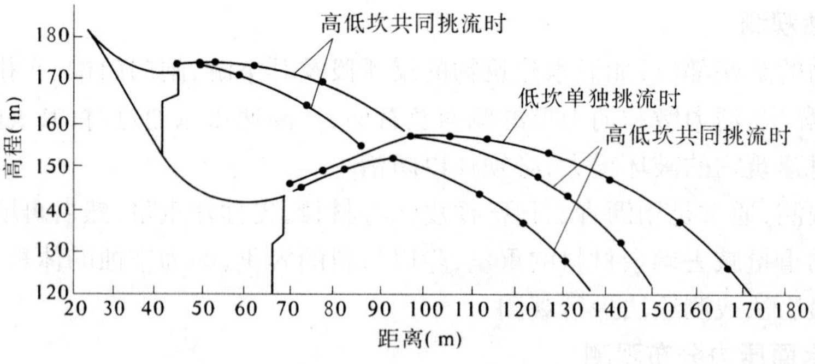

图 2-90　挑射水流观测图

(6)脉动压力过程线。以脉动压力为纵坐标,以时间为横坐标,即可绘制成脉动压力过程线(见图 2-93)。

(7)过水面压力分布图。将过水面沿程各测压管所测得的压力,按一定比例尺标注在各测点过水面的法线上,即可绘制成过水面压力分布图(见图 2-94)。

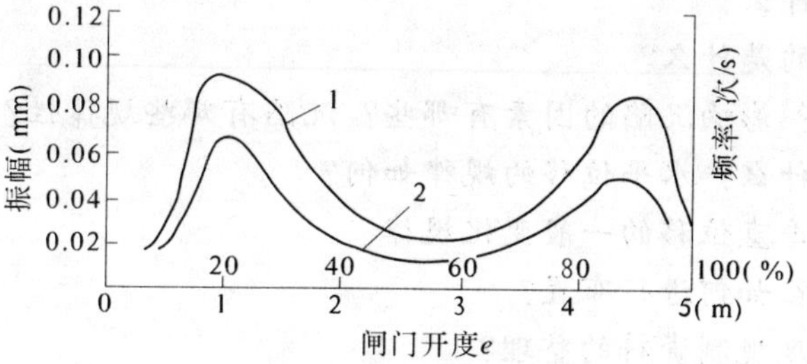

1—闸门开度与振幅关系曲线;
2—闸门开度与频率关系曲线

图2-91　闸门开度与振幅、频率关系曲线

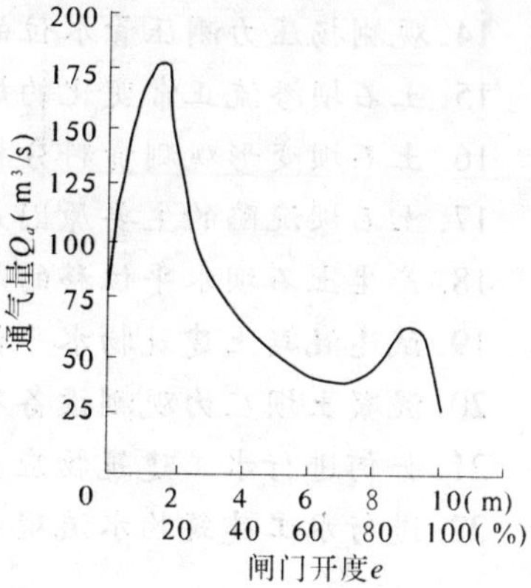

图2-92　进气量与闸门开度关系曲线

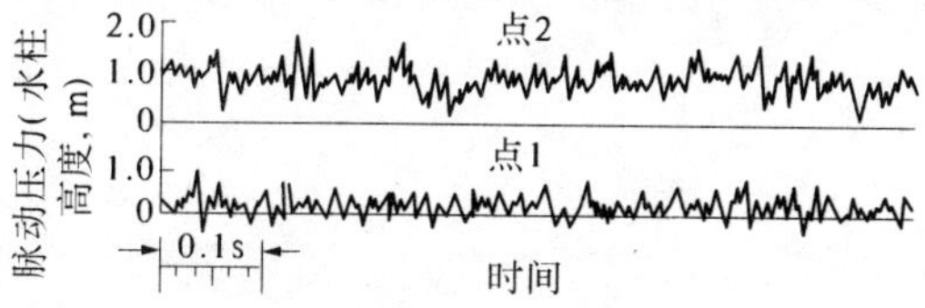

图2-93　脉动压力过程线

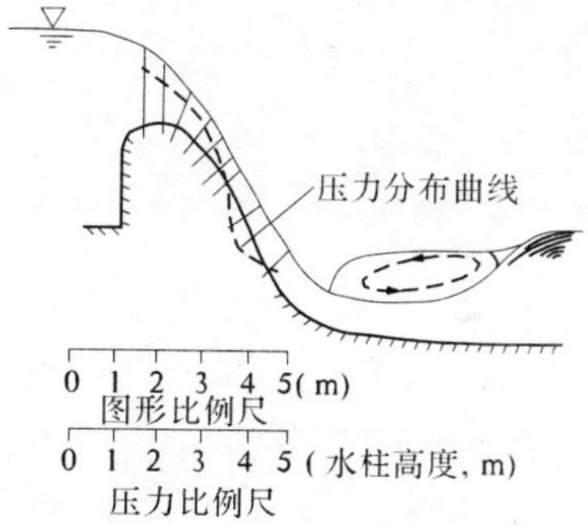

图2-94　过水面压力分布图

思　考　题

1. 水工监测包括哪些工作内容?

2. 工程监测分为哪几种?

3. 水工建筑物监测系统是如何构成的?

4. 水工建筑物变形观测设备有哪些? 位移观测的方法有哪些?

5. 为什么要进行土石坝的固结观测? 固结观测设备有哪些?

6. 土石坝渗流观测的内容有哪些?

7. 如何进行水工建筑物的裂缝观测?

8. 试述视准线法观测土石坝横向水平位移的原理、方法。

9. 浸润线测压管布置的原则和要求有哪些? 其进水管长度怎样确定? 怎样改善进水管的进水效果?

10. 试述测量测压管水位的方法。

11. 坝基渗水压力测点按什么原则设置?

12. 观测渗流量有哪些方法? 各适用于什么情况?

13. 试述引张线观测设备的组成及作用。

14. 观测扬压力测压管水位的方法有哪些？是怎样测出坝基扬压力的？
15. 土石坝渗流正常变化的规律是什么？
16. 土石坝变形观测资料分析的目的是什么？
17. 土石坝沉陷的主要原因是什么？影响沉陷的因素有哪些？沉陷有哪些规律性？
18. 产生土石坝水平位移的原因是什么？水平位移的规律如何？
19. 试述混凝土建筑物水平位移和垂直位移的一般变化规律。
20. 混凝土坝应力观测设备有哪些？如何进行布置？
21. 如何进行水工建筑物应力和温度观测资料的整理？
22. 进行水工建筑物水流观测的目的是什么？高速水流观测的内容有哪些？

第三章　土石坝的养护与修理

第一节　概　述

土石坝泛指由当地土料、石料或混合料，经过抛填、辗压等方法堆筑而成的挡水建筑物。

一、土石坝的工作特点

土石坝按坝高可分为低坝、中坝和高坝；按其施工方法可分为碾压式土石坝、充填式土石坝、水中填土坝和定向爆破堆石坝等。应用最为广泛的是碾压式土石坝。按照土料在坝身内的配置和防渗体所用的材料种类，碾压式土石坝又可分为均质坝、土质心墙坝、土质斜墙坝、多种土质坝、人工材料心墙坝、人工材料面板坝。

土石坝所用材料是松散颗粒的，土粒间的联结强度低，抗剪能力小，颗粒间孔隙较大，因此易受到渗流、冲刷、沉降、冰冻、地震等的影响。在运用过程中常常会因渗流而产生渗透破坏和蓄水的大量损失；因沉降导致坝顶高程不够和产生裂缝；因抗剪能力小、边坡不够平缓、渗流等而产生滑坡；因土粒间联结力小，抗冲能力低，在风浪、降雨等作用下而造成坝坡的冲蚀、侵蚀和护坡的破坏，所以也不允许坝顶过水；因气温的剧烈变化而引起坝体土料冻胀和干缩等。故要求土石坝有稳定的坝身、合理的防渗体和排水体、坚固的护坡及适当的坝顶构造，并应在水库的运用过程中加强监测和维护。

二、土石坝的失事

我国现有运行的土石坝中许多存在不同程度的缺陷和病害，严重的则导致大坝失事。促使病害产生并影响土石坝安全的因素很多，主要有以下几点：

(1)运用过程中，长期受到水的渗透、冲刷、气蚀和磨损等物理作用和侵蚀、腐蚀等化学作用。

(2)由于勘测、规划、设计和施工的原因使土石坝结构本身存在一些不足和缺陷。

(3)工程管理不当及人为因素。

(4)遭遇不可预见的自然因素和非常因素的作用。

虽然大坝失事原因是多方面的，但若能加强管理，及时摸清和消除工程中存在的缺陷和隐患，就可避免一些事故的发生，或减轻事故破坏程度。

三、土石坝的病害类型

据1981年原水利电力部水管司对全国1 000件土石坝工程事故原因调查分析显示：其中裂缝占25.3%，渗漏占26.4%，管涌占5.3%，滑坡、坍塌占10.9%，护坡破坏占

6.5%，冲刷破坏占11.2%，气蚀破坏占3%，闸门启闭失灵占4.8%，白蚁钻洞及其他事故占6.6%。可见，土石坝的病害类型主要有裂缝、渗漏、滑坡、护坡损坏等几种。

第二节 土石坝的检查和养护

土石坝的各种破坏都有一定的发展过程，针对可能出现病害的形式和部位，加强检查，如在病害发展初期能够及时发现，并采取措施进行处理和养护，就可防止轻微缺陷的进一步扩展和各种不利因素对土石坝的过大损害，保证土石坝的安全，延长土石坝的使用年限。

一、土石坝的日常检查

土石坝的日常检查是土石坝养护维修的基础。

（一）日常检查的范围和内容

土石坝日常检查按《土石坝安全监测技术规范》的要求进行，应注意检查的范围并按规定的检查内容进行。检查内容有：

(1)检查坝体有无裂缝。应特别注意检查坝体与岸坡连接部位、河谷形状有突变的部位、坝体土料性质变化较大和填土质量较差的部位、冬季施工的坝段等。对发现的裂缝，要注意观测裂缝的位置、宽度、方向、错距及其发展情况。若是横向裂缝应检查其是否已贯穿上下游面，形成漏水通道。若是较大的纵向裂缝应检查裂缝两端是否形成向上游或向下游方向的圆弧形，有无滑坡的迹象。

(2)检查下游坝坡和坝脚处有无散浸和集中渗漏现象；坝体与两岸接触部位、坝体与刚性建筑物连接部位、坝基渗流出逸处、坝下埋管出口附近有无异常渗漏、管涌、流土和沼泽化现象。

(3)检查坝坡有无滑坡、上部坍塌、下部塌陷和隆起等现象。

(4)检查护坡是否完好，有无草皮缺损，有无松动、塌陷、垫层流失及石块架空和翻起，坝面有无冲沟等。

(5)检查坝顶排水是否通畅，路面有无坑洼，防浪墙有无裂缝、沉陷、变形、倾斜等损坏，坝轴线有无位移，测桩有无损坏等情况。

(6)检查坝体及周围排水系统是否通畅，导渗降压设施有无异常或破损现象。

(7)检查土石坝的测压管设备、量水设备，并对水质、水位、环境污染源等进行检查观测。

(8)检查坝体有无害虫害兽、兽洞、白蚁穴道和害兽活动迹象。

(9)检查近坝水面有无冒泡、变浑、漩涡等异常现象。

（二）日常检查的方法

土石坝日常检查工作主要用目测巡视的方法，即通过眼看、耳听、手摸等直观方法并辅以简单工具进行。应有专人负责，认真填写有关检查记录，并存档。对发现的异常现象，应及时上报，并进行研究分析，提出妥善的处理措施。

二、土石坝定期检查和特别检查

(一)检查的内容

(1)每年汛前和汛后应进行一次全面检查,看有无不正常现象。

(2)在水库第一次蓄水、处于高水位、水位变化较大的时候要检查坝体是否正常拦蓄洪水。

(3)用水期前后要加强检查。

(4)大暴雨、大风时期和地震后应加强检查。

(5)冻害地区的冰冻期要检查防凌、防冻情况,冰冻对坝坡有无破坏现象。

(6)在日常检查中发现隐患,当原因或状态不清时要对坝体内部做进一步检查。

(二)检查方法

首先,与日常检查一样,做好全方位的目测巡视,且要有专人负责、专人守护,认真记录,落实“五定”要求,即:定制度、定人员、定时间、定部位和定任务。发现重大问题,及时上报。

其次,如需进行内部检查,可采用以下方法:

(1)槽探、井探及注水检查法。槽探一般开挖成长条状,深度在10 m以内,主要可用来检查坝体隐患。井探多由人工开挖成圆形断面,深度在40 m以内,可用于探查坝体深层的洞穴、管涌、裂缝等隐患。这两种方法直观可靠,是常用的勘探隐患手段。但较费工费时,易破坏坝体局部结构。注水检查是在坝体的测压孔或新钻孔内注水试验,根据算得的渗透系数值判断坝体内部是否存在裂缝或其他渗水途径等,可配合前两种方法使用。

(2)甚低频电磁检查法。甚低频电磁的工作频率为15~35 kHz,发射功率为20~1 000 kW,其波长长、功率大、穿透力强,具有传播距离远、衰减小、场强稳定等特点。多用于坝基础断层破碎带或石灰喀斯特溶洞的渗水隐患检查。

(3)同位素检查法。主要有同位素示踪测速法、同位素稀释法和同位素示踪吸附法3种。其主要是在坝体渗漏区孔内投入适当的同位素剂,在下游或附近监测同位素的到达情况,通过分析可确定渗流速度、流向、渗漏系数等,以检查坝体渗漏途径和渗流量。近年来在大坝检查中应用较多。

三、土石坝的养护

(一)土石坝的养护范围

土石坝的养护范围主要为坝顶及坝端的养护、坝坡的养护、排水设施的养护和观测设施的维护。

(二)土石坝养护的基本要求

(1)严禁在对土石坝安全有影响的范围内进行随意挖坑、取土、打井、建塘、爆破、炸鱼、种植作物、放牧、堆放重物、建筑房屋、行驶重车、敷设水管、修建渠道,停靠船只、装卸货物及高速行船等一切对工程安全有害的行为和活动。坝外表应保持整洁、美观,随时清除杂草和其他废弃物。

(2)坝体构造各组成部分应经常保持完好。坝顶路面应平整,不准有坑洼,要有一定的排水坡度,以免积水。发现路面、防浪墙及坝肩的路缘石、栏杆、台阶等有损坏情况应随时修复。坝顶上的灯柱如有歪斜、照明设备和线路损坏,要及时修补和调整。

(3)上下游护坡应注意经常养护。对于块石护坡若发现石块有松动、翻动和滚动现象,以及反滤垫层有流失现象,应及时更换;若护坡石块尺寸过小难以抵抗风浪和淘刷,可在石块间部分缝隙中充填水泥砂浆或用水泥砂浆勾缝,以增强其抵抗力;混凝土护坡伸缩缝内的填充料若有流失,应将伸缩缝冲洗干净后按原设计补填充料;草皮护坡若有局部损坏,应在适当季节补植或更换新草皮。若有较大的漂浮物和树木应及时打捞,以免坝坡受到冲撞和损坏。

(4)坝面排水系统、土坝与岸坡连接处的排水沟、山坡上的截水沟及其他导渗排水减压措施应经常保持完好,应防止土坝的导渗和排水设备受下游浑水倒灌或回流冲刷,减压井的井口应高于地面,防止地表水倒灌。若有淤积、堵塞和损坏,应及时清除和修复。

(5)按设计要求正确控制水库水位的降落速度,以免因水位骤降而产生滑坡。对于坝上游设有铺盖的土石坝,水库一般不宜放空,以防铺盖干裂或冻裂。

(6)对各种观测设备和埋设仪器要妥善保护,禁止人为的摇动、碰撞或拴系船只等,以保证各种设备能及时和准确地进行各项观测。

(7)发现土坝坝体上有兽洞和蚁穴时,应分析原因,设法捕捉害兽和白蚁,并对兽洞及蚁穴进行适当处理。

(8)在严寒地区应采取适当破冰措施,以防冬季冰凌和冰盖对坝坡的破坏,对因冰冻作用而损坏的部分应及时更换。

四、土石坝白蚁的防治

当水库水位上升时,坝体中若有白蚁巢和蚁道将可能成为渗漏水流的通道,进而引起坝体塌陷和滑坡。故在此对土石坝白蚁的防治进行简要介绍。

白蚁分布极广,危害大,种类很多,我国发现的有200多种,按其生活习性大体可分土栖、木栖和土木两栖白蚁3种类型,主要分布在南方各省。坝体中的主要是土栖白蚁。

要消灭白蚁,首先要了解白蚁的活动规律,发现蚁路,找到蚁巢,然后才能采取有效措施加以消灭。

白蚁喜潮湿、阴暗、不通风、有植物纤维的地方,是一种群居昆虫。其活动具有季节性,还有分群的特性。在坝体中的分布规律为:坝体背水坡多,迎水坡少;上半部多,下半部少;浸润线以上多,以下少;黏土及黏壤土中多,沙性土质少;荒野处多,人烟密集处少;早建的坝多,新建的坝少;两岸山坡有枯木、杂草处多,下游有坑塘的地方少。

(一)白蚁的查找

(1)普查法。根据白蚁的生活习性、在坝体中的分布规律,在每年白蚁活动的旺盛季节(一般为3~6月和9~11月),组织人员有计划地寻找蚁道、泥线和泥被,翻开附近枯树、牛粪、木材等仔细察看,做好标记,找出蚁巢,认真处理。

(2)引诱法。在有白蚁的地方打入一根长50 cm的松、杉、刺槐、柏或桉树的带皮木桩，深入土中约1/3，或挖掘多个长40 cm、宽40 cm、深50 cm的坑，坑距5～15 m，在坑内堆放桉树皮、甘蔗渣、茅草根、新鲜玉米和高粱茎，上面盖上松土，每天早晚定时检查桩上有无白蚁筑的泥被，定期检查坑里是否有白蚁，并跟踪查找主巢位置。

(3)锥探法。利用钢锥锥探坝体，下插时看坝体中是否有空洞，以判断坝内有无白蚁巢。

(二)白蚁的预防

(1)严格控制上坝土料，彻底清基和清岸坡。做到无蚁窝、无树皮树根、无杂草。杜绝白蚁繁殖的条件。

(2)保护和利用鸡群、青蛙、蝙蝠、蚂蚁等白蚁的天敌来消灭有翅成虫。

(3)喷洒毒药。每年4～6月蚁群分飞季节，在坝体的背水坡表面喷洒毒药，灭杀落地的有翅成虫，也可打洞灌毒，毒死刚落地的繁殖蚁，使其无法挖洞筑巢。

(4)灯光诱杀。蚁群分飞季节，在距坝15～30 m外设置1～2排黑光灯(或汽油灯、煤油灯)，灯距150 m左右，灯下放一装水的盆，盆四周2 m范围内撒上六六六粉，灯距水面约40 cm，水面上滴上火油，以杀灭跌落盆内的有翅成虫。

(5)加强工程管理，禁止在坝体上堆放杂草、木材等，防止外来白蚁蔓延。

(三)白蚁的灭治

(1)灌浆毒杀。通过在坝坡上钻孔，灌加入药物的毒泥浆，借自重压力或用手摇灌浆机将泥浆灌入蚁路和蚁巢，以毒杀白蚁，堵塞蚁路和蚁巢。注意钻孔深要超过蚁巢和蚁路，灌浆时应一次灌成，中途不能停顿，否则泥浆中水分被四周土体吸收后会堵塞蚁路。常用药物有敌敌畏、六六六粉、乐果等，用时按要求稀释。此法避免了开挖和回填工作，且不受季节影响，可长年进行。

(2)毒烟熏杀。用621烟雾剂250 g、80%的敌敌畏乳剂10 g、6%可湿性六六六粉，或再加入10%的五氯酚钠，配制成药剂，放入密封的烟剂燃烧筒内，燃烧筒的一端设有输烟小铁管，将其插入蚁路内，四周用泥封紧，其另一端接在鼓风机上，摇动鼓风机，将烟雾通过蚁路灌入蚁巢内，经过7～8 min，燃烧完毕后拔出输烟管，用泥封死洞口，再过3～5日，白蚁全部被杀死。

(3)毒土灭杀。一般分为表土毒杀和深土毒杀。表土毒杀是在坝坡表面喷洒1%的五氯酚钠、六六六粉药液或80%敌敌畏乳剂稀释液，或从洞眼灌药入土，施药一星期后可将坝面15～20 cm土层内和在表土活动的白蚁毒杀。深土毒杀是在坝坡上打深30 cm、孔距30 cm的孔，并在孔内灌上述药液，以毒杀20～30 cm土层深度内的白蚁和幼龄蚁。

(4)挖坑诱杀。在白蚁活动较多的坝坡附近，挖掘面积为30 cm×50 cm，深30 cm的土坑，坑内放置松木、杉木、甘蔗渣等诱饵，洒上淘米水，上面盖上芦苇或破草席，每隔10天检查一次，如发现白蚁，则喷洒滴滴涕、五氯酚钠(浓度1.5%)等药物毒杀，并更换新的诱饵，继续诱杀。或对白蚁喷撒用亚砒酸86%、滑石粉10%、红铁氧4%配制成的药剂，使白蚁中毒回巢，并通过与其他白蚁互相舐舔传染中毒，杀灭白蚁。

(5)开挖回填灭杀。当确定蚁道和蚁巢位置后，也可采用开挖的方法挖出蚁道和蚁巢，发现白蚁即喷药毒杀，然后将蚁巢分层填土夯实。此法工程量大，不易彻底，且破坏了坝体的原有结构，处理不好影响坝体安全，只适用于小规模地灭杀白蚁。

第三节　土石坝的裂缝处理

一、裂缝类型和表现特征

(一)裂缝类型

裂缝可按以下几种方式分类：

(1)按部位分,可分为表面裂缝和内部裂缝。

(2)按走向分,可分为纵向裂缝、横向裂缝、水平裂缝和龟纹状裂缝。

(3)按成因分,可分为干缩裂缝、沉陷裂缝、滑坡裂缝、冻融裂缝、水力劈裂缝、塑流裂缝和振动裂缝。

在实际工程中,土石坝的裂缝常由多种因素造成,并以混合的形式出现。

(二)表现特征

在水库的运行管理中,土石坝的裂缝是比较常见的,但是对裂缝初期表现特征及潜在危险往往了解和重视不够,从而造成严重后果。如细小的纵向裂缝可能是坝体滑坡的先兆,而细小的横向裂缝可能发展成为坝体的集中渗漏通道。因此,应熟悉掌握土石坝常见裂缝的表现特征,准确判断裂缝类型,及时采取有效措施加以维护。

(1)纵向裂缝(见图3-1)。其走向与坝轴线平行或接近平行,一般裂缝较长,缝口较宽,基本上是垂直地向坝体内部延伸,其长度一般可延伸数十米至数百米,缝深几米至十几米,缝宽几毫米至几十厘米,两侧错距不大于30 cm。多发生在坝的顶部或内外坝肩附近。多出现在坝基压缩性较大的坝段、心墙坝和斜墙坝透水料压缩性较大或碾压不密实的坝段、坝体跨越山脊和河谷极不规则的坝段等。要能正确区分沉陷裂缝和滑坡裂缝。

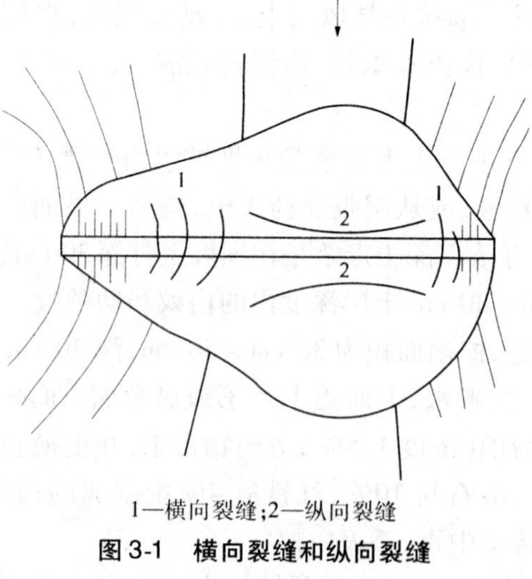

1—横向裂缝;2—纵向裂缝

图3-1　横向裂缝和纵向裂缝

(2)横向裂缝(见图3-1)。其走向与坝轴线垂直或斜交,一般接近铅直或稍有倾斜地伸入坝体内。缝深几米到十几米,上宽下窄,缝口宽几毫米到十几厘米,偶尔可见更深、更宽的裂缝。缝两侧可能错开几厘米甚至几十厘米。多出现在土坝与岸坡连接的坝段、台地坝段、坝基压缩性较大的坝段、土坝与刚性建筑物连接的坝段和分段施工的接合部位。横向裂缝具有极大的危险性,特别是贯穿性裂缝易造成集中渗流。

(3)水平裂缝。其缝面平行或接近水平面,多发生在坝体内部,呈透镜状。常出现在心墙内、狭窄河谷的坝段内、土坝与刚性建筑物连接的坝段和深而窄的截水墙内。

(4)龟纹状裂缝。多出现在坝表面,呈龟纹状,缝面通常与坝表面垂直,缝深1～2 cm,缝口较窄,长度较短。其方向无规律,纵横交错,缝间距较均匀。

(5)沉陷裂缝。一般接近直线,基本上是铅垂地向坝体内部延伸,错距不大;多发生在河谷形状变化较大、地基压缩性较大、合龙段、分期施工段、坝体与刚性建筑物连接段和坝下埋设涵管等部位。

(6)滑坡裂缝。常出现在坝表面,裂缝中段大致与坝轴平行,两端弯曲向坝坡延伸,在平面上呈弧形,缝的发展过程逐渐加快,缝口有明显错动。在裂缝发展后期,可以发现在相应部位的坝面或坝基上有带状或椭圆状隆起。这些都是区别于纵向沉陷裂缝的重要标志。多发生在坝顶、坝肩、背水坝坡和排水不畅的坝坡下部。

(7)干缩裂缝。多出现在坝体表面,分布面广,没有固定方向,密集交错,有的呈龟裂状,缝的间距比较均匀,无上下错动。缝宽通常小于 1 cm,个别情况也可能较宽较深。一般与坝体表面垂直,上宽下窄,如果缝内土壤湿润,裂缝可变窄或呈楔形至下而尖灭。

(8)冻融裂缝。这种裂缝的深度不超过冰冻影响深度,表层破碎,有脱空现象,缝宽及缝深随气温而异,融化后裂缝会自行闭合。

(9)振动裂缝。其走向平行或垂直坝轴线方向,裂缝多暴露于坝面,缝长和缝宽与振动烈度有关,横向缝的缝口会随时间而逐渐变小或弥合,而纵向缝的缝口则无变化。

(10)内部裂缝(见图 3-2)。隐藏在坝体内部,外表不易察觉,有的呈透镜状水平分布,有的呈上宽下窄状竖直分布。多发生在心墙的内部、狭窄河谷上的高坝内部、坝基局部含有高压缩性透镜体软弱夹层的坝体底部、坝体与刚性建筑物连接部位的坝体内、混凝土防渗墙及坝内涵管顶部处的坝体内。

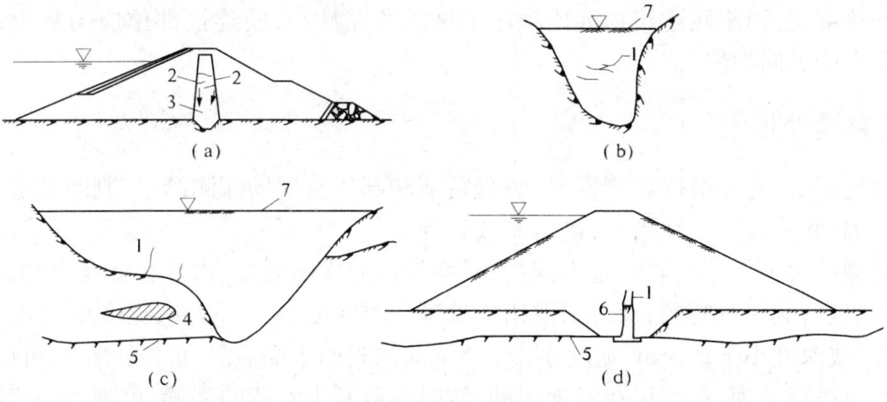

1—裂缝;2—坝壳;3—黏土心墙;4—软弱夹层;5—岩基;6—混凝土截水墙;7—坝顶

图 3-2　内部裂缝示意图

(11)表面裂缝。其走向有垂直坝轴线方向的和平行坝轴线方向的,裂缝的缝口宽度较大,随深度逐渐变窄和消失。但有的表面裂缝呈龟裂状,缝长和缝口宽度均不大,分布也不深。

二、产生裂缝的原因

(1)纵向裂缝。主要因坝体在横向断面上不同土料的固结速度不同,由坝体、坝基在横断面上产生较大的不均匀沉陷所造成的,有的是滑坡引起的。

(2)横向裂缝。沿坝轴线纵剖面方向相邻坝段的坝高不同或坝基的覆盖厚度不同,产生不均匀沉陷,当不均匀沉陷超过一定限度时,即出现裂缝。

(3)龟状裂缝。主要是干缩或冻融引起的。

(4)沉陷裂缝。由坝体或坝基的不均匀沉陷引起的裂缝。

(5)滑坡裂缝。由坝体滑动引起。

(6)干缩裂缝。由于坝体受大气和植物的影响,土料中水分大量蒸发,土体干缩而产生的,也是龟状裂缝。

(7)冻融裂缝。主要由冰冻而产生,如坝体土料在低温下已经冻结,当气温再骤然下降时,表层冻土要产生收缩而受到内部未降温土体的约束,或是当坝体土料已经冻结,气温又骤然升高而冰融,土体反复冻融,密实度降低,土体表面就会形成裂缝。

(8)振动裂缝。由于坝体经受强烈振动或地震后产生的。

(9)表面裂缝。上述各种裂缝在坝体表面上都可见到,故表面裂缝产生原因也是多方面的,应根据其表现特征,判断裂缝类型,再分析产生原因。

(10)内部裂缝。如图3-2所示,①薄心墙坝,若坝壳的压缩性小而心墙的压缩性大,且心墙与坝壳间的过渡段布置不合理,则心墙下沉时受坝壳的约束产生拱效应,拱效应使心墙中的垂直应力减小,甚至使垂直应力由压变拉而在心墙中产生水平裂缝。②修建在狭窄峡谷中的坝,在地基沉陷过程中,上部坝体通过拱作用传递到两端,拱下部坝的沉陷量较大而产生拉应力在坝体内产生裂缝。③在局部高压缩性地基上的土石坝,因坝基局部沉陷量大,使坝底部发生的拉应变过大而产生横向或纵向的内部裂缝。④坝体和刚性建筑物连接部位,因刚性建筑物远比坝体土壤的压缩性小,使连接部位应力集中,产生内部底宽上窄的纵向裂缝。

三、裂缝处理

裂缝处理前,应先根据观测资料、裂缝特征和部位及现场探测结果,判断裂缝类型、分析产生原因,并采取针对性措施,进行有效处理。

各种裂缝对土石坝的影响是不同的,贯穿坝体的横向裂缝、内部裂缝及滑坡裂缝的危害最大,发现后应注意监测,及时采取措施处理。对深度小于1.0 m、宽度小于0.5 mm的纵向裂缝,或深度小于0.5 m、宽度小于0.5 mm的表面干缩裂缝和冰冻裂缝,可以只将缝口堵塞而不进行处理;有些正在发展中的、暂时不致发生险情的裂缝,可观测一段时间,待裂缝趋于稳定后再进行处理,但要做临时防护措施,防止雨水及冰冻影响。

对非滑动性裂缝,一般是在裂缝趋于稳定后采取开挖回填、灌浆和两者结合的处理方法。

(一)开挖回填

开挖回填是将发生裂缝部分的土料全部挖出,重新回填,是一种比较彻底的裂缝处理方法。该法施工简便,效果较好,适用于深度不大于3 m的表面裂缝和防渗部位的裂缝。

开挖回填法又分为梯形楔入法、梯形加盖法和梯形十字法3种(见图3-3)。梯形楔入法适用于非防渗部位的坝体所产生的纵向裂缝;梯形加盖法适用于均质坝迎水坡和防渗斜墙上出现的深度不大的纵向裂缝;梯形十字法适用于坝端和坝体出现的各种横向裂缝。

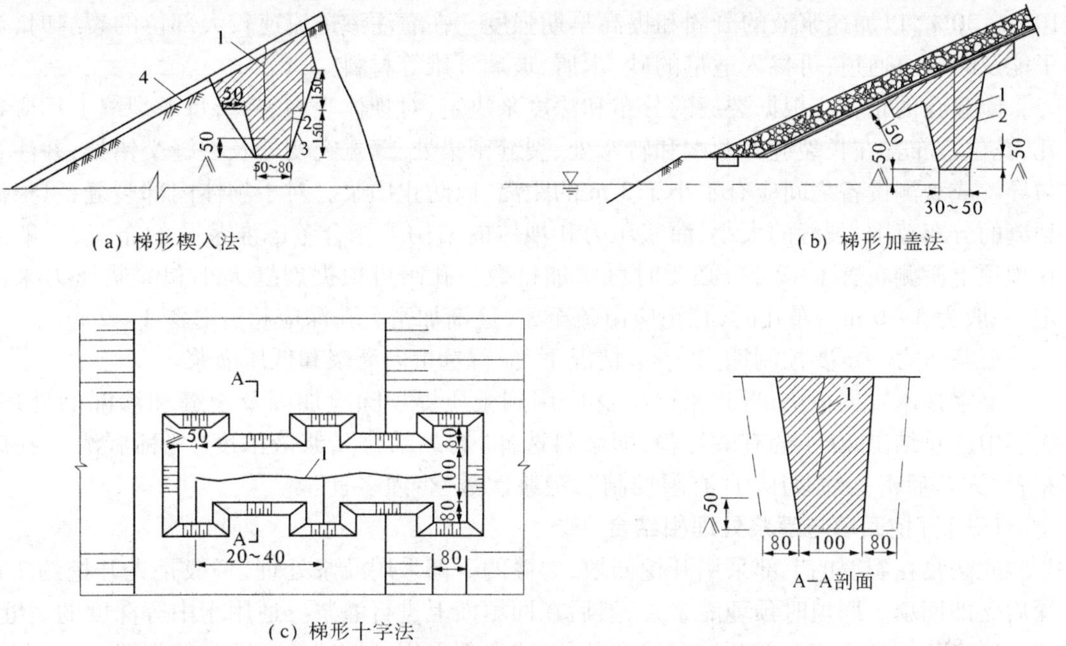

1—裂缝;2—开挖线;3—回填时削坡线;4—草皮护坡

图 3-3　土石坝裂缝的开挖回填处理　(单位:cm)

开挖前先向裂缝内灌白灰水,以显示缝的影响范围,开挖槽的长度和深度都应超过裂缝的长度和深度,如裂缝不深,可挖成梯形断面,然后回填符合要求的土料,回填时应先将坑槽周壁刨毛,然后分层填土夯实,每层填土厚度 0.1 ~0.15 m,然后夯实为 0.07 ~0.10 m 厚。当裂缝较深时,为了开挖方便和安全,可挖成阶梯形坑槽,阶梯高度以 1.5 m 为宜,回填时逐级削去台阶,保持梯形断面。对于不太深的贯穿性横向裂缝,为了防止在沟槽侧面新老土结合处形成集中渗流,还应沿裂缝方向每隔 2 ~4 m 挖 2.0 ~2.6 m 宽的结合槽,与裂缝相交成十字形(见图 3-3(c))。

回填土料应根据坝体土料性质和裂缝特征来选用,对于较浅的小裂缝,可采用原来开挖出来的坝体土料回填;对于滑坡、干缩和冰冻裂缝,应采用含水量低于最优含水量 1% ~2% 的土料;对于沉陷裂缝应采用含水量大于最优含水量 1% ~2% 的塑性黏土。

(二)灌浆处理

对于采用开挖回填法困难(或危及坝坡稳定,或工程量过大)的较深的非滑动性裂缝和内部裂缝,可采用灌浆处理法。试验证明,合适的浆液对坝体中的裂缝、孔隙或洞穴均有良好的充填作用,同时在灌浆压力作用下对坝内土体有压密作用,使缝隙被压密或闭合。

灌浆的浆液应具有良好的灌入性、流动性、析水性、收缩性和稳定性,以保证良好的灌浆效果,并使浆液灌入后能迅速析水固结,收缩性小,能与坝体紧密结合,具有足够的强度,并可避免因发生沉淀而堵塞裂缝入口及输浆管路。一般可以采用纯黏土浆,制浆材料宜采用粉粒含量为 50% ~70% 的黏性土,浆液配比按水与固体的重量比为 1:1 ~1:2。但在灌注浸润线以下部位的裂缝时宜采用黏土水泥混合浆液,浆液中水泥掺量为干料的

10% ~30%,以加速浆液的凝固和提高早期强度。在灌注渗透流速较大部位的裂缝时,为了能及时堵塞通道,可掺入适量的砂、木屑、玻璃纤维等材料。

灌浆孔的布置应根据裂缝的分布和深度来决定,对坝体表面裂缝,每条裂缝上均应布孔,孔位宜布置在长裂缝的两端和转弯处、裂缝密集处、缝宽突变处及裂缝交错处,并注意与导渗或观测设备之间应有不小于3 m的距离,以防止串浆。对于坝体内部裂缝,可根据裂缝的分布范围、裂缝的大小、灌浆压力和坝体的结构等综合考虑灌浆孔的布置,一般应在坝顶上游侧布置1 ~2 排,必要时可增加排数。孔距可根据裂缝大小和灌浆压力来决定,一般为3 ~6 m。布孔时,孔距应由疏至密,逐渐加密。孔深应超过缝深1 ~2 m。

灌浆压力一定要控制适当,一般情况下,应首选重力灌浆和低压灌浆。

灌浆技术发展很快,近年来已广泛应用到土质堤坝除险加固及裂缝和渗漏的处理。实践中已总结出20字的有效经验,即浆料选择"粉黏结合",浆液浓度"先稀后浓",孔序布置"先疏后密",灌浆压力"有限控制",灌浆次数"少灌多复"。

(三)开挖回填与灌浆处理相结合

此法是在裂缝的上部采用开挖回填,裂缝的下部采用灌浆处理,一般是先开挖约2 m深后立即回填。回填时预埋灌浆管,然后在回填面上进行灌浆。适用于中等深度的裂缝,或水库水位较高不宜全部开挖回填的部位,或全部采用开挖回填有困难的裂缝。

第四节　土石坝的渗漏处理

一、渗漏的种类和表现特征

(一)渗漏的种类

渗漏的种类主要有以下几种:

(1)按渗漏部位分,可分为坝体渗漏、坝基渗漏、接触渗漏和绕坝渗漏。

(2)按渗漏现象分,可分为散浸和集中渗漏。

(3)按对坝体的危害分,可分为正常渗漏和异常渗漏。

(二)表现特征

渗漏的表现特征如下:

(1)坝体渗漏。渗水沿着坝身土料中的孔隙向下游渗漏。

(2)坝基渗漏。渗水沿着坝基土体中的孔隙向下游渗漏。

(3)接触渗漏。渗水沿着坝与地基、两岸连接处及混凝土建筑物连接处等的孔隙向下游渗漏。

(4)绕坝渗漏。渗水沿着坝端两岸地基中的孔隙向下游渗漏。

(5)散浸。通常出现在下游坝坡面上,开始渗漏部位的坝面呈湿润状态,随着土体饱和软化,在坝面上会出现细小水滴和水流。

(6)集中渗漏。渗水通常是沿着渗漏通道、薄弱带或裂隙呈集中水股的形式流出。可出现在坝坡、坝基和岸坡上,对大坝的危害较大。

(7)正常渗漏。从原有导渗排水设备排出,渗流量较小,水流稳定,水质清澈见底,不含土壤颗粒。

(8)异常渗漏。往往渗水量较大,水质浑浊,透明度低,渗水中含有大量的土壤颗粒。其渗透坡降较大,易使坝体发生管涌、流土破坏,进而造成滑坡、垮坝事故。

二、产生渗漏的原因

(一)坝体渗漏

坝体渗漏的原因主要有:

(1)坝体结构型式和尺寸不合理,如防渗体薄,渗径长度不足,排水体型式不妥、尺寸过小,防渗体与下游坝体之间缺少良好过渡等,使水力坡降过大而被水流击穿。

(2)坝体施工质量不符合要求,如土料含砂砾太多,透水性太大,坝壳或防渗体土料碾压不实,分层填筑时结合面处理不当,冬、雨季施工土料未处理好等。

(3)不均匀沉陷引起裂缝,如地质不均,也没处理好,坝内涵管周围填土碾压不实,坝体与两岸接头处处理不好等都可能造成不均匀沉陷引起坝体裂缝或涵管断裂而渗水。

(4)管理不善造成排水体失效,或有白蚁等害虫害兽在坝内打洞营巢形成渗漏通道。

(5)地震振动使坝体产生裂缝而渗漏。

(二)坝基渗漏

坝基渗漏的原因主要有:

(1)坝基地质情况勘探不明,如对有压含水层没采取排水减压措施、砂砾石地基未设防渗设备或设而不足、地基表层强风化层及破碎带未处理等。

(2)坝基防渗排水设备型式不合理、尺寸不够,如黏土铺盖厚度不够、防渗体与砂砾料间未设反滤层、防渗体未插入相对不透水层中等。

(3)坝基防渗排水设备施工质量不符合要求,失去应有的效应。

(4)管理不善使黏土铺盖暴露出来受到日晒而开裂,或排水、减压、导渗设施被淤塞等。

(三)接触渗漏

接触渗漏的原因主要有:

(1)坝体与坝基接触部位,或防渗体与坝基或地基相对不透水层的接触部位未彻底清基、未做接合槽或接合槽尺寸过小,没有足够长的渗径。

(2)土坝与两岸连接处岸坡过陡,清基不彻底。

(3)土坝与混凝土建筑物连接处未设防渗齿墙或防渗齿墙长度不足。

(4)坝下涵管未设截水环或截水环高度不足等。

(四)绕坝渗漏

绕坝渗漏的原因主要有:

(1)两岸山头岩体单薄,基岩节理发育,岩石破碎,有裂隙、断层通过。

(2)施工时两岸取土、动物打洞、植物根系腐烂成洞,或风浪淘刷等原因破坏了岸坡的天然铺盖,形成渗流。

三、渗漏处理

(一)渗漏检查及分析

1. 检查内容

检查内容主要包括坝体浸润线、渗流量和水质等。通过对上述内容的检查来分析判断是否存在异常渗漏,以便采取措施加以防护。

2. 异常渗漏的识别方法

(1)查看下游坝面是否有散浸现象。根据散浸特征来识别,有散浸说明浸润线抬高,逸出点高于排水设施的顶点,可能导致渗透破坏或滑坡。

(2)查看坝身、坝基或两岸山体中是否有集中渗流。根据集中渗流特征来识别。发现后要观测渗水量的变化情况和水的浑浊程度。要注意观察库水位上升期和高水位期。

(3)查看坝后渗水水质情况,是否带出红、黄的松软黏状铁质沉淀物,是否由清变浊,或下游坝脚后是否有地基表面翻水冒沙。这是产生管涌等渗透破坏的明显特征。

(4)查看渗流量和测压管水位是否有异常变化。若在相同库水位时浸润线和渗流量没有变化,或者渗流量有逐年减小的趋势,则属正常渗水。若渗流量随时间增大,或者是库水位达到某一高度后浸润线抬高和渗流量突然增大,或突然减少和中断,超出正常变化规律,则是异常渗水的信号,应注意检查坝体上游面在该水位附近坝体有无裂缝和孔洞、有无裂隙和断层及其他情况,并监测渗漏量的变化。

(二)渗漏处理

土坝渗漏处理的基本方法是“上堵下排”,即在坝的上游设置防渗设施,用以堵截渗水或延长渗径,以减小渗透流量并降低渗透坡降;在坝的下游设置排水和导渗设施,将渗水安全排出。

1. 坝体渗漏处理

1)斜墙法

斜墙法即在上游坝坡补做或翻修加固原斜墙,防止坝体渗漏。适用于大坝施工质量差,造成了严重渗漏、管涌、管涌塌坑、斜墙被击穿、浸润线及其逸出点抬高、坝身普遍漏水等情况。具体按所用材料不同又可分为黏土斜墙、沥青混凝土斜墙及土工膜防渗斜墙。

(1)黏土斜墙(见图3-4)。修筑时应放空水库,揭去护坡,铲除表土,并挖松10~15 cm,将含水量过大的土体清除,然后填筑与原斜墙相同的黏土,分层夯实,保证新旧土层能很好结合。若无法放空水库,可用船只装运黏土至漏水部位,从水面向下均匀抛入水中,形成一个防渗层填充堵塞渗漏部位。若因集中渗漏,上游坝坡已形成塌坑或漏水喇叭口,但坝体其他部位仍然完好时,可将塌坑或漏水喇叭口局部挖出,并回填黏土,做成黏土贴坡。并在漏水口处预埋灌浆管,进行压力灌浆,封堵漏水通道。若坝体渗漏不太严重,原土料的性能是符合要求的,只是施工质量稍差,则可将原坝坡填土翻压来修建斜墙。

(2)沥青混凝土斜墙。在缺少合适黏土料,且有一定数量合适的沥青材料时,可在上游坝坡修筑沥青混凝土斜墙。沥青混凝土抗渗水能力强,适应坝体变形和抗震性能好,工程量小,投资省,工期短,施工经验也较丰富,故近年来应用较多。

(3)土工膜防渗斜墙。土工膜是一种人工合成材料,因其重量轻,运输量少,柔性及

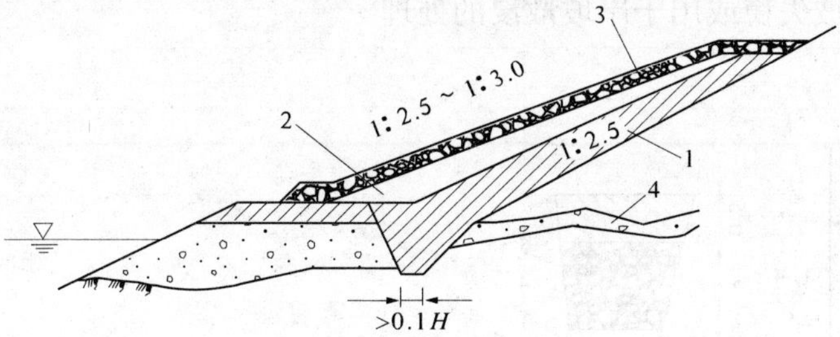

1—黏土斜墙; 2—垫层; 3—砌石护坡; 4—覆盖层

(a) 黏土贴坡斜墙处理

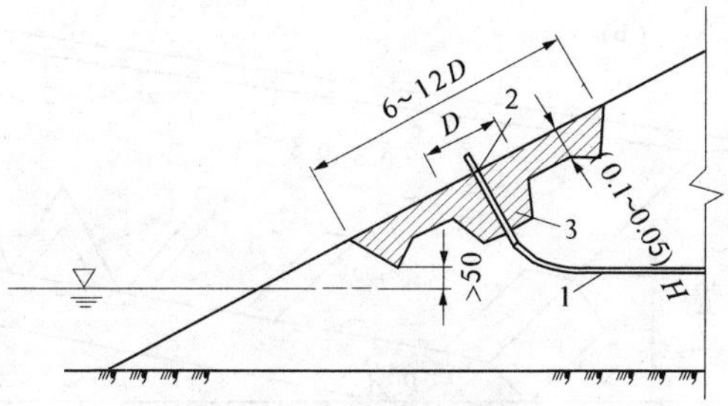

1—漏水通道; 2—预埋灌浆管; 3—回填黏土

(b) 漏水喇叭口的局部处理

图3-4 黏土斜墙法处理图 (单位:cm)

适应变形较好,耐腐蚀,铺设方便,易于操作,造价少等优点,再加上其品种越来越多,工艺也越来越先进,故应用也越来越广泛。在应用时,土工膜的厚度应根据承受水压力的大小而定,承受30 m以上水头的,宜选用复合土工膜,膜厚度不小于0.5 mm;承受30 m以下水头的,可选用非加筋聚合物土工膜,铺膜总厚为0.3 ~ 0.6 mm。铺完的土工膜上要回填不小于0.5 m厚的砂或砂壤土保护层,并压实。注意土工膜与坝基、岸坡、涵洞等的连接处及土工膜本身的接缝处理,因为这是保证整体防渗效果的关键。

2)灌浆法

均质土坝或心墙坝由于施工质量差,坝体渗漏严重,无法采用斜墙法或水中倒土法进行处理时,可从坝顶钻孔采用劈裂灌浆法或常规灌浆方法进行处理,在坝内形成一道灌浆帷幕,阻断渗漏通道。劈裂灌浆方法与裂缝处理所采用的常规灌浆方法在机理上有所不同,可参考施工技术课程内容。

3)防渗墙法

防渗墙法是在坝体上用专门的造孔机械造孔,造孔时用泥浆固壁,然后在泥浆下浇筑混凝土,形成一道直立的混凝土防渗墙。此法可在不降低库水位时施工,防渗效果比灌浆法更可靠。

4)排水导渗法

上面几种方法都是"上堵"的措施,而排水导渗法是"下排"措施,其作用是增强坝体的排水能力,将渗水顺利排向下游。根据导渗体结构型式不同可分为以下几种:

(1)导渗沟法(见图3-5)。在坝坡面上开设浅沟,沟内用砂、砾、卵石或碎石按反滤层原则回填,做成排水导渗沟,以便将坝体渗水从排水导渗沟排出坝外。一般适用于散浸不严重，不致引起坝坡失稳或用于岸坡散浸的处理。

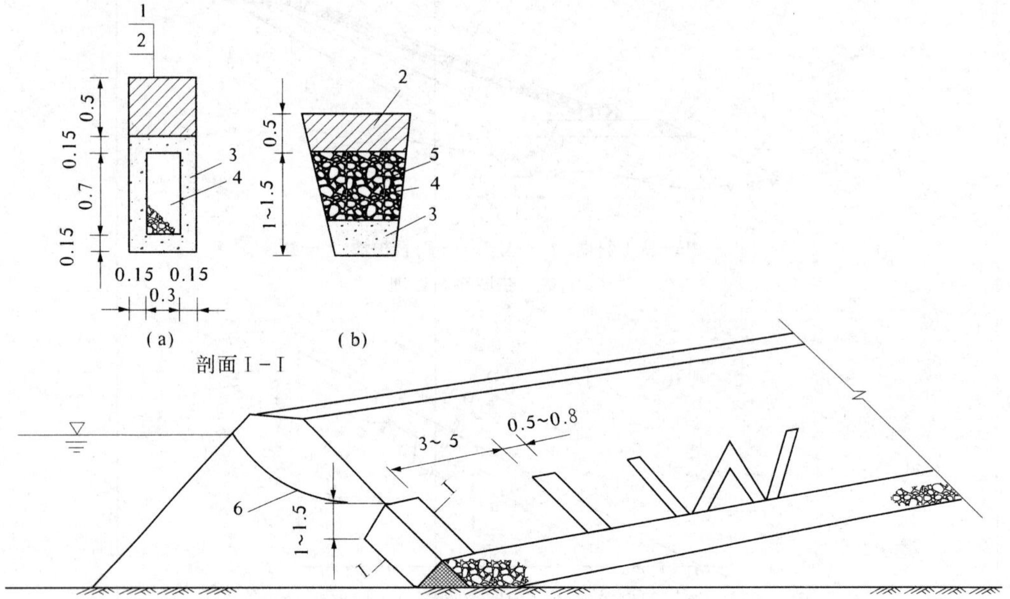

1—草皮；2—回填土；3—粗砂；4—碎石；5—块石；6—浸润线

图 3-5 导渗沟示意图 （单位：m）

（2）导渗砂槽法（见图 3-6（b））。即在渗漏的坝坡上钻孔，形成连锁井柱状的导渗槽，槽宽 0.2～0.3 m，槽下端与滤水坝趾相连。并用导管向槽内送放级配良好的干净砂料，在距槽顶 0.5～1.0 m 处用与坝体相同的土料回填封顶，再在上面做好护坡，以防雨水冲刷。适用于散浸严重、坝坡较缓、采用导渗沟无效的情况。

（3）导渗培厚法（见图 3-6（a））。在坝坡上贴一层砂壳，再填土培厚坝体，要注意新老排水设备的连接，否则无效。适用于散浸特别严重，且坝坡较陡，坝身较单薄，采用一般导渗设施时无效的情况。

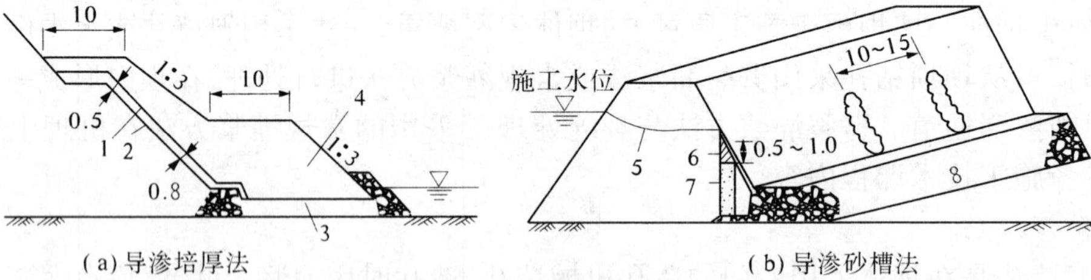

1—原坝体；2—砂壳；3—排水设施；4—培厚坝体；5—浸润线；6—填土；7—砂；8—滤水体

图 3-6 排水导渗示意图（单位：m）

5）封堵洞穴法

对于由蚁穴或动物钻洞所引起的坝体渗漏，应先探明洞穴位置，用石灰和药物塞进洞穴，然后将洞穴用黏土封堵密实。或者从坝坡面开挖探井直达洞穴，用黏土分层夯实，将洞穴封堵。

2. 坝基渗漏处理

坝基的防渗措施分垂直防渗和水平防渗两种。

垂直防渗措施有:黏土截水墙、混凝土防渗墙、砂浆板桩、灌浆帷幕、高压定向喷射灌浆及垂直铺塑防渗等。若土坝与坝基接触面产生接触渗漏,或者坝基不透水层埋深较浅(15 m以内),渗漏严重,水库又能够放空进行施工,则可采用黏土截水墙法进行渗漏处理。当坝基透水层深度较大,采用黏土截水墙处理有困难时,可采用混凝土防渗墙进行处理。对于粉砂、淤泥等软基,若水头较低,施工时能放空水库,可采用砂浆板桩法等。对于坝基透水层较深,或地基中有大石块,修建防渗墙困难时,或基岩节理发育,岩石破碎,造成坝基严重渗漏时,或用来处理坝基接触渗漏时可采取灌浆法。高压定向喷射灌浆是采用高压射流冲击破坏被灌地层结构,使浆液与被灌地层的土颗粒掺混,形成设计要求的凝结体,适用于各种松散地层,是近年来发展起来的一项新技术。垂直铺塑技术是运用专门开沟造槽的机械,开出一定宽度和深度的沟槽,在沟槽内铺设土工膜,再用土回填沟槽,形成以土工膜为主体的垂直防渗墙。此技术是山东省水科院开发的,目前已成功完成的工程的槽宽可仅为20 cm,深度达12 m。

水平防渗措施主要是黏土铺盖。对于将地基表面天然覆盖层作为天然铺盖的斜墙坝和均质坝,当坝体防渗效果较好,天然铺盖遭到破坏时,或者是原有黏土铺盖防渗能力不足,坝基产生严重渗漏时,如果附近有适宜的黏土,水库又可放空的情况下,可以在原有铺盖或天然铺盖上用碾压法铺筑一层黏土铺盖防渗。当水库不可放空时,还可以用船上抛土的方法来修复铺盖。

排水导渗措施主要有排水沟、减压井、排水盖重等。当因坝基渗漏造成坝后长期积水,使坝基湿软,承载力降低,坝体浸润线抬高;或因坝基面有不太厚的弱透水层,坝后产生渗透破坏,而水库又不能降低水位或泄空,故无法在上游进行防渗处理时,则可采用在下游坝基设置排水沟的方法,排水沟有明沟和暗沟两种。在土坝上游黏土铺盖或天然铺盖遭到破坏,或长度不足,又不能放空水库进行修补或增长时;坝基上部为较厚的弱透水层,下部为强透水层,无法采用其他防渗措施时;原有减压井失效,渗水压力增大时都可采用减压井措施。排水盖重法是在下游坝基覆盖层上渗水出露地段铺设反滤层,在反滤层上铺筑块石层或填筑土层,做成盖重,排走渗水,增加压重,加强其渗透稳定性。

各防渗排水措施的布置、结构型式和尺寸要求可参看有关《水工建筑物》教材。

3.绕坝渗漏处理

绕坝渗漏处理的基本原则仍是“上堵下排”。常用的措施有:截水槽、防渗斜墙、黏土铺盖、堵塞回填、灌浆、排水导渗等。当岸坡表面覆盖层或风化层较厚,且透水性较大时,可在岸坡上开挖深槽,切断覆盖层或风化层,直达不透水层,并回填黏土或混凝土,形成防渗截水槽。当坝体是均质坝或斜墙坝,岸坡平缓,基岩节理发育,岩石破碎,渗漏严重,附近又有许多合适黏土时,则可将上游岸坡清理后修筑黏土防渗斜墙来阻止绕坝渗漏。当上游坝肩岸坡岩石轻微风化,但节理发育或山坡单薄时,可以沿岸坡设置黏土铺盖来进行防渗。当岸坡存在裂缝和洞穴,引起绕坝渗漏时,则先将裂缝和洞穴清理干净,然后较小的裂缝用砂浆堵塞,较大的裂缝用黏土回填夯实,与水库相通的洞穴,先在上游面用黏土回填夯实,再在下游面按反滤原则堵塞,并用排水沟或排水管将渗水导向下游。当坝端基岩裂隙发育,渗漏严重时,可在坝端岸坡内进行灌浆处理,形成防渗帷幕。但应与坝体和坝基的防渗设施形成一个整体。另外,可在土质岸坡下游坡面出现散浸的地段铺设反滤排水，在渗水严重的岩质岸坡的下游岸坡及坡脚处打排水孔集中排水。

4.岩溶地区的渗漏处理

在岩溶发育地区筑坝，易造成严重渗漏。渗漏会带走溶洞或裂隙中的充填物，使渗漏进一步发展，库水大量流失，危及坝体和坝基安全。岩溶的处理措施包括地表处理和地下处理两种，地表处理主要有黏土或混凝土铺盖、喷水泥砂浆或混凝土等措施，地下处理主要有开挖回填、堵塞溶洞及灌浆等措施。

第五节　土石坝的滑坡处理

一、滑坡类型和表现特征

土石坝滑坡是指土石坝一部分坝坡在一定的内外因素作用下失去稳定，上部坍塌，下部隆起，发生相对位移的现象。

（一）滑坡类型

土坝的滑坡按其性质分为剪切性滑坡、塑流性滑坡和液化性滑坡3类（见图3-7）；按滑动面形状不同可分为弧形滑坡、直线或折线滑坡及复合滑坡3类；按滑坡发生的部位不同分为上游滑坡和下游滑坡两类。这里主要介绍第一种分法的几类滑坡。

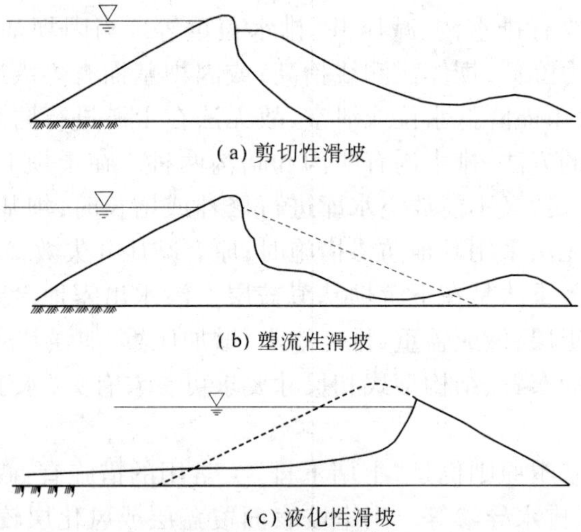

(a) 剪切性滑坡

(b) 塑流性滑坡

(c) 液化性滑坡

图3-7　土石坝滑坡类型

（1）剪切性滑坡。主要是由于坝坡坡度较陡，填土压实密度较差，渗透水压力较大，受到较大的外荷作用，填土密度发生变化和坝基土层强度较低等因素，使部分坝体或坝体连同部分坝基上的土体的剪应力超过了土体抗剪强度，因而沿该面产生滑动。

（2）塑流性滑坡。主要发生在坝体和坝基为含水量较大的高塑性黏土的情况，这种土在一定的荷载作用下，产生蠕动作用或塑性流动，即使土的剪应力低于土的抗剪强度，但剪应变仍不断增加，当坝体产生明显的塑性流动时，便形成了塑流性滑坡。

（3）液化性滑坡。在坝体或坝基为均匀的密度较小的中细砂或粉砂情况下，当水库蓄水后土体处于饱和状态时，如遇强烈振动或地震，砂土体积产生急剧收缩，而土体孔隙中的水分却来不及排出,使砂粒处于悬浮状态,抗剪强度极小,甚至为零,因而砂体像液体那样向坝坡外四处流散,造成滑坡,故称液化性滑坡,简称液化。

(二)表现特征

(1)剪切性滑坡。通常滑坡前在坝面上出现一条主要的纵向张开裂缝,缝深和缝宽均较大,裂缝两端逐渐向坝坡下部弯曲延伸成弧形,同时在这一主裂缝周围出现一些不连续的细小短裂缝,这是产生剪切性滑坡的预兆。随着滑坡的发展,主裂缝两侧便上下错开,错距逐渐加大。同时,坝坡脚或坝基出现带状的或椭圆形的隆起,而且坝体向坝脚处移动。初期发展较慢,后期突然加快,移动距离可由数米至数十米不等,通常直到滑动力与抗滑力经过调整达到新的平衡为止。

(2)塑流性滑坡。滑坡时,开始坝上并无裂缝出现,而是坝面的水平位移和竖直位移不断增大,滑坡体的下部土被压出或隆起。若坝体中间有含水量较大的接近水平的软弱夹层,在沿该软弱层发生塑性流动时,滑坡体上部也会出现纵向裂缝和错距。这种滑坡的发展一般较缓慢。

(3)液化性滑坡。通常都是骤然发生的,滑坡发生时间很短,事前没有预兆,大体积坝体转眼之间便液化流散。因此,很难进行观测和抢护。

二、产生滑坡的原因

坝体产生滑坡的根本原因在于坝体内部,如设计、施工方面存在问题等。而外部因素如管理过程中水位控制不合理等,能够诱发、促使或加快滑坡的发生和发展。

(一)勘测设计方面的原因

某些设计指标选择过高,坝坡设计过陡,或对土石坝抗震问题考虑不足;坝端岩石破碎或土质很差,设计时未进行防渗处理,因而产生绕坝渗流;坝基内有高压缩性软土层、淤泥层,强度较低,勘测时没有查明,设计时也未作任何处理;下游排水设备设计不当,使下游坝坡大面积散浸等。

(二)施工方面的原因

施工时为赶速度,土料碾压未达标准,干密度偏低,或者是含水量偏高,施工孔隙压力较大;冬季雨季施工时没有采取适当的防护措施,影响坝体施工质量;合龙段坝坡较陡,填筑质量较差;心墙坝坝壳土料未压实,水库蓄水后产生大量湿陷等。

(三)运用管理方面的原因

水库运用中若水位骤降,土体孔隙中水分来不及排出,致使渗透压力增大;坝后排水设备堵塞,浸润线抬高;白蚁等害虫害兽打洞,形成渗流通道;在土石坝附近爆破或在坝坡上堆放重物等也均会引起滑坡。

另外,在持续暴雨和风浪淘刷下,在地震和强烈振动作用下也能产生滑坡。

三、滑坡处理

(一)土石坝滑坡的检查和判断

滑坡是坝体常见的一种病害,除少数比较突然外,一般都是有征兆的,因此应加强平时的检查、观察,同时还应特别注意土坝在各种不利工作条件下的检查,如水库高水位时、持续特大暴雨时、解冻时期、强烈地震时，应特别注意下游坝坡的稳定性；水库初次蓄水时、水位骤降时、强烈地震时、台风袭击时，应特别注意上游坝坡的稳定性。

注意：发现征兆并及时进行分析判断，以便采取有效措施。在检查时主要应从以下几方面的征兆来判断：

(1)从裂缝的平面形状来判断。滑动性裂缝的特征是，主裂缝的两端向坝坡下部延伸弯曲呈弧形，且主裂缝的两侧有错动。裂缝宽度一般在初期发展缓慢，后期逐渐加快，最后突然加大。而非滑动性裂缝宽度的变化是随时间逐渐减慢，最后趋于稳定。

(2)从位移的发展规律来判断。滑坡的征兆是坝坡在短时间内出现持续而显著的位移，特别是在出现裂缝之后，位移逐渐增大，甚至骤然增大，坝的上部竖直位移向下，坝的下部，特别是坝脚处的竖直位移向上，坝下部的水平位移量大于坝上部的水平位移量。

(3)从孔隙水压力的大小来判断。滑坡前，孔隙水压力往往会出现明显升高的现象。当实测孔隙水压力值高于设计值时，可能会产生滑坡。

(4)从测压管水位变化与库水位的变化关系上来判断。在水库正常运行情况下，坝体测压管的水位变化与库水位的变化是同步的或略有滞后。如果在库水位变化不大的情况下，测压管内水位却逐渐升高，则表示坝体结构有问题，并对坝坡的稳定不利。

当判断坝坡有滑坡征兆时，应根据坝体土料实际的物理力学性质和坝体内浸润线位置，进行坝坡稳定验算，以便进一步采取相应处理措施。

(二)土石坝滑坡的预防和处理

1. 滑坡的抢护

发现有滑坡征兆时，应分析原因，采取临时性的局部紧急措施，及时进行抢护。主要措施有：

(1)对于因水库水位骤降而引起的上游坝坡滑坡，可立即停止放水，并在上游坝坡脚抛掷砂袋或砂石料，作为临时性的压重和固脚。若坝面已出现裂缝，在保证坝体有足够挡水能力的前提下，可采取在坝体上部削土减载的办法，增强其稳定性。

(2)对于因渗漏而引起的下游坝坡的滑坡，应尽可能降低水库水位，减小渗漏。或在上游坝坡抛土防渗，在下游滑坡体及其附近坝坡上设置导渗排水沟，降低坝体浸润线。当坝体滑动裂缝已达较深部位，则应在滑动体下部及坝脚处用砂石料压坡固脚或修筑土料戗台(见图3-8)。

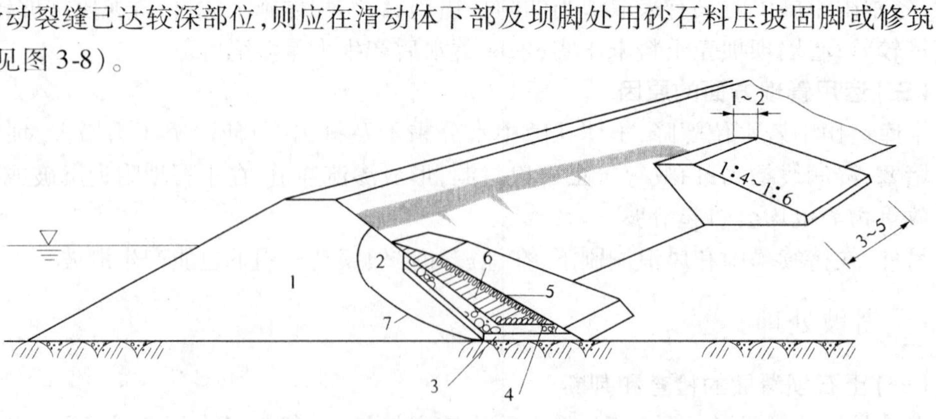

1—坝体；2—滑动体；3—砂层；4—碎石；5—土袋；6—填土；7—滑弧面

图3-8 土料戗台 (单位：m)

另外,还要做好裂缝的防护,避免雨水入渗,导走坝外地面径流,防止冰冻、干缩等。

2. 滑坡的处理

当滑坡已经形成且坍塌终止,或经抢护已处于稳定状态时,应根据滑坡的原因、状况、已采取的抢护办法等,确定合理、有效措施,进行永久性处理。滑坡处理应在水库低水位时进行,处理的原则是"上堵下排,上部减载,下部压重"。

(1)对于因坝体土料辗压不实,浸润线过高而引起的下游滑坡,可在上游修建黏土斜墙,或在坝体内修建混凝土防渗墙防渗,下游采取压坡、导渗和放缓坝坡等措施(见图3-9)。

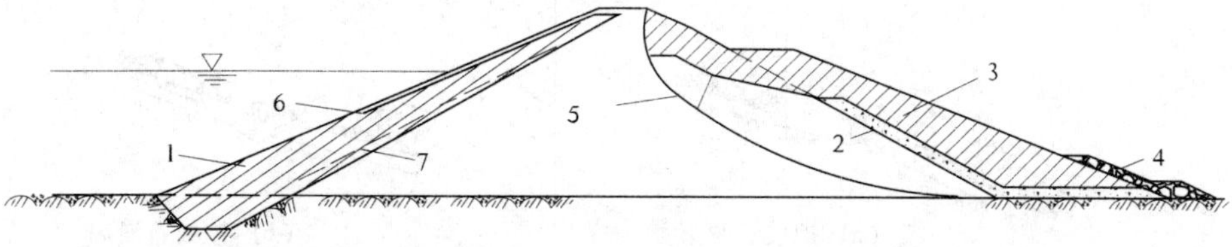

1—黏土斜墙;2—砂砾石;3—土料压坡;4—排水体;5—滑裂线;6—护坡;7—上游坝坡线

图3-9 上游防渗下游压坡的滑坡处理图

(2)对于因坝体土料含水量较大,施工速度较快,孔隙水压力过大而引起的滑坡,可放缓坝坡、压重固脚和加强排水。当发生上游滑坡时,应降低库水位,然后在滑动体坡脚抛筑透水压重体,并在其上填土培厚坝脚,放缓坝坡。若无法降低库水位,则利用行船在水上抛石或抛砂袋,压坡固脚。

(3)对于因坝体内存在软弱土层而引起的滑坡,主要采取放缓坝坡,并在坝脚处设置排水压重的办法。

(4)对于因坝基内存在软黏土层、淤泥层、湿陷性黄土层或易液化的均匀细砂层而引起的滑坡,可先在坝脚以外适当距离处修一道固脚齿槽,槽内填石块,然后清除坝坡脚至固脚齿槽间的软黏土等,铺填石块,与固脚齿槽相连,并在坝坡面上用土料填筑压重台。

(5)对于因排水设备堵塞而引起的下游滑坡,先是要分段清理排水设备,恢复其排水能力,若无法完全恢复,则可在堆石排水体的上部设置贴坡排水,然后在滑动体的下部修筑压坡体、压重台等。

对于滑坡裂缝也要进行认真处理,处理时可将裂缝挖开,把其中稀软土体挖出,再用与原坝体相同的土料回填夯实,达到原设计干容重要求。

例如,河北省某水库为碾压均质土坝,坝高51.5 m。1974年6月,随着库水位的下降,陆续发现主坝南北两岸黄土台地上游铺盖有严重的塌沟、塌坑、洞穴和裂缝。过了2个多月,又发现主坝上游坡有两段明显裂缝,挖坑检查,发现土体有下滑错动,并在裂缝范围上部有明显凹陷现象,在其下部有局部隆起。除此之外,其他坝段护坡存在不平整情况及相似的问题。分析判断坝坡局部滑动。根据钻探试验,分析滑坡原因主要是:地基中存在软弱层,且施工质量较差。采取的处理措施:一是在两个裂缝滑坡段的上游坡,采用红土砾石压坡固脚至125 m高程,并在底部铺卵石挤淤,用压力水冲淤。同时在压坡体内高程120 m处垂直坝轴线布设卵石排水暗沟,并与原坝坡的卵石、砂砾层相连;二是采用开挖回填法处理坝坡裂缝;三是加固两岸上游铺盖等措施。

第六节　土石坝护坡的修理

一、护坡破坏的形式及原因

常见的护坡破坏形式有脱落破坏、塌陷破坏、崩塌破坏、滑动破坏、挤压破坏、鼓胀破坏及溶蚀破坏等(见图3-10)。

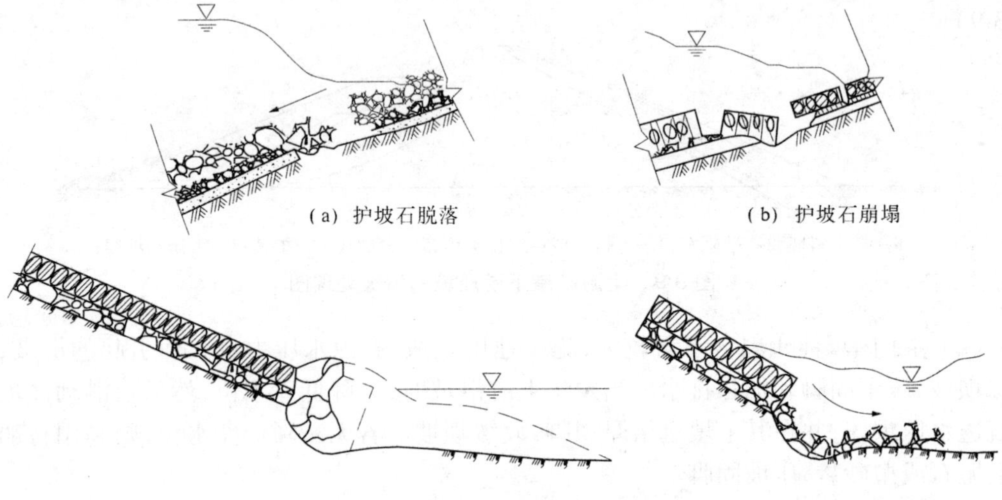

(a) 护坡石脱落　(b) 护坡石崩塌

(c) 护坡基脚淘刷破坏

图3-10　护坡破坏形式

护坡破坏的原因是多方面的,总结有以下主要原因:

(1)雨水和风浪的冲刷作用。

(2)护坡石料尺寸及质量不符合要求引起块石脱落、垫层被淘刷等。

(3)护坡结构不合理、未设基脚,护坡范围或深度不够引起护坡滑移等。

(4)护坡砌筑质量不好,如缝隙较大、出现通缝等导致块石松动、脱出破坏。

(5)没设垫层或垫层级配不好,或没按反滤原则设计施工。

(6)严寒地区护坡受冻胀作用及因冻融循环,坝土松软、护坡被架空而破坏。

(7)在运用过程中,坝体出现渗漏塌陷、不均匀沉陷,遭遇水位骤降、地震及人为活动等都可能造成护坡破坏。

二、护坡破坏的修理

土石坝护坡的修理分为临时性紧急抢护和永久性加固修理两类。

(一)临时性紧急抢护

当护坡遭受风浪或冰凌破坏时,为了防止破坏区扩大和险情的不断恶化,应及时采取临时性的抢护措施。

(1)沙袋压盖抢护。当风浪不大,护坡局部松动脱落,但垫层未被淘刷时,可在破坏部位用砂袋压盖两层,压盖范围应每边超出破坏区0.5~1.0 m。

(2)抛石抢护。当风浪较大，局部护坡已有冲失和坍塌的情况时，则可先抛填0.3～0.5 m厚的卵石或碎石垫层，再抛石块，石块大小应能抵抗风浪冲击和淘刷。

(3)石笼抢护。当风浪很大，护坡破坏严重时，可采用竹笼填石、铅丝笼填石或竹笼间用铅丝扎牢后填以石块做成石笼，并用绳索将石笼一端系住，然后用木棍撬动，使其移至破坏部位。

(二)永久性加固修理

护坡经临时紧急抢护而趋于稳定后，应认真分析研究护坡破坏原因，抓紧时机，创造条件进行永久性加固修理。

(1)局部填补翻修。应先将临时抢护的物料全部清除，将反滤体按设计修复，然后铺砌护坡。若是干砌石护坡，应选择符合设计要求的石块沿坝坡自下而上砌筑，石块应立砌，砌缝应交错压紧，较大的缝隙则用小片石填塞楔紧。若是浆砌石护坡，先将松动的块石拆除并清理干净，再取较方整的坚硬块石用坐浆法砌筑，石缝中填满砂浆、捣实，并用高标号砂浆勾缝口。若是堆石护坡，下面要做好反滤层，其厚度不小于30 cm，堆石层厚度一般为50～90 cm。若是混凝土护坡，对于现浇板，则应将破坏部位凿毛清洗干净，再浇筑混凝土；对于预制板，若板块较厚，损坏又不大，可在原混凝土板上填补混凝土，如损坏严重，则应更换新板。若是草皮护坡，应先将坝体土料夯实，然后铺一层10～30 cm厚的腐殖土，再在腐殖土上重铺草皮。若是沥青混凝土护坡，对1～2 mm的小裂缝，可不必处理，气温较高时能自行闭合，对较大裂缝，可在每年1～2月裂缝张开最大的时候用热沥青渣油液灌注，对隆起和剥蚀部分则应凿开并冲洗干净，在风干后洒一层热沥青渣油浆，再用沥青混凝土填补。

(2)混凝土盖面加固。若原来的干砌石护坡的块石较小或浆砌石护坡厚度较小，强度不够，不能抵抗风浪的冲击和淘刷，可将原有护坡表面和缝隙清理干净，并在其上浇一层5～7 cm厚的混凝土盖面，并用沥青混凝土板分缝，间距3～5 m。

(3)框格加固(见图3-11)。若干砌石护坡的石块尺寸较小，砌筑质量较差，则可在原护坡上增设浆砌石或混凝土框格，将护坡改造为框格砌石护坡，以增加护坡的整体性，避免大面积护坡损坏。

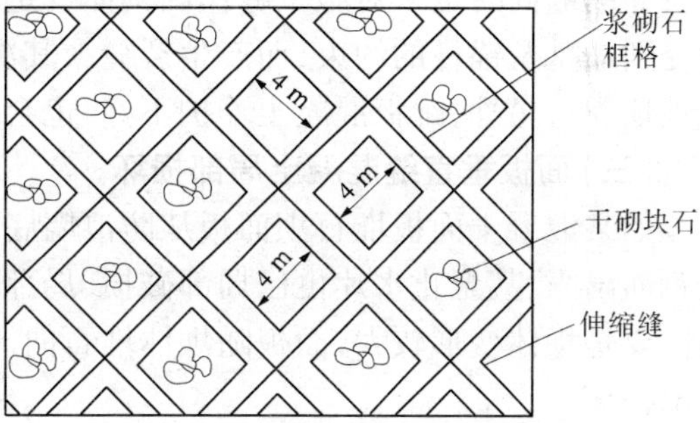

图3-11　框格加固护坡示意图

(4)干砌石缝胶结。若护坡石块尺寸较小，或石块尺寸虽大，但施工质量不好，不足以抵御风浪冲刷时，可用水泥砂浆、水泥黏土砂浆、细石混凝土、石灰水泥砂浆、沥青渣油浆或沥青混凝土填缝，将护坡石块胶结成一体。施工时应先将石缝清理和冲洗干净，再向石缝中填充胶结料，并每隔一定距离保留一些细缝隙以便排水。

(5)沥青渣油混凝土加固。若护坡损坏严重，当地缺乏石料，而沥青渣油材料较易获得，则可将护坡改建为沥青渣油块石护坡，或沥青渣油混凝土(板)护坡等。

第七节 混凝土面板堆石坝的病害处理

我国混凝土面板堆石坝起步较晚,从1985年开始到1990年底,建成了第一批7座坝高在50~100 m之间的混凝土面板堆石坝。由于其适应性强,材料使用合理,安全可靠,故发展迅速。但这种坝的设计和施工技术目前主要靠已建工程的经验总结,尚少成熟的理论和计算方法。因而加强对混凝土面板堆石坝的运行管理,既是保证坝体正常使用和安全运行的前提,同时又是改进和提高混凝土面板堆石坝技术水平的重要途径。

一、混凝土面板的病害形式及成因

从我国已建混凝土面板堆石坝的运行情况来看,病害形式及成因主要有以下几个方面。

(一)面板裂缝问题

因防渗体面板与堆石体两种材料性质的差异及其他因素的影响,使两者变形不协调,导致混凝土面板产生裂缝,如果裂缝继续发展,也会产生严重后果。面板裂缝的成因主要是:①混凝土材料的品质不良及施工工艺不当,导致混凝土抗裂能力降低;②忽视温度控制,在寒潮或冬季形成过大温降和拉应力;③缺少必要的洒水养护,尤其在水库长期空库的情况下,使拉应力增大;④面板下的垫层坡面不平整,尤其是坡面的上下层堆石碾压交接处超填或欠填,形成对面板底面过大约束和应力集中;⑤坝体堆石的不均匀沉陷,引起面板过度变形;⑥坝体填筑后立即浇筑混凝土面板,没有错开堆石变形高峰期,若水库水位迅速上升,可加速坝体变形。

(二)趾板裂缝问题

有的面板堆石坝,在趾板上发现许多裂缝,其产生原因主要是在采用滑模施工、趾板未设伸缩缝同时也未对施工缝作出具体规定的情况下,当趾板混凝土因温度应力变形时,就受到地基及锚杆的约束,而产生裂缝。其次,当帷幕灌浆采用高压浓浆施灌时,趾板可能被顶裂。另外,趾板混凝土养护不好,也会产生裂缝。

(三)面板垂直缝混凝土局部损坏

如某混凝土面板堆石坝面板从防浪墙底部至水面一定距离内有混凝土破损、局部面板钢筋出露、甚至止水片也已局部破损、局部止水已与混凝土分离等破损现象。分析其原因主要是坝体变形较大,面板随坝体堆石向河床移动,使河床中部面板受压,导致混凝土局部损坏。

(四)止水破坏

无论是止水铜片还是PVC止水及柔性填料止水,都存在止水部位混凝土的不密实、不同止水段的搭接不紧及施工中损坏等现象,均在不同程度上存在渗漏隐患。

二、混凝土面板的病害处理

(一)面板裂缝的处理

对于开度在0.3 mm以下的裂缝,一般不需处理,认为其蓄水后会自行愈合;开度在

0.3～0.5 mm 的裂缝要做简单的嵌缝处理；开度大于 0.5 mm 的裂缝可采用沿缝凿槽清洗干净后，填充优质嵌缝材料，然后封闭表面；对于较宽的贯穿性裂缝，可以采用环氧基液刷封、环氧砂浆嵌缝和凿槽充填止水材料等方法处理；对于裂缝密集带可采用贴 GB 胶板或涂刷环氧材料保护膜的处理方法；国外对于漏水的裂缝还有在水下抛填粉质细砂或覆盖一层黏土作止水处理的。

(二)趾板裂缝的处理

可采用以下两种处理方法：一是在裂缝表面贴 GB 胶，对宽度超过 0.5 mm 的缝先沿缝凿槽，回填干硬砂浆，表面再贴 GB 胶，还可在其上覆盖土工膜处理；二是可在其上面浇一层厚 50 cm 并配有直径 12 mm、间距 15 cm 单层钢筋网的 C25 混凝土等。

(三)面板垂直缝混凝土局部损坏处理

临时可采用凿出破损混凝土，再回填聚合物混凝土，表面填 SR 防渗盖片等处理方法。

(四)止水破坏的处理

根据破坏的部位及程度不同可采用 GB 封闭、土工膜处理及止水片修复等处理措施。

思　考　题

1. 土石坝通常都存在哪些病害？
2. 土石坝日常检查都进行哪些方面的检查？
3. 土石坝非常时期检查都有哪些方面的检查？
4. 土石坝的养护有哪些要求？
5. 白蚁如何防治？
6. 土石坝一般都会发生哪些裂缝？
7. 在土石坝的裂缝中哪些裂缝对坝的安全最为危险？应该如何处理？
8. 土石坝都会发生哪些漏水？异常渗漏如何识别？
9. 土石坝的渗漏如何处理？
10. 土石坝一般存在哪些滑坡？有何表现特征？
11. 如何判断土石坝坝坡是否会滑坡？
12. 土石坝的滑坡如何预防？对发生的滑坡应如何处理？
13. 土石坝护坡常会发生哪些破坏？受风浪或冰凌破坏时，应如何紧急抢护？
14. 堆石坝混凝土面板主要发生哪些破坏？应如何处理？

第四章　混凝土坝及浆砌石坝的养护与修理

第一节　概　述

一、混凝土坝与浆砌石坝的类型

混凝土坝、浆砌石坝按照结构和传力特点可分为重力坝(包括空腹重力坝、宽缝重力坝、大头坝)、拱坝、连拱坝等,其中重力坝应用较多。

二、混凝土坝及浆砌石坝的病害类型

混凝土坝及浆砌石坝的病害类型有:

(1)坝体本身和地基抗滑稳定性不够。混凝土坝和浆砌石坝主要靠重力维持稳定,其抗滑稳定往往是坝体安全的关键,当地基存在软弱夹层或缺陷,在设计和施工中又未及时发现和妥善处理时,往往使坝体与地基抗滑稳定性不够,而成为最危险的病害。

(2)裂缝及渗漏。由于温度变化、应力过大或不均匀沉陷,都可能使坝体产生裂缝,并沿裂缝产生渗漏。坝基的缺陷和防渗排水措施的不完善,也可能形成基础渗漏并导致渗流破坏。

(3)剥蚀破坏。剥蚀破坏是混凝土结构表面发生麻面、露石、起皮、松软和剥落等老化病害的统称。根据不同的破坏机理,可将剥蚀分为冻融剥蚀、冲磨和空蚀、钢筋锈蚀、水质侵蚀和风化剥蚀等。

第二节　混凝土坝和浆砌石坝的检查与养护

一、运用前的检查和养护

建筑物在运用前,必须根据设计文件和有关竣工验收规定,进行全面检查,做好记录与存档,并对所发现的问题进行认真处理,其中特别是水下工程,必须在蓄水前处理完毕。运用前的养护要求有:

(1)建筑物的结构、形状、基础处理以及仪器埋设等,凡不符合设计要求的,应采取相应的补救措施。所有在施工中出现的缺陷,如混凝土因振捣不密实、温差过大、施工缝处理不良等而引起的蜂窝、麻面、孔洞以及裂缝渗漏等,应根据其严重程度和对建筑物安全运行的影响情况,分别进行表面处理或堵漏、补强处理。

(2)施工用的模板、排架及机械设备等应全部拆除收存，遗留在表面的螺栓及其他铁件，除个别情况因运用需要保留外，均应进行割除，如在泄流面上的，还应进行表面修整。要保留的铁件宜涂油漆或沥青保护，防止锈蚀。

(3)泄流面上及泄洪孔洞进口附近如有砂石、混凝土块、铁件或其他杂物堆积，必须彻底清除。

(4)泄水建筑物出口明渠的陡坡、消力池和尾水渠的边坡，如有危石应将其清除；两岸较高的风化岩边坡或土坡，凡有崩坍危险并威胁建筑物安全的，应及时处理。

二、运用中的经常性检查与养护

混凝土坝和浆砌石坝的日常检查养护，主要包括以下内容。

(1)经常保持坝体清洁完整，无杂草、无积水；在坝顶、防浪墙、坝坡等处，都不应随意堆放杂物，以免影响管理工作的正常进行。

(2)坝本身的排水孔及其周围的排水沟、排水管等排水设施，均应保持通畅，如有堵塞、淤积，应加以修复或增开新的排水孔。修复时，可以人工掏挖，也可用压缩空气或高压水冲洗，但须注意压力不能过大，以免建筑物局部受到破坏。有的排水沟、集水井要加保护盖板。

(3)预留伸缩缝要定期检查观测，注意防止杂物进入缝内；填料有流失的，要进行补充；止水破坏应及时修复。

(4)严禁坝体及上部结构承受超设计允许的荷载。交通桥、工作桥不准超过设计标准的车辆通行；坝顶、人行桥、工作桥等处禁止堆放重物，以保证建筑物的正常运用。

(5)坝体表面有冲刷、磨损、风化、剥蚀或裂缝等缺陷时，应加强检查观测，分析原因，尽量设法防止。如继续发展，应立即修理。

(6)严禁在大坝附近爆破。

(7)坝在运用中发现基础渗漏或绕坝渗漏时，应仔细摸清渗水来源，加强检查观测，必要时进行处理。

(8)坝上游的漂浮物应经常清理，防止漂浮物、船只和浮冰对坝体的撞击。

(9)对于溢流坝，应经常保持表面光滑完整，对溢流表面被泥沙磨损或水流冲毁的部分，应及时用混凝土修补。

(10)浆砌石坝常见的病害是坝体裂缝，当发现裂缝时，应查明原因并及时进行维修。一般表面裂缝可用水泥砂浆填塞，如发现严重裂缝时，应专门研究处理。

(11)在南方地区，有些坝体混凝土上附生着蚧贝类生物，对建筑物的表面有较强的腐蚀破坏作用，应及时清除。

(12)在北方地区，针对建筑物可能遭受冰凌破坏的情况制定防冻措施，并准备冬季管理所需的设备、材料及破冰工具；要及时清除建筑物上的积水和重要部位的积雪；对易受冻害的部位，应做好保温防冻措施，在解冻后，应检查建筑物有无冻融剥蚀及冰胀开裂等缺陷，必要时应进行处理。

(13)应保护好各种观测设备，如有损坏或失效的，应及时处理。

第三节　混凝土坝和浆砌石坝的裂缝处理

一、混凝土坝的裂缝类型及特征

混凝土坝产生坝体裂缝是较为普遍的现象，根据产生的原因分，裂缝的主要类型及特征如下：

(1)沉陷裂缝。这类裂缝属于贯穿性的，其走向一般与沉陷走向一致，裂缝宽度受温度变化影响较小。对于大体积混凝土与砌石建筑物，较小的不均匀沉陷引起的裂缝常会有一定的错距；对于轻型薄壁的结构，这种裂缝往往有较大的错距。

(2)干缩裂缝。这类裂缝属于表面性的，走向纵横交错，没有一定的规律性，形似龟纹，缝宽及长度都很小，如发丝一般。

(3)温度裂缝。有表层、深层和贯穿性的3种。表层裂缝的走向一般没有一定的规律性，钢筋混凝土建筑物的深层或贯穿性裂缝，方向一般与主钢筋方向平行或接近于平行，与架立钢筋(构造或温度钢筋)方向垂直或接近于垂直，裂缝宽度大小不一，但每一条裂缝沿长度方向没有大的变化，缝宽受温度变化而产生的热胀冷缩影响明显。

(4)应力裂缝。这类裂缝属于深层或贯穿性的，其走向基本上与主拉应力方向垂直，钢筋混凝土建筑物的裂缝方向与主钢筋方向垂直或接近于垂直，裂缝宽度一般较大，且沿长度或深度方向有显著的变化，缝宽受温度变化的影响较小。

二、混凝土坝裂缝的原因

(一)设计方面的原因

设计方面的原因主要有：

(1)由于设计考虑不周，如断面过于单薄、孔洞面积所占比例过大，或配筋不够以及钢筋布置不当等，致使结构强度不足，建筑物抗裂性能降低。

(2)分缝分块不当，块长或分缝间距过大、错缝分块时搭接长度不够。

(3)温度控制不当，造成温差过大，使温度应力超过允许值。

(4)基础处理不善，引起基础不均匀沉陷或扬压力增大而使建筑物发生裂缝。

(5)设计不当或模型试验不符合实际情况，泄水时水流引起建筑物振动开裂。

(二)施工方面的原因

施工方面的原因主要有：

(1)混凝土养护不当，使混凝土水分消失过快引起干缩。

(2)基础处理、分缝分块、温度控制或配筋等未按设计要求施工。

(3)在浇筑混凝土时，施工质量控制不严，使混凝土的均匀性、密实性和抗裂性差。

(4)模板强度不够，或振捣不慎，使模板发生变形或位移。

(5)施工安排不当，如上下层混凝土施工间歇期不够或太长，以及拆除模板过早等。

(6)施工缝处理不善，或出现冷缝时未按工作缝要求进行处理。

(7)混凝土凝结过程中，在外界温度骤降时，没有做好保温措施，使混凝土表面剧烈收缩。

(8)使用了收缩性较大的水泥,或含碱量大于0.6%的水泥并掺有碱性反应的骨料;或者含有大量碳酸氢离子的水,使混凝土产生过度收缩或膨胀。

(三)运用管理方面的原因

运用管理方面的原因主要有:

(1)建筑物的运用没有按规定执行,在超设计荷载下使用,使建筑物承受的应力大于容许应力。

(2)维护不善,或者冰冻期间未做好防护措施等而引起裂缝。

(四)其他方面的原因

其他方面的原因有:

(1)由于地震、爆破、冰凌、台风和超标准洪水等引起建筑物的振动,或超设计荷载作用而发生裂缝。

(2)含有碳酸气(或亚硫酸气)的空气,或含有大量碳酸氢离子的水,均对混凝土有侵蚀作用,产生碳酸盐类,而收缩引起裂缝。

(3)尚未硬化的混凝土的沉降收缩作用而引起裂缝。

三、混凝土坝裂缝的检查和观测

混凝土坝出现裂缝,应加强检查与观测。表面裂缝检查一般以人工目测进行现场普查为主,裂缝检查观测的方法内容及所用工器具等已在第二章中有所详述,在此不再重述。

四、混凝土坝表面裂缝的处理

当裂缝不稳定,随着气温或结构的变形而变化,但又不影响建筑物整体受力时,只进行表面处理即可。常用的裂缝表面处理的方法有表面涂抹、表面贴补、凿槽嵌补和喷浆修补等。裂缝表面处理的方法也可用来处理混凝土表面的其他损坏,如蜂窝、麻面、骨料架空外露以及表层混凝土松软、脱壳和剥落等。

(一)表面涂抹

表面涂抹的方法是用水泥砂浆、防水快凝砂浆、环氧基液及环氧砂浆等材料,涂抹在裂缝部位的混凝土表面。

1. 水泥砂浆涂抹

对于数量多、分布广的细微裂缝在迎水面可用水泥砂浆涂抹。处理时,先将裂缝附近的混凝土表面凿毛,并尽可能使糙面平整,经洗刷干净后,洒水使之保持湿润,用纯水泥浆涂刷一层底浆(厚度0.5~1.0 mm),然后用1:1~1:2的水泥砂浆在其上分次抹完。一次涂抹过厚容易在侧面引起流淌或因自重下坠脱壳,太薄则容易在收缩时引起开裂。涂抹的总厚度一般为1~2 cm,最后用铁抹压实、抹光。砂浆配制时所用砂子不宜太粗,一般为中细砂。水泥可用不低于32.5R等级的普通硅酸盐水泥。温度高时,涂抹3~4 h后即需洒水养护,注意苫盖,避免阳光直射。冬季应注意保温,切不可受冻,否则所抹的水泥砂浆受冻后轻则强度降低,重则报废。

2. 防水快凝砂浆涂抹

迎水面的渗水口可用防水快凝砂浆涂抹。防水快凝砂浆是在水泥砂浆内加入防水剂(同时又是快凝剂),以达到速凝和提高防水性能的目的。防水剂多采用成品,也可以自行配制。防水快凝砂浆、灰浆配合比可参考表4-1。

表4-1 防水快凝砂浆、灰浆配合比(重量比)

名称	配合比(重量比)				初凝时间(min)
	水泥	砂	防水剂	水	
速凝灰浆	100		69	44~52	2
中凝灰浆	100		20~28	40~52	6
速凝砂浆	100	220	45~58	15~28	1
中凝砂浆	100	220	20~28	40~52	3

注:初凝时间应通过试验鉴定,表中时间仅供参考。

防水快凝灰浆和砂浆的配制:先将水泥(或水泥与砂)加水拌匀,然后将防水剂注入并迅速搅拌均匀,立即用铁抹刮涂在混凝土面上并压实抹光。由于快凝灰浆或砂浆凝固快,使用时应随拌随用,一次拌量不宜过多。

涂抹工艺:先将裂缝凿成深约2 cm、宽约20 cm的毛面,清洗干净并保持表面湿润,然后在其上涂刷一层防水快凝灰浆(厚度约1 mm),硬化后即涂抹一层防水快凝砂浆(厚度0.5~1.0 cm),再抹一层防水快凝灰浆,又抹一层防水快凝砂浆,直至与原混凝土面齐平为止。

3. 环氧砂浆涂抹

对通过高速水流的混凝土表面的龟裂或受温度变化影响的裂缝可涂抹环氧砂浆。环氧砂浆具有强度高、抗冲耐磨的性能,一般须在现场配制。用于修补混凝土裂缝的环氧砂浆配合比见表4-2。

表4-2 环氧砂浆配合比(重量比)

材料名称		环氧树脂			固化剂		增韧剂		稀释剂		填料	
		637号	634号	610号	间苯二胺	乙二胺	304号	邻苯二甲二丁酯	690号	甲苯	石英粉	砂
配合比	1	100			12			10		15	600	800
	2			100	15~17		30		20		500	850
	3		100		18			20	15		150	450
	4			100	14		30				125	375
	5		100			6		5	5			1 040

环氧砂浆一般配制工艺:将环氧树脂加热融化后加入增韧剂与稀释剂并搅拌均匀,然

后再加入固化剂搅拌均匀形成环氧基液，最后将环氧基液加入细填料中搅拌均匀即得环氧砂浆。

涂抹前沿裂缝凿槽，槽深0.5～1.0 cm，用钢丝刷洗刷干净，保证槽内无油污和灰尘。经预热后再涂抹一层环氧基液，厚0.5～1.0 mm，再在环氧基液上涂抹环氧砂浆，使其与原建筑物表面齐平，然后覆盖塑料布并压实。

（二）表面贴补

表面贴补就是用黏结剂把橡皮或其他材料粘贴在裂缝的表面，以防止沿裂缝渗漏，达到封闭裂缝并适应裂缝的伸缩变化的目的。一般用来处理建筑物水上部分或背水面裂缝。

1. 橡皮贴补

橡皮贴补所用材料主要有环氧基液、环氧砂浆、水泥砂浆、橡皮、木板条或石棉线等。环氧基液、环氧砂浆的配制与涂抹用环氧砂浆相同。水泥砂浆的配比一般为水泥∶砂在1∶0.8～1∶1之间，水灰比不超过0.55，橡皮厚度一般以采用3～5 mm为宜，板条厚度以5 mm为宜。橡皮贴补裂缝施工工艺如图4-1所示。

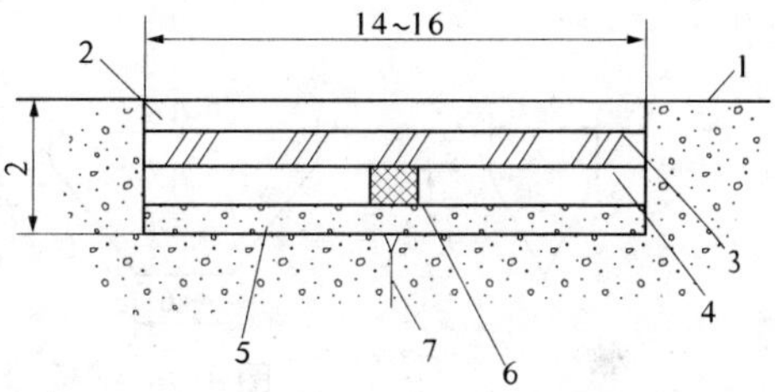

1—原混凝土；2、4—环氧砂浆；3—橡皮；5—水泥砂浆；6—板条；7—裂缝

图4-1 橡皮贴补裂缝 （单位：cm）

（1）沿裂缝凿深2 cm、宽14～16 cm的槽并冲洗干净。

（2）在槽内涂一层环氧基液，随即用水泥砂浆抹平并养护2～3天。

（3）将准备好的橡皮进行表面处理，一般放浓硫酸中浸5～10 min，取出冲洗晾干。

（4）在水泥砂浆表面刷一层环氧基液，然后沿裂缝方向放一根木板条，按板条厚度涂抹一层环氧砂浆，接着将粘贴面刷有一层环氧基液的橡皮片贴到环氧砂浆上，注意铺贴时要用力均匀压紧，直至环氧砂浆从橡皮边缘挤出为止。

（5）侧面施工时，为防止橡皮滑动或环氧砂浆脱落，需设支撑加压。待环氧砂浆固化后，可将支撑拆除。为防止橡皮老化，可在橡皮表面刷一层环氧基液，再抹一层环氧砂浆保护。

用橡皮贴补，也可在缝内嵌入石棉线来代替木板条，施工工艺基本相同，只是取消了水泥砂浆层。在实际工程中，也有用氯丁胶片、塑料片代替橡皮的，施工方法相同。

2. 玻璃布贴补

玻璃布的种类很多，一般采用无碱玻璃纤维织成，它具有耐水性能好、强度高的特点。

玻璃布在使用前，必须除去油脂和蜡，以便在粘贴时有效地与环氧树脂结合。除去玻璃布油蜡的方法有两种：一种是加热蒸煮，即将玻璃布放置在碱水中煮0.5～1 h，然后用清水洗净；另一种是先加热烘烤再蒸煮，即将玻璃布放在烘烤炉上加温到190～250 ℃，使油蜡燃烧，然后再将玻璃布放在浓度为2%～3%的碱水中煮沸约30 min，然后取出洗净晾干。

玻璃布粘贴前，需先将混凝土表面凿毛，并冲洗干净，若表面不平，可用环氧砂浆抹平。粘贴时，先在粘贴面上均匀刷一层环氧基液，然后将玻璃布展开放置并使之紧贴在混

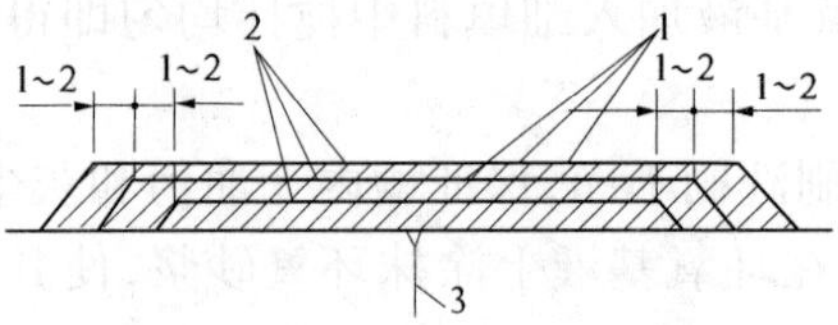

1—玻璃布;2—环氧基液;3—裂缝

图 4-2　玻璃布粘贴示意图　(单位:cm)

凝土面上,再用刷子在玻璃布面上刷一遍环氧基液,使环氧基液浸透玻璃布,接着再在玻璃布上刷环氧基液,按同样方法粘贴第二层玻璃布,但上层应比下层玻璃布稍宽 1 ~ 2 cm,以便压边。一般粘贴 2 ~ 3 层即可,如图 4-2 所示。

(三)凿槽嵌补

凿槽嵌补是沿裂缝凿一条深槽,槽内嵌填各种防水材料,以堵塞裂缝和防止渗水。这种方法主要用于对结构强度没有影响的裂缝处理。

沿裂缝凿槽,槽的形状可根据裂缝位置和填补材料而定,一般有如图 4-3 所示的几种形状。

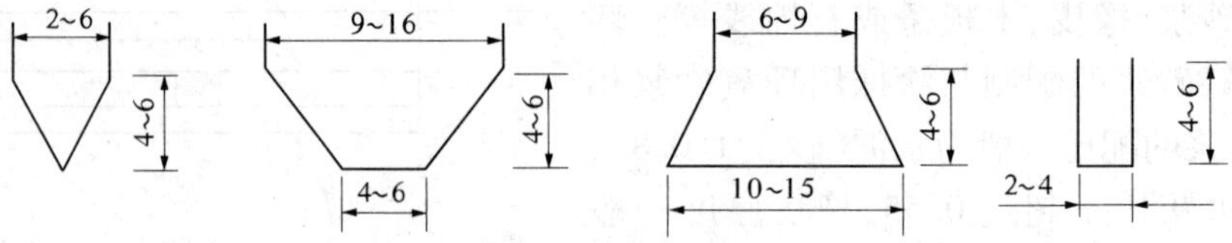

图 4-3　缝槽形状和尺寸图　(单位:cm)

“V”形槽多用于竖直裂缝;“⬠”形槽多用于水平裂缝;“⏢”形槽多用于顶面裂缝及有渗水的裂缝;“□”形槽则能适用以上 3 种情况。

槽的两边必须修理平整,槽内要清洗干净。

嵌补材料的种类很多,有聚氯乙烯胶泥、沥青材料、环氧砂浆、预缩砂浆和普通砂浆等。

嵌补材料的选用与裂缝性质、受力情况及供货条件等因素有关。因此,材料的选用需经全面分析后再确定。对已稳定的裂缝,可采用预缩砂浆、普通砂浆等脆性材料嵌补;对缝宽随温度变化的裂缝,应采用弹性材料嵌补,如聚乙烯胶泥或沥青材料等;对受高速水流冲刷或需结构补强的裂缝,则可采用环氧砂浆嵌补。

1. 沥青材料嵌补

沥青材料嵌补分为沥青油膏、沥青砂浆和沥青麻丝 3 种。

(1)沥青油膏嵌补。施工时,先在槽内刷一层沥青漆,然后用专用工具将油膏嵌入槽内压实,使油膏面比槽口低 1 ~ 2 cm,再用水泥砂浆抹平保护,注意在嵌补前要注意槽内干燥。

(2)沥青砂浆嵌补。由沥青、砂子及填充材料制成。砂的粒径一般不大于 2 mm,沥青砂浆配合比(重量比)为

60 号油沥青: 砂: 水泥 = 1: 4: 1 或 1: 4: 1. 13

配制沥青砂浆时,应控制沥青加热温度在 180 ~ 200 ℃,并注意加料顺序。

施工时,先在槽内刷一层沥青,然后将沥青砂浆倒入槽内,立即用专用工具摊平压实。要逐层填补,随填料随压紧,当沥青砂浆面比槽口低 1 ~ 1. 5 cm 时,用水泥砂浆抹平保护。

注意:沥青砂浆一定要在温度较高的情况下施工,否则温度降低变硬,不易操作。

(3)沥青麻丝嵌补。其操作方法是将沥青加热熔化,然后将麻丝或石棉绳放入沥青

浸煮,待麻丝或石棉绳浸透后,用铁钳夹放入缝内,并用凿子插紧,嵌填时,要逐层将其嵌入缝内,填好后,用水泥砂浆封面保护。

2. 聚氯乙烯胶泥嵌补

聚氯乙烯胶泥具有良好的防水性、弹塑性、温度稳定性及与混凝土的黏结性,而且价格低,原料易得,施工方便。目前主要用于水工建筑物水平面或缓坡上裂缝的修补。

施工时,在槽内先填一层预缩砂浆,砂浆表面干燥后,用煤焦油与二甲苯 1∶4 的混合料刷一层,干燥后即嵌填聚乙烯胶泥,填至与凿毛面齐平为准。胶泥完全冷却后,再在凿毛面上涂抹一层厚 1 ~2 mm 的水泥浆,然后用 1∶1 水泥砂浆填至与混凝土面齐平并抹光。

3. 预缩砂浆嵌补

预缩砂浆是经拌和好之后再归堆放置 30 ~90 min 才使用的干硬性砂浆。拌制良好的预缩砂浆,具有较高的抗压、抗拉强度,其抗压强度可达 29.4 ~34.3 MPa,抗拉强度可达 2.45 ~2.74 MPa,与混凝土的黏结强度可达 1.67 ~2.16 MPa。因此,采用预缩砂浆修补处于水流高速区混凝土的表面裂缝,不仅强度和平整度可以得到保证,而且收缩性小,成本低廉,施工简便,可获得较好效果。当修补面积较小或工程量较小时,如无特殊要求,可优先选用预缩砂浆嵌补。

拌制预缩砂浆的水泥以采用与原混凝土同品种新鲜水泥为原则,如没有原用的水泥品种,可按混凝土强度要求选用。砂料用 1.6 mm 孔径的筛子过筛,其细度模数为 1.8 ~2.0,水灰比 0.3 ~0.34,灰砂比 1∶2 ~1∶2.5,并掺入水泥重量 1/10 000 左右的加气剂。

预缩砂浆拌制是先将称量好的砂、水泥混合搅拌均匀,再掺入含有加气剂的水溶液翻拌 3 ~4 次(此时砂浆仍为松散体,不是塑性状态),归堆放置 30 ~90 min,使其预先收缩后即可使用。水灰比应根据天气阴晴,气温高低,通风情况等因素适当调整。现场鉴定砂浆含水量多少的方法,是用手能将砂浆握成团状,手上有潮湿而又无水析出为准。由于加水量少,要注意水分均匀分布,防止阳光照射,避免出现干斑而降低砂浆质量。

修补时先将修补部位的损坏混凝土清除,并凿毛、清洗,使边缘最小深度大于 2 cm 即可铺填预缩砂浆。

在铺填预缩砂浆之前,先涂一层厚 1 mm 的水泥浆,其水灰比为 0.45 ~0.50,然后填入预缩砂浆,分层用木锤捣实,直至表面出现少量浆液为止。每次铺料层厚 4 ~5 cm,捣实后为 2 ~3 cm。层与层之间应用钢丝刷或竹刷刷毛,以加强层间结合,否则会产生成层脱壳现象。最后一层的表面必须用铁抹反复压实抹光,并与原混凝土接头平顺密实。在侧面施工时,要架立模板,分层立模,分层铺填,注意一次加入量不要过多,且要振捣密实。在铺填完成后的 4 ~8 h 内应由专人养护,最好用塑模覆盖。待强度达到约 50 MPa 时,应用小锤敲击检查,若声音清脆,则质量良好,如有沙哑声,则为脱壳或结合不良,须凿除重填。

(四)喷浆修补

喷浆修补是将水泥砂浆通过喷头高压喷射至修补部位,以达到封闭裂缝和提高建筑物表面耐磨抗冲能力的目的。喷浆用于混凝土修补工程具有以下特点:

喷浆修补采用较小的水灰比,从而可达到较高的强度和密实性,具有较高的耐久性。

可省去较复杂的运输、浇筑及骨料加工等设备，简化了施工工艺，提高了施工工效，可用于不同规模的修补工程。但是，由于水泥消耗较多、层薄且不均匀等问题，易产生裂缝，影响耐久性，从而限制了它的使用范围，因此须严格控制砂浆的质量和施工工艺。

根据裂缝的部位、性质和修理要求，可以分别采用挂网喷浆或挂网喷浆与凿槽嵌补相结合的方法。

1. 挂网喷浆

挂网喷浆所采用的材料主要有水泥、砂、钢筋、钢丝网、锚筋等。通常采用32.5R～42.5R的普通硅酸盐水泥，砂料粒径0.35～0.5 mm，钢筋网由直径4～6 mm的钢筋做成，网格尺寸为100 mm×100 mm～150 mm×150 mm，结点焊接；如果采用直径1～3 mm的钢丝做钢丝网，尺寸为50 mm×50 mm～60 mm×60 mm及10 mm×10 mm～20 mm×20 mm，结点可编结或扎结，锚筋通常采用10～16 mm钢筋。灰砂比根据不同部位喷射方向和使用材料，通过试验决定。水灰比一般采用0.3～0.5。

喷浆设备主要包括喷浆机、干料拌和机、皮带运输机、喷头、水箱、空气压缩机、空气滤清器。

喷浆系统布置如图4-4所示。

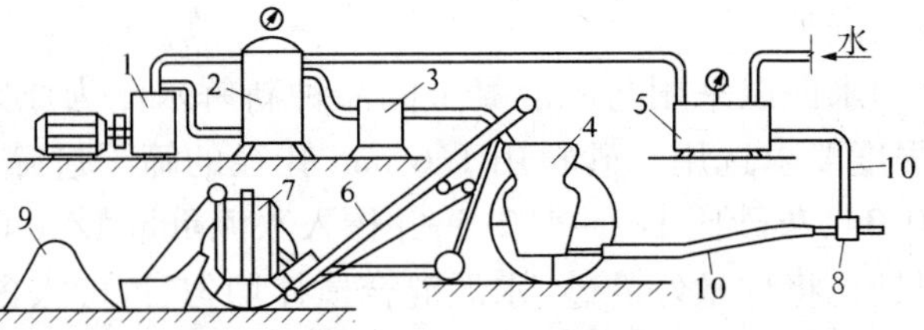

1—空气压缩机；2—储气罐；3—空气滤清器；4—灌浆机；5—水箱；
6—皮带运输机；7—拌和机；8—喷头；9—堆料处；10—输料、输气和输水软管

图4-4 喷浆系统布置图

喷浆工艺流程：

(1)喷浆前，将受喷面凿毛冲洗干净，并进行钢筋网的制作和安装，钢筋网应加设锚筋，一般5～10个网格应有一锚筋，锚筋埋设孔深一般为15～25 mm。为使喷浆层与基面结合良好，钢筋网应离开受喷面15～25 mm。

(2)喷浆前对受喷面洒水，保持湿润状态。

(3)喷浆前还应准备充足的砂子和水泥，并均匀拌和好。

(4)喷浆时应控制好气压和水压并保持稳定。喷浆压力应控制在0.25～0.40 MPa之间。

(5)喷头操作。喷头与受喷面要保持适宜的距离，一般为80～120 cm。过近会吹掉砂浆，过远会使气压损失，黏着力降低，影响喷浆强度。喷头一般应与受喷面垂直，这样可以使喷射物集中，减少损失，增强黏结力。若遇特殊情况可按大于70°的角度进行喷射。

(6)喷层厚度控制。当喷浆层较厚时，为防止砂浆流淌或因自重坠落等现象，可分层喷射。一次喷射厚度一般不宜超过下列数值：仰喷时为20～30 mm；侧喷时为30～40 mm；俯喷时为50～60 mm。

(7)喷浆工作结束 2 h 后即应进行无压洒水养护,养护时间一般需 14 ~21 d。

2. 挂网喷浆与凿槽嵌补相结合

挂网喷浆与凿槽嵌补相结合的施工流程为:

凿槽→打锚筋孔→凿毛冲洗→固定锚筋→填预缩砂浆→涂抹冷沥青胶泥→焊接架立钢筋→挂网→被喷面冲洗湿润→喷浆→养护。

施工工艺为:先沿缝凿槽,然后填入预缩砂浆使之与混凝土面齐平并养护,待预缩砂浆达到设计强度时,涂一薄层沥青漆,待半小时后,再涂冷沥青胶泥。冷沥青胶泥由 60 号沥青、生石灰、水按 40: 10: 50 的比例并与 15% 的砂(粒径小于 1 mm)配制而成。冷沥青胶泥总厚度 1.5 ~2.0 cm,分 3 ~4 层涂抹。待冷沥青胶泥凝固后,挂网喷浆,如图 4-5 所示。

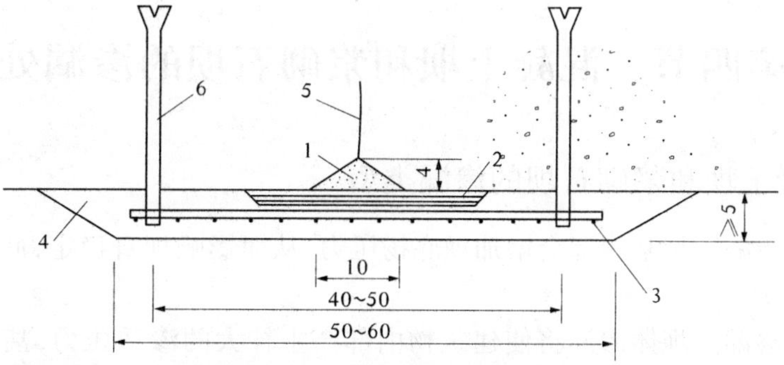

1—预缩砂浆;2—冷沥青胶泥;3—钢丝网;4—水泥砂浆喷层;5—裂缝;6—锚筋

图 4-5 挂网喷浆与凿槽嵌补相结合示意图 (单位:cm)

五、混凝土坝裂缝的内部处理

混凝土坝贯穿性裂缝或内部裂缝常用灌浆方法处理。其施工方法通常为钻孔灌浆。灌浆材料一般采用水泥或化学材料,可根据裂缝的性质、开度以及施工条件等具体情况选定。对于开度大于 0.3 mm 的裂缝,一般可采用水泥灌浆;对开度小于 0.3 mm 的裂缝,宜采用化学灌浆;对于渗透流速大于 600 m/d 或受温度变化影响的裂缝,则不论其开度如何,均宜采用化学灌浆处理。

(一)水泥灌浆

有关水泥灌浆的施工工艺问题,可参见《水利水电工程施工技术》教材中有关灌浆的内容。这里需要强调的是,对钻孔孔向的要求(见图 4-6),除骑缝浅孔外,不得顺裂缝钻孔,钻孔轴线与裂缝面的交角一般应大于 30°,孔深应穿过裂缝面 0.5 m 以上。如果钻孔为两排或两排以上,应尽量交错或呈梅花形布置。钻进过程中,若发现有集中漏水或其他异常现象,应立即停钻,查明漏水高程,并进行灌浆处理后,再行钻进。钻进过程中,对孔内各种情况,如岩层及混凝土的厚度、涌水、漏水、洞穴等均应详细记录。钻孔结束后,孔口应用木塞塞紧,以防污物进入。

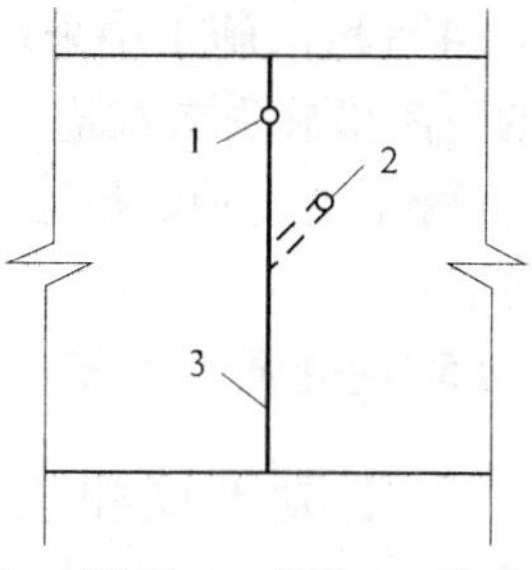

1—骑缝孔;2—斜孔;3—裂缝

图 4-6 钻孔布置方式

(二)化学灌浆

化学灌浆材料具有较高的黏结强度,且具有一定的弹性,对于恢复建筑物的整体性及对伸缩缝的处理,效果较好。

化学灌浆的施工程序为:

钻孔→压气(或压水)检验→止浆→试漏→灌浆→封孔→检查。

化学灌浆的技术方法可参见施工技术课程的相关内容。

随着各种大型工程和地下工程的不断兴建,化学灌浆材料得到了越来越广泛的应用。但化学灌浆费用较高,一般情况下应首先采用水泥灌浆,在达不到设计要求时,再用化学灌浆予以辅助,以获得良好的技术经济指标。此外,化学浆液材料都有一定的毒性,对人体健康不利,还会污染水源,在运用过程中要十分注意。

第四节　混凝土坝和浆砌石坝的渗漏处理

一、混凝土坝和浆砌石坝的渗漏类型

(1)坝基渗漏。坝基渗漏会增加坝底扬压力,从而影响坝身稳定,而且会损失水库水量,降低水库效益。

(2)坝体渗漏。坝体渗漏将使建筑物内部产生较大的渗透压力,甚至影响建筑物的稳定;如果水具有侵蚀性,还会产生侵蚀破坏,降低混凝土强度;在寒冷地区,渗漏水在出水处冻结成冰,也会使建筑物受到冻融破坏。

二、混凝土坝和浆砌石坝渗漏的原因

混凝土建筑物产生渗漏的原因是多方面的,即使最密实的混凝土,其本身仍存有气孔和小孔隙,在水压力作用下也具有一定的渗透性。一般水工混凝土由于设计或施工上的缺陷,或在运用中遭受意外破坏,都容易导致建筑物发生渗漏。一般有以下几种情况:

(1)由于勘探工作做得不够,地基留有隐患,水库蓄水后引起渗漏。

(2)由于设计考虑不周,在某种应力作用下,使混凝土产生裂缝,引起渗漏。

(3)因施工、温差或本身干缩等原因,产生裂缝而引起渗漏。

(4)设计、施工中采取的防渗措施不良,或运用期间由于物理、化学因素的作用,使原来的防渗措施失效或遭受破坏而引起渗漏。如帷幕破坏、伸缩缝止水结构破坏或沥青老化、混凝土受侵蚀后抗渗性能降低,预制混凝土涵管接头处理不好,混凝土与基岩接触不良等。

(5)遭受强烈地震及其他破坏作用,使混凝土建筑物或基础产生裂缝,引起渗漏。

三、混凝土坝和浆砌石坝渗漏的检查和观测

混凝土坝和浆砌石坝发生渗漏时,应着重下列几方面的检查与观测:

(1)查明帷幕后剩余水头是否超过设计允许值以及扬压力与水位的变化关系。

(2)基础渗漏量的变化情况。

(3)分析水质，从离子、矿化度及 pH 值的变化情况，判明渗水有无侵蚀性。

(4)上游冲淤情况。

(5)混凝土裂缝的长度、宽度、分布范围，开度变化及其与水位、气温的关系。

(6)止水结构如发生损坏，渗漏量较大，影响建筑物安全，需要进行处理时，应结合设计、施工和管理等有关资料进行分析，为确定处理方案提供依据。

四、混凝土坝和浆砌石坝渗漏处理的原则

渗漏处理的基本原则是："上截下排，以截为主，以排为辅"，根据渗漏的部位、危害程度以及修补条件等实际情况制定处理措施。

(1)对于建筑物本身渗漏的处理，以上游面封堵为主。

(2)对于基础渗漏的处理，以截为主，辅之以排。

(3)对于接触渗漏或绕坝渗漏的处理，应先封堵，以排补救。

五、混凝土坝和浆砌石坝渗漏处理措施

(一)混凝土坝坝体渗漏处理

1.混凝土坝坝体裂缝渗漏的处理

根据裂缝发生的原因及其对结构影响的程度、渗漏量的大小和集中分散情况，分别采取以下措施。

1)表面处理

坝体裂缝渗漏按裂缝所在位置可采取表面涂抹、表面贴补、凿槽嵌补等表面处理方法，具体可见上节内容。对于渗漏量较大，但是渗透压力不影响建筑物正常运用的渗水裂缝，在漏水出口进行处理时，应采取以下导渗措施：

(1)埋管导渗。沿漏水裂缝在混凝土表面凿"⌓"形槽，并在裂缝渗漏集中部位埋设引水铁管(其数量视渗漏的情况而定)，然后用旧棉絮沿裂缝填塞，使漏水集中从引水管排出，再用快凝灰浆或防水快凝砂浆迅速回填封闭槽口，最后把引水管封堵，见图 4-7。

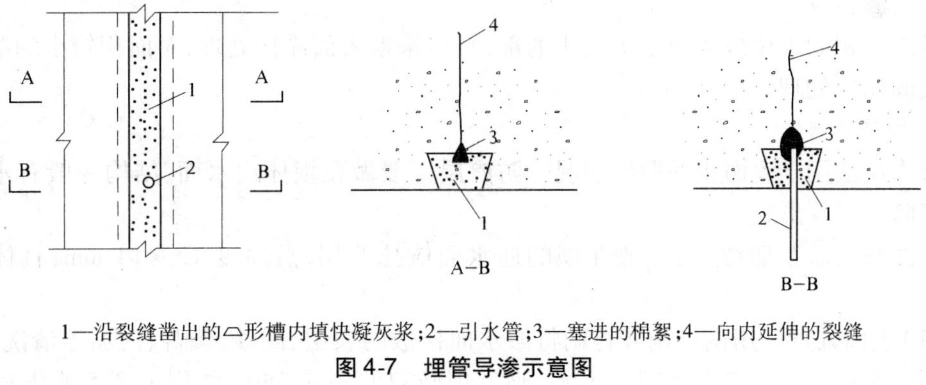

1—沿裂缝凿出的⌓形槽内填快凝灰浆；2—引水管；3—塞进的棉絮；4—向内延伸的裂缝

图 4-7 埋管导渗示意图

(2)钻孔导渗。用风钻在漏水裂缝一侧(水平缝则在缝的下方)钻斜孔，穿过裂缝面，使漏水从钻孔中导出，然后封闭裂缝，最后灌浆填塞导渗孔。

2)内部处理

内部处理与上节所介绍的裂缝内部处理的方法相同，采用灌浆充填漏水通道，达到堵

漏的目的。需要注意的是,有时为了灌浆的顺利进行或保证灌浆的可靠性,须先在裂缝上游面采取表面处理堵漏或在裂缝下游面采取导渗并封闭裂缝的措施。

3)结构处理结合表面处理

对于影响建筑物整体性或破坏结构强度的渗水裂缝,除了内部处理外,有的还要采取结构处理与表面处理结合的措施,以达到防渗、结构补强或恢复整体性的要求。结构补强措施多种多样,必须通过专门验算和进行技术经济比较选定。图4-8是利用插筋结合止水塞处理大坝水平渗水裂缝的一个实例,其具体措施是:在上游面沿缝隙凿一宽20~25 cm、深8~10 cm的槽,向槽的两侧各扩大约40 cm的凿毛面,共宽100 cm,并在槽的两侧钻孔埋设两排锚筋。槽底涂沥青漆,然后在槽内填塞沥青水泥和沥青麻布2~3层,槽内填满后,再在上面铺设宽50 cm的沥青麻布2层,最后浇筑宽100 cm、厚25 cm的钢筋混凝土盖板作为止水塞。从坝顶钻两排孔插钢筋锚固坝体,最后进行接缝灌浆。

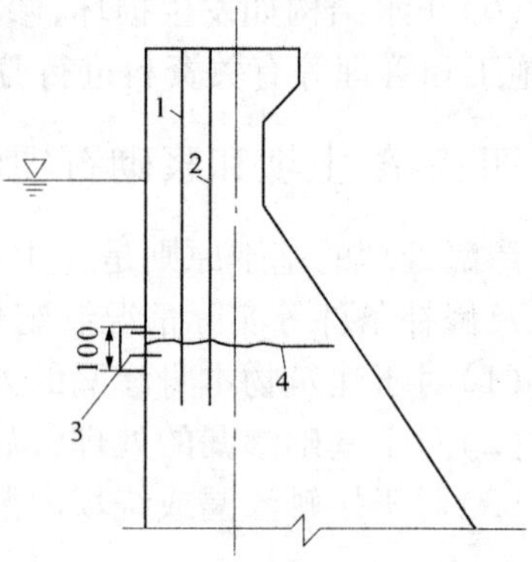

1—5Φ28 第一排插筋;2—5Φ28 第二排插筋;3—止水塞;4—裂缝

图4-8 插筋结合止水塞处理渗水裂缝示意图(单位:cm)

2. 混凝土坝体散渗或集中渗漏的处理

混凝土坝由于蜂窝、空洞、不密实及抗渗指标不够等缺陷,从而引起坝体散渗或集中渗漏时,可根据渗漏的部位、程度和施工条件等情况,采取下列某一种或某几种方法相结合进行处理。

1)灌浆处理

灌浆处理主要用于建筑物内部密实性差、裂缝孔隙比较集中的部位。可用水泥灌浆,也可用化学灌浆。

2)表面涂抹

对大面积的细微散渗及水头较小的部位,可采取表面涂抹处理,对面积较小的散渗可采取表面贴补处理。

3)构筑防渗层

防渗层适用于大面积的散渗情况。防渗层一般做在坝体迎水面,结构一般有水泥浆及砂浆防渗层等形式。

水泥浆及砂浆防渗层,一般在坝的迎水面应抹5层,总厚度12~14 mm,具体方法如下:

(1)表面处理。用钢丝刷或竹刷将渗水面松散的表层、泥砂、藓苔、污垢等清洗干净,然后用清水冲洗。如渗水面凹凸不平,则需把凸起的剔除,凹陷的用1∶2.5水泥砂浆填平,并经常洒水,保持表面湿润。

(2)降压导渗。当防渗层设在背水面时,为便于防渗层施工,应设法降低渗透压力。在漏水较严重的部位,应凿开孔眼,在孔眼中插进钢管(或胶管)将水导出。孔眼数量视具体情况而定。

(3)防渗层施工。第1层为素灰浆,厚2 mm(水灰比0.35~0.4),分2次涂抹,先用拌和的素灰浆抹1 mm,把混凝土表面的孔隙填满压实,然后再抹第2次素灰浆,如施工时仍有少量渗水,可在灰浆中加入适量促凝剂,以加速素灰浆的凝固。第2层为水泥砂浆,厚度4~5 mm(灰砂比1∶2.5,水灰比0.55~0.60),应在初凝的素灰浆层上轻轻压抹,使砂粒能压入素灰浆层,但又不压穿为度,这层表面应保持粗糙,待终凝后表面洒水湿润,再进行下一层施工。第3层为素灰浆,厚度2 mm,操作工艺同第1层。第4层为水泥砂浆,厚度4~5 mm,操作工艺同第2层,但在背水面时,该层表面应压实抹光。第5层为素灰浆层,厚度2 mm,应在第4层初凝时进行,且表面须压实抹光。为了达到速凝和提高防渗效果,可在各层浆料中分别掺入为水泥重量1%的硅酸钠(水玻璃)。

(4)养护。防渗层终凝后,应每隔4 h洒水一次,保持湿润,并避免直接受风吹日晒,以防开裂。养护时间按混凝土施工规范规定进行。

(5)封堵孔眼。在防水层终凝后,拔出钢管(或胶皮管),采用快凝胶泥堵塞孔眼。此法在易受冲击、腐蚀部位和对于有振动或可能发生变形的结构,均不宜采用。

4)增设防渗面板

当坝体本身质量差、抗渗等级低、大面积渗漏严重时,可在上游坝面增设防渗面板。

防渗面板一般用混凝土材料,施工时需先放空水库,然后在原坝体布置锚筋并将原坝体凿毛、刷洗干净,最后浇筑混凝土。锚筋一般采用直径12 mm的钢筋,每平方米一根,混凝土强度等级一般不低于C15。

混凝土防渗面板的两端和底部都应深入基岩1~1.5 m,根据经验,一般混凝土防渗面板底部厚度为上游水深的1/15~1/60,顶部厚度不少于30 cm。为防止面板产生温度裂缝,应设伸缩缝,分块进行浇筑,伸缩缝间距不宜过大,一般为15~20 m,缝间设止水。

5)堵塞孔洞

当坝体存在集中渗流孔洞时,若渗流流速不大,可先将孔洞内稍微扩大并凿毛,然后将快凝胶泥塞入孔洞中堵漏,若一次不能堵截,可分几次进行,直到堵截住为止。当渗流流速较大时,可先在洞中楔入棉絮或麻丝,以降低流速和漏水量,然后再行堵塞。

6)回填混凝土

对于局部混凝土疏松,或由蜂窝、空洞而造成的渗漏,可先将质量差的混凝土全部凿除,再用现浇混凝土回填。

(二)混凝土坝止水、结构缝渗漏的处理

混凝土坝坝段间伸缩缝止水结构因损坏而漏水,其修补措施有以下几种。

1.补灌沥青

对沥青止水结构,应先采用加热补灌沥青的方法堵漏,若补灌有困难或无效时,再考虑采用其他止水方法。

2.化学灌浆

伸缩缝漏水也可用聚氨酯、丙凝等具有一定弹性的化学材料进行灌浆处理,根据渗漏的情况,可进行全缝灌浆或局部灌浆。

3.补做止水

坝上游面补做止水,应先降低水位,然后加镶铜片或镀锌片,具体操作方法如下:

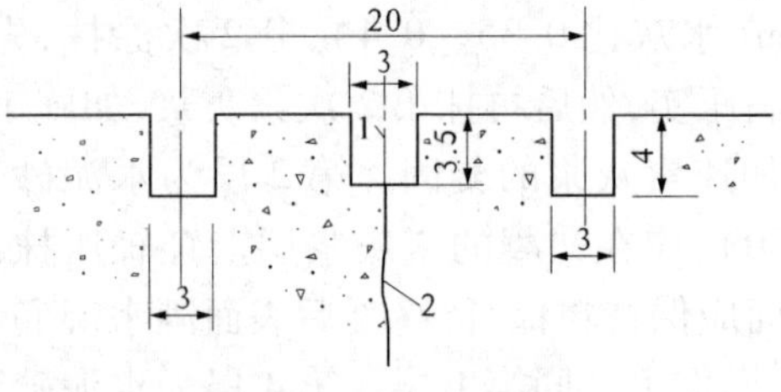

1—中心线;2—伸缩缝

图 4-9　坝面加镶铜片凿槽示意图　（单位:cm）

(1)沿伸缩缝中心线两边各凿一条槽,槽宽 3 cm、深 4 cm,两条槽中心距 20 cm,槽口尽量做到齐整顺直,如图 4-9 所示。

(2)沿伸缩缝凿一条宽 3 cm、深 3.5 cm 的槽,凿后清扫干净。

(3)将石棉绳放在盛有 60 号沥青的锅内,加热至 170 ~ 190 ℃,并浸煮 1 h 左右,使石棉绳内全部浸透沥青。

(4)用毛刷向缝内小槽刷一薄层沥青漆,沥青漆中沥青与汽油比为 6∶4,然后把沥青石棉绳嵌入槽缝内,表面基本平整。沥青石棉绳面距槽口面保持 2.0 ~ 2.5 cm。

(5)把铜片或镀锌铁片加工成图 4-10 形状。紫铜片厚度不宜小于 0.5 mm,紫铜片长度不够时,可用铆钉铆固搭接。

(6)用毛刷将配好的环氧基液在两边槽内刷一层,然后在槽内填入环氧砂浆,并将紫铜片嵌入填满环氧砂浆的槽内,如图 4-11 所示。将紫铜片压紧,使环氧砂浆与紫铜片紧密结合,然后加支撑将紫铜片顶紧,待固化后拆除。

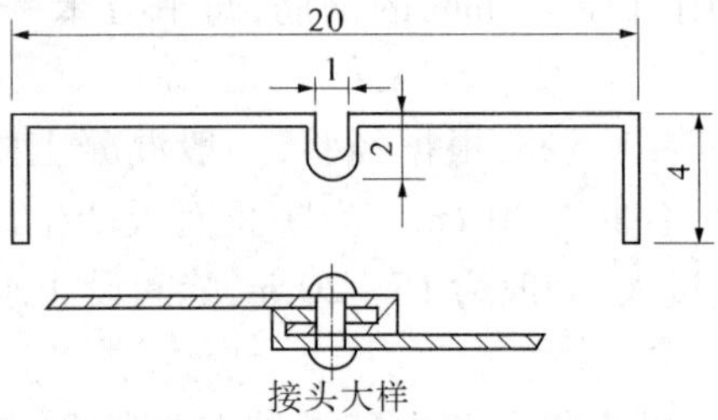

图 4-10　紫铜片形状尺寸图　（单位:cm）

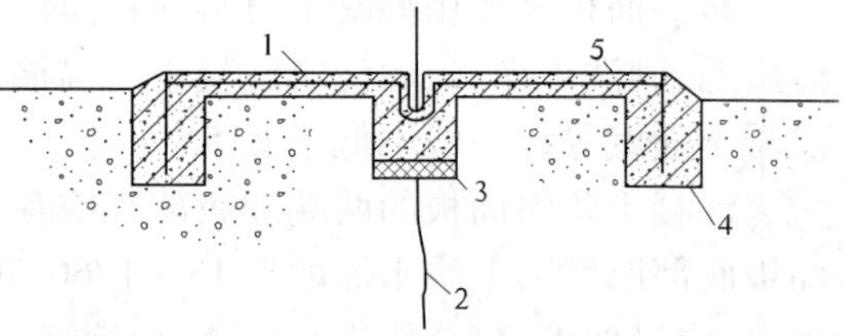

1—环氧基液与沥青漆;2—裂缝;3—沥青石棉绳;4—环氧砂浆;5—紫铜片

图 4-11　坝面加镶片示意图

(7)在紫铜片面上和两边槽口环氧砂浆上刷一层环氧基液,待固化后再涂上一层沥青漆,经 15 ~ 30 min 后再涂一层冷沥青胶泥,作为保护层。

(三)浆砌石坝体渗漏的处理

浆砌石坝产生渗漏原因有:上游防渗部分施工质量不好;砌缝砂浆存在较多孔隙;砌筑石料本身抗渗指标较低等,这些都会引起坝体渗漏。通常采用以下方法进行处理。

1. 重新勾缝

当坝体石料质量较好,仅局部地方由于施工质量差,砌缝中砂浆不够饱满,有孔隙,或者砂浆干缩产生裂缝而造成渗漏时,均可采用水泥砂浆重新勾缝处理。一般浆砌石坝,当石料质量较好时,渗漏多沿灰缝发生,因此认真进行勾缝处理后,渗漏途径可全部堵塞。

2. 灌浆处理

当坝体砌筑质量普遍较差,大范围内出现严重渗漏,勾缝无效时,可采用从坝顶钻孔灌浆,在坝体上游形成防渗帷幕。

3. 加厚坝体

当坝体砌筑质量普遍较差,渗漏严重,勾缝无效,又不具备灌浆处理条件时,可在上游面加厚坝体,若原坝体较单薄,可一并加厚坝体防渗体。加厚坝体前需放空水库。

4. 上游面增设防渗层或防渗面板

渗漏严重时,可在坝上游面增设防渗层或混凝土防渗面板。方法和前述混凝土坝的防渗面板做法相同。

(四)绕坝渗漏的处理

绕过混凝土或浆砌石坝的渗漏,应根据两岸的地质情况,摸清渗漏的原因及渗漏的来源与部位,采取相应措施进行处理。处理的方法可在上游面封堵,也可进行灌浆处理。

(五)基础渗漏的处理

对岩石基础,如出现扬压力升高或排水孔涌水量增大等情况,可能是原有帷幕失效、岩基断层裂隙扩大、混凝土与基岩接触不密实或排水系统堵塞等原因所致。对此,应首先要查清有关部位的排水孔和测压孔的工作情况,然后根据原设计要求、施工情况进行综合分析,确定处理方法。一般有以下几种方法:

(1)若为原帷幕深度不够或下部孔距不满足要求,可对原帷幕进行加深加密补灌。

(2)若是混凝土与基岩接触面产生渗漏,可进行接触灌浆处理。

(3)若为垂直或斜交于坝轴线且贯穿坝基的断层破碎带造成的渗漏,可进行帷幕加深加厚和固结灌浆综合处理。

(4)若为排水设备不畅或堵塞,可设法疏通,必要时增设排水孔以改善排水条件。

第五节 混凝土坝表面破坏处理

一、混凝土表面破坏的形式与成因

混凝土坝表层破坏往往是由于设计考虑不周、施工质量差、管理不善或其他因素造成的,表层裂缝在本章第三节已作介绍。表层破坏现象、原因和发生部位如表4-3所示。

表4-3 表层破坏现象、原因和发生部位

现象	原因	常见部位
拆模后混凝土表面有蜂窝、麻面、骨料架空和外露、模板走样、接缝不平	施工质量不好	各部位均可能发生
高速水流冲刷、淘刷、磨损、气蚀等,使混凝土表面变形、骨料外露、疏松脱壳等	1. 流速大于混凝土表面允许流速; 2. 水流边界条件不好,在高速水流作用下,引起气蚀破坏; 3. 水流中挟有大量砂石等推移质或冰凌等漂浮物; 4. 消力池护坦上及其附近堆积有砂石、混凝土块或钢筋等杂物	1. 与水流接触的表面,特别是底板表面; 2. 过水建筑物急弯部分,断面突变部位及不平整部位
冻融、风化剥蚀使混凝土表面疏松脱壳或成块脱落	1. 严寒地区冰冻及干湿交替循环作用; 2. 有侵蚀性水的化学侵蚀作用	水位变化区及与水经常接触的部位
撞击破坏使混凝土表面成块脱落、凹凸不平	机械、船舶或其他坚硬物的撞击	各部位均可能发生

二、混凝土表面破坏的修补要求

(一)表层损坏混凝土的清除方法

在清除表层损坏混凝土时,应根据损坏的部位与程度,分别选用下述方法处理:

(1)人工凿除。浅层或面积较小时可以采用。

(2)风镐凿除。对于损坏较深(5~50 cm)、面积较大的,可以结合人工进行。

(3)小型爆破为主的爆除。对于损坏深度大于 50 cm 且面积较大的,可采用爆除方法。对于某些不宜进行爆破作业的特殊部位,可钻排孔,用人工打楔凿除,或用机械切割凿除。

(4)膨胀剂静力剥除。这种方法是沿混凝土清除边缘用机械切割边缝,深度不超过清除厚度,然后顺着清除界面钻孔并装膨胀剂。膨胀剂一般为石灰加掺合剂形成。这是一种安全、简便、高效的新型实用技术方法。在一些改造工程中使用,获得良好效果。

(二)清除表层损坏混凝土的技术要求

在清除表层损坏混凝土时,既要保证表层以下或周围完好的混凝土、钢筋、管道与观测设备及埋设件等不受破坏,又要保证损坏区域附近的机械设备和建筑物的安全。当采用以小型爆破为主的方法清除时,对有钢筋部位的表层损坏混凝土,可参照以下技术要求制定具体措施。

(1)爆破程序。爆破作业一般应分层分区进行,以保证爆破效果。爆破程序为:切断贯穿性钢筋和钻防振孔→拆除钢筋层→混凝土松动爆破→混凝土龟裂爆破及浅孔爆破→凿除保护层。

(2)布设防振孔。设防振孔一排,布置在凿除区内,与清除边线相距约 30 cm,孔深约为爆破孔的 2 倍,见图 4-12。

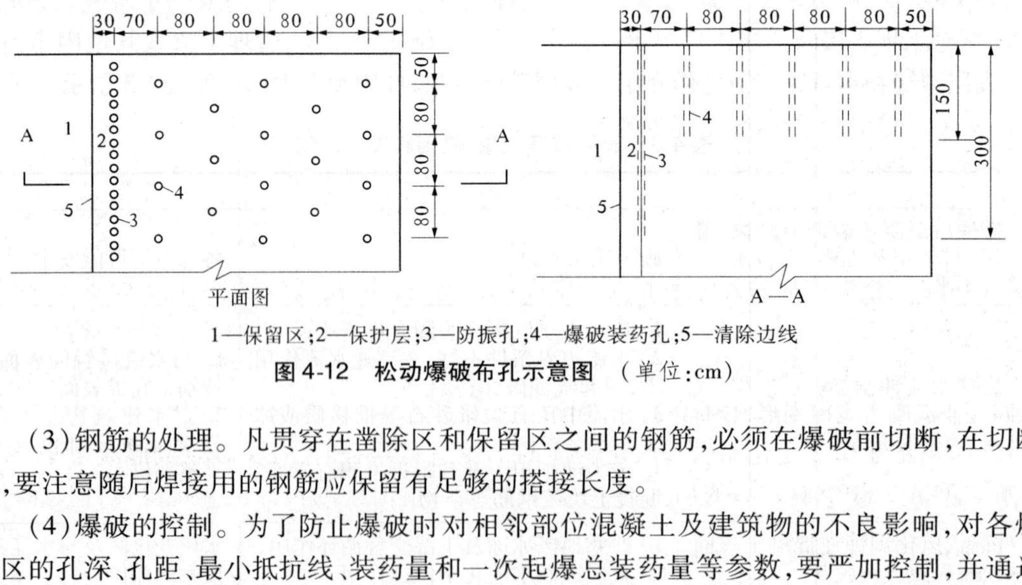

1—保留区;2—保护层;3—防振孔;4—爆破装药孔;5—清除边线

图 4-12 松动爆破布孔示意图 (单位:cm)

(3)钢筋的处理。凡贯穿在凿除区和保留区之间的钢筋,必须在爆破前切断,在切断时,要注意随后焊接用的钢筋应保留有足够的搭接长度。

(4)爆破的控制。为了防止爆破时对相邻部位混凝土及建筑物的不良影响,对各爆破区的孔深、孔距、最小抵抗线、装药量和一次起爆总装药量等参数,要严加控制,并通过试验验证。

(5)爆破和凿除。参照图 4-13,按下列要求进行:①距清除边线 1 m 以外的混凝土,采用松动爆破；②距竖直面清除边线 30 ~ 100 cm 范围内的混凝土，采用龟裂爆破切割；③在底面清除边线以上 50 ~ 100 cm 范围内采用浅孔松动爆破，并用火雷管起爆；④距竖直清除边线 30 cm 和距底面清除边线 50 cm 以内的混凝土，采用人工或风镐凿除。

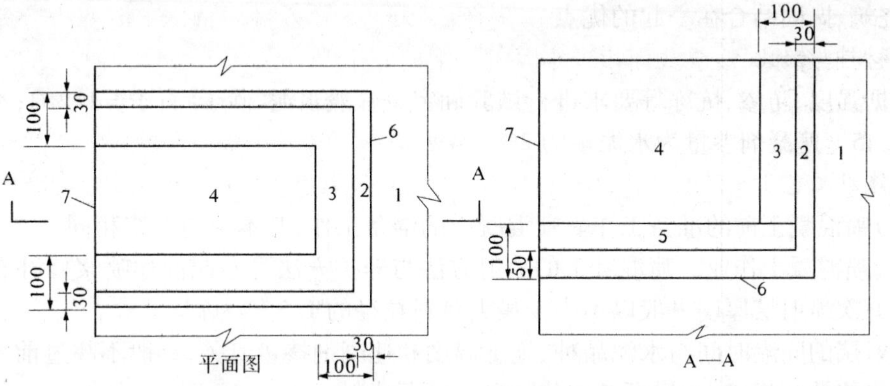

1—保留区；2—人工或风镐凿除区；3—龟裂爆破区；4—松动爆破区；5—浅孔爆破区；6—清除边线；7—临空面

图 4-13　混凝土清除分区示意图　（单位：cm）

三、修补方法的选择和对修补材料的要求

（1）当修补面积较大、深度大于 20 cm 时，可采用普通混凝土（包括膨胀水泥混凝土和干硬性混凝土）、喷混凝土、压浆混凝土或真空作业混凝土回填；深度在 5 ~ 20 cm 的，可采用喷混凝土或普通混凝土回填；深度在 5 ~ 10 cm 的，可采用普通砂浆、喷浆或挂网喷浆填补；深度在 5 cm 以下的，可采用预缩砂浆、环氧砂浆或喷浆填补。

（2）当修补面积较小，深度大于 10 cm 时，可用普通混凝土或环氧混凝土回填，深度小于 10 cm 时，可用预缩砂浆或环氧砂浆填补，深度在 5 mm 左右的低凹小缺陷，也可用环氧石英膏填补。

由于环氧材料比一般材料价格贵，因此只有在修补质量上要求较高的部位，或当用其他材料无法满足要求时，方可考虑使用。

（3）对修补面积不大并有特定要求的部位，可采用钢板衬护或其他材料（如铸铁、铸石等）镶护的方法，但要保证衬护或镶护材料与原混凝土联结可靠，并注意表面接合平顺。

（4）除了根据损坏的部位和原因分别提出抗冻、抗渗、抗侵蚀、抗风化等要求外，一般要求砂浆和混凝土应为高强度、耐磨和具有一定的韧性。混凝土的技术指标不得低于原混凝土，所用水泥不得低于原混凝土的水泥的强度，一般采用 C40 以上的普通硅酸盐水泥为宜；水灰比应尽量选用较小值，并通过试验确定。

（5）对由于湿度变化而引起风化剥蚀的部位进行修补时，宜在砂浆或混凝土中掺入占水泥重量 1/10 000 左右的加气剂，以提高砂浆或混凝土的抗冻性和抗渗性，但这样会使强度稍有降低，因此应控制含气量不超过 5%。

四、混凝土表层修补的几种常用方法

对混凝土表层修补中所采用的水泥砂浆修补、预缩砂浆修补、喷浆修补、环氧砂浆修补等方法与第三节中裂缝处理的方法是相同的。除此,这里再介绍几种方法。

(一)喷混凝土修补

喷混凝土的密度及抗渗能力比一般混凝土大,而且具有快速、高效、不用模板以及把运输、浇筑、捣固结合在一起的优点。

1. 材料与配比

根据强度、防渗、抗冻等要求进行试验确定。一般水泥: 砂子: 石子 = 1:2:2;水灰比为0.4 ~0.45。速凝剂参量为水泥量的2% ~4%。

2. 修补工艺

(1)喷混凝土前的准备工作。喷混凝土的准备工作,基本上与喷浆相同。

(2)喷混凝土作业。喷混凝土的喷射方法与养护方法可参照前述喷浆修补有关内容进行。一次喷射层厚度一般以不小于最大骨料粒径的1.5倍为宜。

喷射层的间隔时间与水泥品种、施工温度和速凝剂掺量有关,一般不超过前一层终凝时间。当修补面积较大时,可考虑分区自上而下喷射。

(二)混凝土真空作业修补

真空作业,是采用真空系统将浇筑的混凝土中多余的水量提早吸出,以增加混凝土的早期强度,提高混凝土的质量,缩短拆模期限的一种修补方法。

1. 真空作业的设备装置

混凝土真空作业的装置有移动式和固定式两种。移动式装置可装在汽车上或拖车上,固定式布置可参看图4-14,其主要设备包括真空泵、真空槽、连接器等。

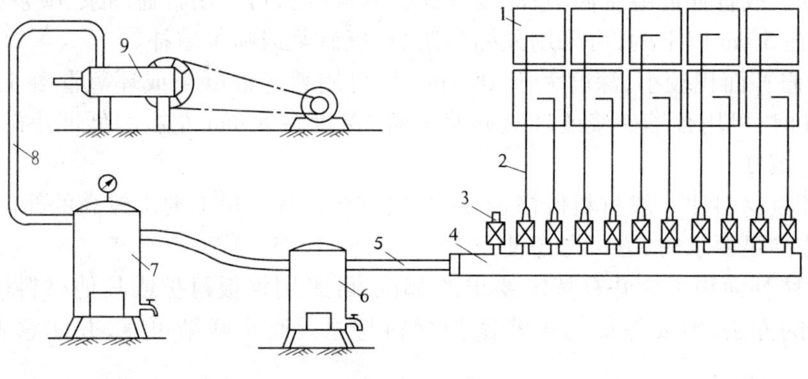

1—真空盘或真空模板;2—吸气压力胶管;3—连接器分嘴;4—连接器;5—吸气总管;
6—集水槽;7—真空槽;8—连接管;9—真空泵

图4-14 真空系统固定式布置示意图

2. 真空作业的技术要求

(1)施工程序。洗刷模板→涂抹肥皂水或石灰浆→支设模板→浇筑混凝土或预填骨料混凝土→真空作业→拆模→养护。

(2)真空系统各项设备应严密不漏气,并保持清洁,注意防止杂物及水被吸入真空泵内。

(3)真空盘与混凝土表面接触要严密,各真空盘应尽量靠紧。在最初抹平混凝土表面时,应比设计高度高出5 ~10 mm(一般应经试验确定),使真空作业后混凝土表面高度与设计高度相符。真空作业后不得在混凝土表面加水泥砂浆面层。

(4)真空模板必须安装牢固,防止变形、漏气。每次作业时,混凝土必须浇筑到高出该层真空腔的上缘,并填满真空腔。

(5)真空作业的吸水量,要根据所要求的真空作业层厚度及水灰比降低值确定。可按式(4-1)确定

$$\omega = W_c h \Delta_{\frac{w}{c}} \tag{4-1}$$

式中 ω——吸水量,kg/m^2;

W_c——混凝土中的水泥用量,kg/m^3;

h——要求的真空作业层厚度,m;

$\Delta_{\frac{w}{c}}$——要求的水灰比降低值。如拌和混凝土的水灰比为0.65,要求真空作业后水灰比降低至0.62,则 $\Delta_{\frac{w}{c}} = 0.65 - 0.62 = 0.03$。混凝土真空作业时,一般水灰比控制在0.55~0.65范围内,经真空作业后,水灰比降低值约为0.05。

(6)真空度一般为350~550 mm水银柱高度,真空槽和连接器可控制在较高范围,真空腔可控制在较低范围。

(7)真空作业时间随着混凝土的密度和作业层厚度按吸水量而定。当作业层厚度不超过25 cm时,一般采用15~45 min;当超过25 cm时,可延长至50 min。真空作业修补可用一次吸真空法,也可用二次吸真空法,如第一次作业后,吸水量仍未达到要求指标,可间隔10 min,再第二次吸真空10~15 min。

(8)真空作业最好在混凝土振捣抹平后15 min内开始,最迟也不应超过30 min。真空模板各层吸真空作业必须在其上一层混凝土振捣完毕后才开始。

(9)真空作业中途如因故停工,间断时间应小于30 min。

(10)气温低于8 ℃时,应做好真空系统防冻措施。

(11)真空作业完毕后,先拔掉吸气嘴的气管,再停真空泵,以防灰浆水倒灌。

(12)拆模时间。水平表面可在作业完毕后立即拆除模板;40°以下的斜面以2~3 h为宜;40°以上或竖直面以5~24 h为宜。对承重的真空模板,须通过验算确定。

(13)真空盘或真空模板每次使用后,应立即冲洗过滤布;在每次作业前,可在过滤布上涂一层肥皂水、石灰浆,或其他能防止黏结的廉价材料。

(14)在真空作业后,混凝土的养护与普通混凝土相同。

3.真空作业的效果

混凝土经真空作业后,其强度提高值如表4-4所示。但当混凝土的水泥用量大于400 kg/m^3、水灰比为0.4以下时,吸真空的效果就大大降低,不宜再用真空作业。

表4-4 混凝土真空作业后的强度提高值

龄期(d)	3	7	28	1	备注
强度提高值(%)	40~60	30~40	20~25	15~20	真空作业混凝土的配合比、养护条件同普通混凝土

(三)压浆混凝土(预填粗骨料混凝土)修补

压浆混凝土是将有一定级配的洁净粗骨料预先填入模板中，并埋入灌浆管，然后通过灌浆管用泵把水泥砂浆压入粗骨料间的空隙中胶结而成为密实的混凝土。

1. 材料与配比

(1)砂。砂宜采用细砂，超过 2. 5 mm 的颗粒应预先筛除，细度模数最好在 1. 2 ~ 2. 4 范围内。

(2)粗骨料。粗骨料应为洁净的卵石或碎石，宜采用间断级配，最小粒径不得小于 2 cm，最大粒径尽可能用的大些，使孔隙率降低。在一般情况下，孔隙率为 35% ~40%。

(3)掺合料。掺入一定数量的掺合料可以节约水泥，改善砂浆的和易性，提高抗渗和抗蚀能力。最常用的掺合料有火山灰质混合材料和粒状高炉矿渣等，其中以粉煤灰应用最广。粉煤灰的质量应符合混凝土施工规范的规定，掺入量可通过试验确定。

(4)外加剂。为了改善砂浆的性能，常掺用加气剂、塑化剂和铝粉等外加剂，最佳掺量应由试验来确定。铝粉掺入量约为水泥与掺合料总重量的十万分之四至万分之一。用铝粉时，应先将铝粉与干的掺合料拌匀。

(5)配合比。压浆混凝土的配合比设计，应根据试验求得压浆混凝土强度与砂浆强度的关系，再按要求的砂浆强度确定砂浆配合比。但砂浆与胶结料的重量比不超过 1. 6。为了满足施工的需要，用压浆法浇筑混凝土的砂浆，应具有下列分层度和流动度指标：

①分层度(即砂浆的离析程度)≤2 cm；

②流动度(即砂浆的稠度)：当石子粒径为 20 mm 时为 17 ~ 22 s；当石子粒径 >20 mm 时为 22 ~ 25 s。

选择适当的分层度和流动度，是为了砂浆在压力作用下，通过管道输送时砂粒处于悬浮状态，以利于提高输送效率。

2. 压浆系统的布置

压浆系统的布置，除应满足压浆作业顺利进行外，还应使其移动次数最少，且输浆管线路最短。系统布置方式如图 4-15 所示。

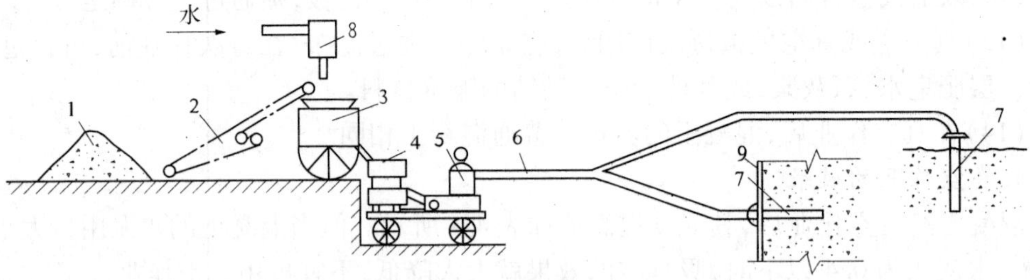

1—水泥、砂材料；2—皮带输送机；3—强制式砂浆搅拌机；4—带有搅拌装置的砂浆储备器；5—砂浆泵；6—输浆泵；7—灌浆泵；8—称水装置；9—模板

图 4-15　真空系统布置示意图

3. 压浆混凝土作业

1)准备工作

(1)立好模板，筛选洗净粗骨料，分层填筑，每层厚度不宜超过 20 cm，并加以捣实，以

降低填石的孔隙率。

(2)在预填粗骨料过程中,应按设计要求埋入灌浆管和观测管,并保证不被填石所破坏。

(3)压浆前应对管路作压水试验,检查有无漏水。

2)压浆作业注意事项

(1)砂浆拌和时间应不少于 3 min。压浆开始时,先压送水泥浆较多的砂浆,以润滑管路,然后再压送按规定配合比拌和的砂浆。

(2)初次拌好的砂浆必须测定流动度,如数值超过规定时,应加以改正。在压浆过程中,也应经常检查流动度。

(3)压浆管的布置方式,应根据修补部位的形状及大小确定。可以穿过侧面模板水平放置,也可以竖直放置。竖放时,压浆管距离模板不宜小于 50 cm,以免对模板产生过大压力。压浆管间距与位置,应根据浇筑范围、压浆管的作用半径及管径,砂浆流动度与灌浆压力等事先试验确定,一般间距为 1.5 ~ 2.0 m。

(4)当施工部位的厚度不大,而面积较大、埋设的灌浆管较多时,应对灌浆顺序进行安排。一般常采用双线循环法,即从一端向另一端推进,如图 4-16 所示。开始灌浆时,第 1 线和第 2 线同时进行,当第 1 线灌完后,第 2 线仍继续灌浆,而将第 1 线的输浆管接到第 3 线,同样第 2 线灌完后,再把输浆管装到第 4 线,如此连续向前推进。

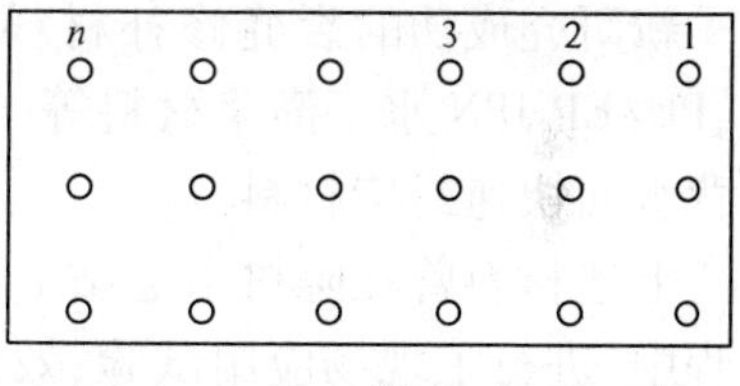

1、2、3、…、n——第 1、2、3、…、n 线

图 4-16　灌浆顺序示意图

(5)当结构物的标高由四周向中心逐渐增高或者是斜面,而布置的灌浆管不能同时灌浆时,应先从最下部开始,逐渐上升,不得间断。

(6)压浆过程中,必须测定砂浆的上升情况,观测结果要作详细记录。

(7)发生严重故障时,如模板破坏和设备损坏等被迫停止的工作时间较长,则应将被埋入砂浆中的所有灌浆管提升到砂浆面以上 10 ~ 15 cm 处,并用铁钎捅捣或通压缩空气等方法使管路通畅,将设备内的砂浆全部弃掉,且冲洗洁净。继续压浆前,应先适量地压送纯水泥浆(水灰比采用 0.5)后再压送砂浆,以免砂浆由上而下灌注时在接缝处形成蜂窝、麻面。

4.压浆混凝土的效果和应用

压浆混凝土早期强度增长较缓慢,但后期有显著增长,并有较高的抗渗能力,如 90 d 龄期的抗渗能力可达 1.5 MPa 以上,其强度可以达到普通混凝土的强度。它不仅适用于一般抗渗要求较高部位的修补,而且也适用于钢筋稠密、埋设件复杂、结构尺寸要求精确度较高以及水下不易浇筑捣固的部位的修补。

有抗冻要求的压浆混凝土,应通过试验合格后,才能使用。

第六节　水工混凝土建筑物修补新材料、新技术

水利部于 1999 年颁发了有关混凝土坝养护修理规程。围绕混凝土建筑物修补加固

设立了大量的科研课题，有关新材料、新工艺和新技术得到开发应用，取得了良好的效果，下面仅作简要介绍。

一、水下修补加固技术新进展

（一）水下不分散混凝土在众多工程中成功应用

水工混凝土建筑物水下修补加固工程以往多使用普通混凝土，其施工质量不尽如人意。一般导管法施工无法保证薄层修补质量。水下新老混凝土黏结强度仅为干地施工的40%～60%。近年来，国内先后研制成UWB、NNDC、NDC、CP、SCR等水下不分散剂，配制成适用于水下薄层修补的水下不分散混凝土，在新安江、富春江、马迹塘、葛洲坝、水口、五强溪、凤滩等工程中已成功应用。预计今后水下不分散混凝土将在水下薄层修补加固工程中得到越来越广泛的应用。

（二）水下裂缝、伸缩缝修补成套技术已研制成功

近几年来，国内水利水电研究部门开展了水下裂缝、水下伸缩缝修补材料的开发研究。新研究成功的裂缝修补材料有：嵌缝材料GBW遇水膨胀止水条、水下快凝封堵材料、PU/EP IPN水下灌浆材料等。新研制成功的水下伸缩缝修补材料有弹性体灌浆材料和背水面快速封堵材料。

上述材料曾在陈村水电站上游面水下伸缩缝修补和引滦入津隧洞水下底板裂缝修补工程中，进行了现场应用试验，效果较好，同时水下施工不再主要依靠潜水员体力劳动，而采用液压泵站、液压潜孔钻、液压梯形开槽机、液压打磨机等国外引进的先进设备，并根据现场试验结果提出了水下裂缝、伸缩缝修补成套技术。

（三）水下高性能快速密封堵漏灌浆材料得到成功应用

最近研制成功的互穿网络高分子水下PBM快速封堵、灌浆材料，可在几分钟至几十分钟固化，强度增长迅速，与混凝土和金属黏结强度高。自问世以来，已在丹江口等多项工程中成功应用，目前已成为广受欢迎的水下修补新材料。

二、大面积防渗补强新材料、新技术不断涌现

（一）聚合物水泥砂浆作为防渗、防腐、防冻材料得到大范围推广应用

自20世纪80年代初，在国内首先推出新型防渗、防腐、防冻材料丙乳砂浆后，我国相继研制成功并在工程中推广应用氯丁、氯偏、丁苯、偏氯乙烯、水溶性环氧等多种聚合物水泥砂浆。经十几年工程应用表明，这种以少量有机材料对水泥砂浆进行改性的材料，是一种可靠、经济、施工方便的材料，深受许多使用单位的欢迎。目前已被不少设计单位在设计中推荐使用，如山东锦锈川水库除险加固坝前防渗工程、山西引黄入晋引水隧洞防渗漏工程等设计单位都推荐使用丙乳砂浆。另一方面聚合物水泥砂浆的施工技术也已由人工涂抹，发展到手持式喷浆机喷涂、挤压式灰浆泵湿喷以及湿喷混凝土喷射机潮喷，大大加快施工进度且提高了施工质量。

（二）喷射钢纤维混凝土（或砂浆）大面积防渗取得成功

喷射钢纤维混凝土已广泛用于水利工程洞室、闸墩、护坦及边坡加固、隧道衬砌和矿山基道加固、裂损桥墩加固。

由于钢纤维混凝土本身具有较高的抗裂、抗拉、抗弯、抗冲刷能力，体积收缩小，喷射工艺简单，喷层混凝土致密，与坝面混凝土或块石黏结强度高，近年来，用于混凝土重力坝、面板堆石坝、拱坝、浆砌石坝面板大面积开裂防渗处理，取得较好效果。

（三）新型水泥基渗透结晶防水材料已在水工混凝土的防渗修补中得到应用

水泥基渗透结晶防水材料是1942年由德国化学家劳伦斯和杰逊发明的，1966年传遍加拿大，20世纪70年代初出乎意料地在北美市场畅销，近60年来闻名国外建筑市场。直到90年代才开始相继进入中国市场，在上海、北京、广州、武汉、重庆等地获得较多的应用。

水泥基渗透结晶防水材料是由带有活性基团的化学物质与水泥、石英砂和石灰配制而成，呈现粉状，使用时与水拌和，调配成浆状体，可以涂刷或喷涂覆盖在混凝土表面。其作用机理是该涂层材料中含有的活性化学物质向混凝土内部渗透，渗透深度可达150 mm以上，在混凝土中形成不溶于水的结晶体，填塞毛细管孔道，从而使混凝土致密、防水。在无水的情况下，活性化学物质处于休眠状态，一旦有水和潮气浸入，继续进行化学反应，生成晶体，且可以进一步激活水泥的水化。故国外称它是永久防水和生物水泥。可以展望，渗透防水结晶材料将在水工混凝土建筑物防渗漏修补上有着广泛的应用前景。

三、在泄水建筑物加固、扩建及坝后尾水消能防冲加固中应用的新材料

据统计，我国87座大坝维修加固工程中，关于泄水建筑物加固扩建和坝后尾水消能防冲加固的工程，占项目总数的42%。工程实践表明，对于高速水流作用下产生的空蚀破坏的修复，既要解决修复材料问题，又要致力于水力学设计和有效的结构减蚀措施，同时确保溢流面平整度和处理好接缝。

我国对冲刷、磨蚀破坏的修复技术发展较快。新制定的《水工混凝土抗冲磨防空蚀技术规范》规定，当水流流速大于25 m/s时，抗磨蚀混凝土需采用掺有硅粉的C40以上混凝土。规范推荐的抗磨蚀材料有硅粉高强抗磨蚀混凝土、硅粉高强钢纤维混凝土、硅粉高强铁矿砂石混凝土、硅粉高强铸石骨料混凝土、真空吸水混凝土等。

四、碳纤维结构加固技术已成为一个热点

近20年来，国内外研发了许多种结构直接加固技术，常见的有增大截面法、外包钢法、预应力法、外粘钢板法、喷射混凝土法和碳纤维（简称CFRP）加固法。我国水工建筑物加固采用较多的是预应力法与喷射混凝土法，碳纤维加固技术在国内是近几年才发展起来的，但发展速度很快。各种纤维增强塑料包括碳纤维、玻璃纤维、纺纶纤维，在水利工程中得到越来越广泛的应用，其中碳纤维尤其受到重视。碳纤维聚合物是一种新兴的建筑材料，碳纤维加固技术是利用树脂类材料将碳纤维粘贴于混凝土表面，形成复合材料。通过它与混凝土之间的协同工作，达到对结构或构件补强加固及改善结构受力性能的目的。

第七节　混凝土坝及浆砌石坝的抗滑稳定性

重力坝是用混凝土或浆砌石修筑的大体积挡水建筑物，它的主要特点是依靠自重来

维持坝身的稳定。

重力坝必须保证在各种外力组合的作用下,有足够的抗滑稳定性,抗滑稳定性不足是重力坝最危险的病害。当发现坝体存在抗滑稳定性不足,或已产生初步滑动迹象时,必须详细查找和分析坝体抗滑稳定性不足的原因,提出有效措施,及时处理。

一、重力坝抗滑稳定性不足的原因

根据对重力坝病害和失事情况的调查分析,坝体抗滑稳定性不足,主要是由于重力坝在勘测、设计、施工和运用管理中存在如下问题造成的:

(1)在勘测工作中,由于对坝基地质条件缺乏全面了解,特别是忽略了地基中存在的软弱夹层,计算时采用了过高的摩擦系数而造成实际抗滑稳定性不足。

(2)设计的坝体断面过于单薄,自重不够,或坝基扬压力加大,上游面产生了拉应力,使坝体稳定性不够。

(3)施工质量较差、基础处理不彻底,使实际的摩擦系数值达不到设计要求,而坝底渗透压力又超过设计计算值,导致不稳定。

(4)由于管理运用不善,造成水库水位较多地超过设计最高水位,增大了坝体所受的水平推力,或排水设施失效,增加了渗透压力,使坝体的抗滑稳定性降低。

二、增加重力坝抗滑稳定性的主要措施

重力坝承受强大的上游水压力和泥沙压力等水平荷载,如果某一截面的抗剪能力不足以抵抗该截面以上坝体承受的水平荷载时,便可能产生沿此截面的滑动。由于一般情况下坝体与地基接触面的结合较差,因此滑动往往是沿坝体与地基的接触面发生的。所以,重力坝的抗滑稳定分析,主要是核算坝底面的抗滑稳定性。坝底面的抗滑稳定性与坝体的受力有关,重力坝所受的主要外力有垂直向下的坝体自重、垂直向上的坝基扬压力、水平推力和坝体沿地基接触面的摩擦力等。如图4-17所示。

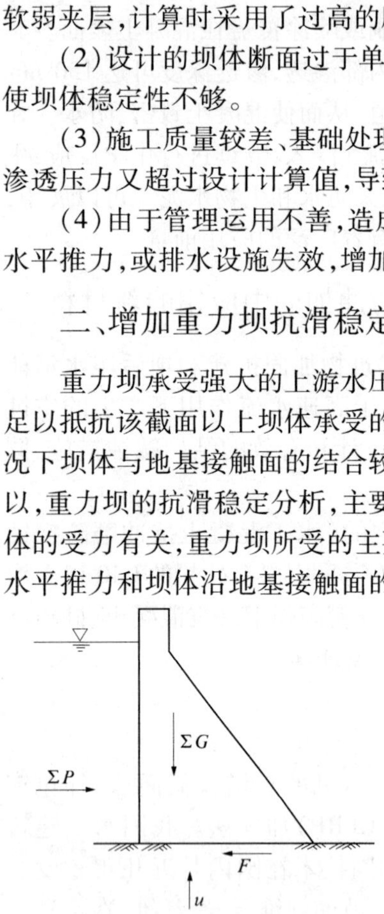

$\sum P$— 水平推力;$\sum G$— 自重;

F— 抗滑力;u— 扬压力

图4-17　重力坝受力图

坝体的抗滑稳定安全系数K用下式表示

$$K = \frac{F}{\sum P} = \frac{f(\sum G - u)}{\sum P} \tag{4-2}$$

式中　$\sum P$—— 水平推力,包括水压力、风浪压力、泥沙压力等;

$\sum G$—— 垂直向下的坝体、水、泥沙的重力;

u—— 垂直向上的坝基扬压力;

f—— 抗剪摩擦系数;

F—— 抗滑力;

K—— 安全系数。

由上式可知,增加坝体的抗滑稳定性的途径有减少扬压力、增加坝体重力、增加摩擦系数和减少水平推力等。

(一)减少扬压力

扬压力对坝体的抗滑稳定性有极大的影响,减少扬压力是增加坝体抗滑稳定性的主

要方法之一。通常减少扬压力的方法有两种:一是加强防渗,二是加强排水。

1. 加强防渗

采用补强帷幕灌浆,加强坝基防渗,对减少扬压力的效果非常显著。灌浆可在坝体灌浆廊道中进行,如图 4-18(a)所示。当没有灌浆廊道时,可从坝顶上游侧钻孔,穿过坝身,深入基岩进行灌浆,如图 4-18(b)所示。当既无灌浆廊道,又从坝顶钻孔灌浆有困难,而且又不能放空水库时,可以采用深水钻孔灌浆,如图 4-18(c)所示。灌浆材料以水泥为主。

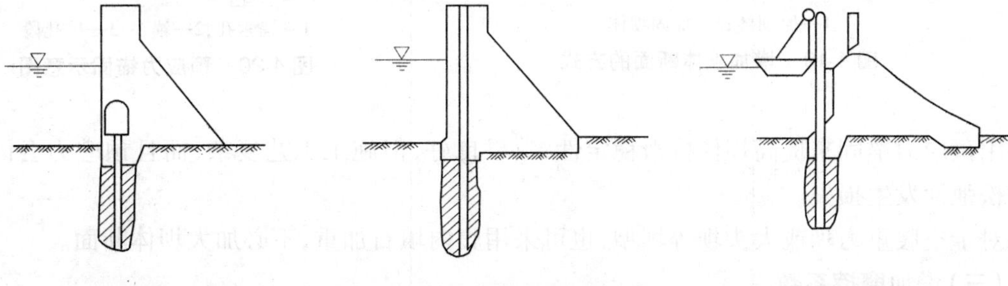
(a) 在坝体廊道中进行灌浆　　(b) 在坝顶钻孔进行灌浆　　(c) 深水钻孔灌浆

图 4-18　补强帷幕灌浆进行方式

2. 加强排水

为减少扬压力,除在坝基上游部分进行补强帷幕灌浆以外,还应在帷幕下游部分设置排水系统,增加排水能力。二者配合使用,更能保证坝体的抗滑稳定。

排水系统的主要形式是排水孔,排水孔的排水效果与孔距、孔径和孔深有关,常用的孔距为 2 ~ 3 m,孔径为 15 ~ 20 cm,孔深为 0.4 ~ 0.6 倍的帷幕深度。原排水孔过浅或孔距过大的,应进行加深或加密补孔,以增加导渗能力。

若原有的排水孔被泥沙等物堵塞时,可采用高压气(或水)冲孔或用钻机清扫排水孔,以恢复其排水能力。

(二)增加坝体重力

重力坝的坝体稳定,主要靠坝体的重力平衡水压力,所以增加坝体的重力是增加抗滑稳定的有效措施之一。增加坝体重量可采用加大坝体断面或预应力锚固等方法。

1. 加大坝体断面

加大坝体断面可从坝的上游面或从坝的下游面进行。从上游面增加断面时,既可增加坝体重力,又可增加垂直水重,同时还可改善防渗条件,但需放空水库或降低库水位修筑围堰挡水才能施工,如图 4-19(a)所示。从坝的下游面增大断面,如图 4-19(b)所示,施工比较方便,但也应适当降低库水位进行施工,这样,有利于减少上游坝面拉应力。坝体断面增加部分的尺寸,应通过稳定计算确定,施工时还应注意新旧坝体之间结合紧密。

2. 预应力锚固

预应力锚固,是从坝顶钻孔到坝基一定深度,在孔内穿入钢锚索,锚索一端锚入基岩中,另一端锚固于坝体内,通过对锚索施加预应力,使坝体内及坝体与坝基之间压力增大,从而可以增加坝体的抗滑稳定性,如图 4-20 所示。

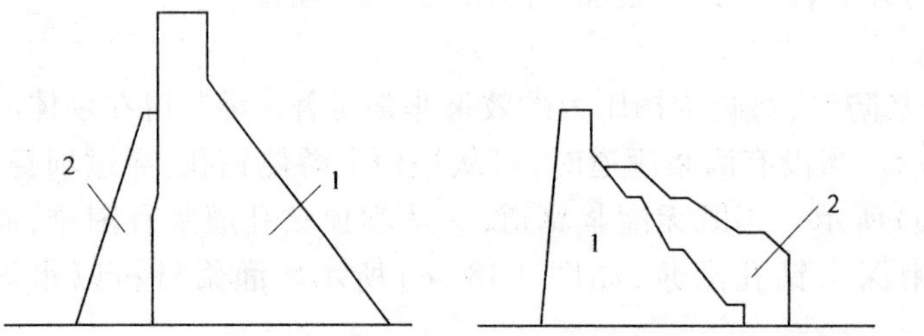

(a) 从上游面增加坝体断面　(b) 从下游面增加坝体断面

1—原坝体;2—加固坝体

图 4-19　增加坝体断面的方式

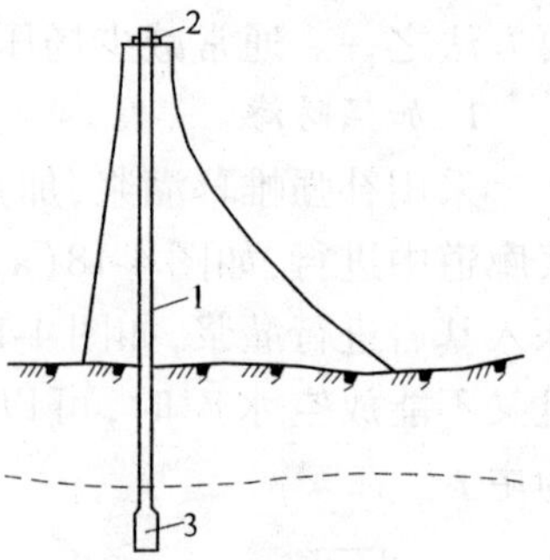

1—锚索孔;2—锚头;3—扩孔段

图 4-20　预应力锚固示意图

用预应力锚固来提高坝体抗滑稳定性,效果良好,但施工工艺复杂,而且预应力会因锚索松弛而发生损失。

对于空腹重力坝或大头坝等坝型,也可采用腹内填石加重,不必加大坝体断面。

(三)增加摩擦系数

摩擦系数大小与坝体和地基的连接形式及清基深度有关。对于原坝体与地基的结合,只能通过固结灌浆的措施加以改善,从而提高坝体的抗滑稳定性,除此之外,通过固结灌浆还能增强基岩的整体性及弹性模量,增加地基的承载能力,减少不均匀沉陷。

固结灌浆孔的深度,在上游部分坝基中,由于坝基可能产生拉应力,要求基岩有较高的整体性,故对钻孔要求较深,为 8 ~ 12 m。在坝基的下游部分,应力较为集中,也要求采用较深的固结灌浆孔,孔深也为 8 ~ 12 m,其余部分可采用 5 ~ 8 m 的浅孔。

固结灌浆孔距一般为 3 ~ 4 m,呈梅花形或方格形布置。

(四)减小水平推力

减小水平推力可采用控制水库运用和在坝体下游面加支撑等方法。

1. 控制水库运用

控制水库运用主要用于病险水库度汛或水库设计标准偏低等情况。对病险水库来讲,通过降低汛前调洪起始水位,可减小库水对坝的水平推力。对设计标准偏低的水库,通过改建溢洪道,加大泄洪能力,控制水库水位,也可达到保持坝体稳定的目的。

2. 坝体下游面加支撑

坝体下游面加支撑,可使坝体上游的水平推力通过支撑传到地基上,从而减少坝体所受的水平推力,又可增加坝体重力。支撑的形式如图 4-21 所示,可根据建筑物的形式和地质地形条件加以选用。图 4-21(a)是在溢流坝下游护坦钻孔设桩,通过桩将部分水平推力传到河床基岩上;图 4-21(b)是非溢流坝的重力墙支撑;图 4-21(c)是钢筋混凝土水平拱支撑。

采用何种抗滑稳定的措施要因地制宜,补强灌浆和加大坝体断面是经常采用的两种有效措施,有些情况下也可采用综合性措施。

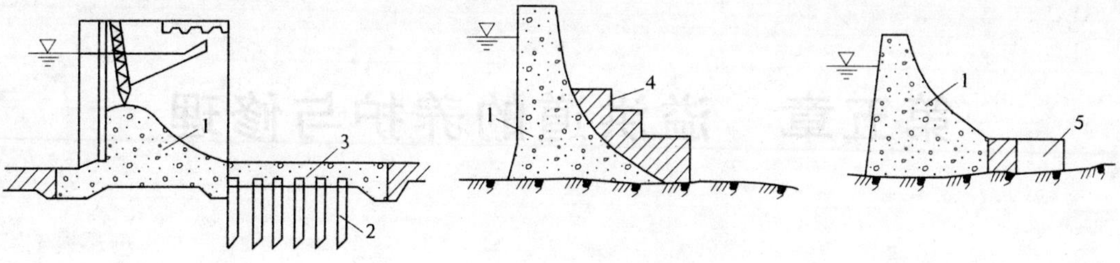

(a)溢流坝护坦上钻孔设桩　(b)非溢流坝设重力墙支撑　(c)钢筋混凝土水平拱支撑

1—坝体;2—支撑桩;3—护坦;4—重力墙;5—水平拱

图4-21　下游面加支撑的形式

思 考 题

1. 混凝土及砌石坝常有哪些类型的病害?
2. 混凝土坝运用中应进行哪些检查?从哪些方面进行养护?
3. 混凝土坝运用时常会发生哪些裂缝?如何处理?
4. 哪些因素会引起混凝土坝发生渗漏?渗漏如何处理?
5. 坝体混凝土表面通常发生哪些破坏?
6. 混凝土表面破坏体如何清理?
7. 混凝土表面破坏的处理有哪些方法?
8. 混凝土真空作业中应注意些什么问题?
9. 压浆混凝土作业时应注意些什么?
10. 目前我国在水工混凝土建筑物修补中有哪些新技术?
11. 增强混凝土重力坝稳定性的途径有哪些?

第五章　溢洪道的养护与修理

第一节　河岸式溢洪道概述

溢洪道是水利枢纽中用来宣泄水库多余水量，保证坝体和枢纽安全运行的泄洪建筑物。对于大多数土石坝、连拱坝水库枢纽及少数河谷狭窄、枢纽建筑物布置困难的混凝土坝枢纽中都需要另设河岸泄洪建筑物，故本章主要介绍河岸式溢洪道。

一、溢洪道的工作特点

溢洪道一般由进口段、控制段、泄洪槽、消能设施及尾水渠等5部分组成。

（1）进口段。进口段的作用是引导水流由水库平顺地进入控制段。有较短的喇叭形进水口和较长的引水明渠。其布置应尽可能减少水头损失，调整流态，使进入控制段的水流均匀，泄洪槽内流态平顺。

（2）控制段。控制段是溢洪道的咽喉，控制着溢洪道的过水能力。通常筑成挡水堰形式，多采用宽顶堰和实用堰型，有时也采用驼峰堰和带胸墙的溢流堰。水流过堰后，水面有明显降落。不同堰型其泄流能力有所不同。实际工程中偶尔也有采用明渠式的。在核算溢洪道的过水能力时，要注意分清是堰流还是明渠流，也要分清堰型。

（3）泄洪槽。溢洪道在控制段之后都有一段陡坡（槽）与消能段相接。泄洪槽中的水流流速较高，会产生冲击波、掺气和空蚀等问题，弯道凹侧还会受到高速水流的折冲压力作用，故要求泄洪槽最好布置成直线、等宽及一坡到底的形式，底面不允许有局部凹凸不平及突出部分，泄洪槽边墙要适当加高。如果受地形、地质等条件限制，必须布置成变坡，宜先缓后陡，并在变坡处用抛物线等凸曲线连接。另外，还要做好泄洪槽底板的分缝、接缝处的处理及止水，并保证排水设备运用有效，防止在泄洪槽底板上产生较大的扬压力。

（4）消能设施。消能设施是以削减下泄水流的能量，防止对下游的冲刷为主要作用，其型式有挑流消能和底流消能方式，而以挑流消能为多。选定的消能设施，应在遇洪水时具有良好的消能效果，运用中结构应安全可靠，并具有可检修条件。

（5）尾水渠。有时下泄洪水经消能后，不能直接进入原河道，需布置一段尾水渠。尾水渠也会受到水流冲刷作用。

二、溢洪道的病害

溢洪道汛期泄洪时在高速水流作用下，易在陡坡段和出口处产生冲刷，造成溢洪道陡坡段内边墙被冲毁，底板被掀起、下滑或局部接缝破坏以及消能设施的破坏；也有在陡坡弯段上出现水流漫过外侧墙顶，使墙背填料冲刷、翼墙向外倾倒，甚至出现更为严重的弯道破坏事故；在边界条件不良的溢洪道底板的表面上还可能产生气蚀破坏，产生蜂窝、麻面，甚至局部表面混凝土脱落现象；另外，高速水流还能造成泄洪槽底板下的软基土被淘空，使底板开裂或使底板下的排水系统失效，从而使底板进一步破坏，导致溢洪道不能安全泄洪，引起垮坝事故。

第二节 溢洪道的检查与养护

一、溢洪道检查与养护的重要性

对于大多数水库来说，溢洪道泄洪机会不多，宣泄大流量洪水的机会则更少，有的几年甚至十几年才泄一次水。但是，由于目前还无法准确预报特大洪水的出现时间，故溢洪道每年都要做好宣泄最大洪水的预防和准备工作。这对溢洪道的日常检查和养护工作提出了较高的要求。可见，做好溢洪道的安全检查和加固工作，保证溢洪道具有足够泄洪能力，确保水库大坝的安全是非常重要的。

二、溢洪道检查的内容

（一）日常检查

日常检查主要检查内容有：

（1）检查水库的集水面积、库容、沙量等规划设计基本资料是否准确，验算溢洪道的过流尺寸是否符合设计要求的防洪标准，是否需要补充或修改设计。检查溢洪道的宽度和深度是否已达到设计标准。

（2）检查溢洪道的进水渠及两岸岩石是否有裂隙发育、风化严重或有崩坍现象。

（3）检查溢洪道结构物的完好情况，要检查闸墩、底板、胸墙、消力池等结构有无裂缝和渗水现象，排水系统是否完整，陡坡段底板有无下滑、被冲刷、淘空、气蚀等现象。

（4）检查风浪对闸门的影响。

（5）检查闸门及启闭机情况（闸门与启闭机的检查于第八章专述）。

（6）检查拦鱼栅和交通桥等建筑物对溢洪道过水能力的影响。

（二）非常时期的检查

非常时期的检查内容有：

（1）泄洪期间观察漂浮物对溢洪道胸墙、闸门、闸墩的影响。

（2）泄洪期间检查控制堰下游水流形态及陡坡段水面线有无异常变化。

（3）泄水时检查溢洪道的消能效果，特别注意检查消力池中水跃产生情况，挑射水流是否冲刷坝脚，冲坑深度是否继续扩大。

（4）汛期过水时检查断面尺寸是否满足，是否达到设计的过水能力要求。

（5）每年汛后马上检查各组成部分有无淤积或坍塌堵塞现象和其他冲刷破坏现象。

（6）北方冬季检查结冰对闸门的影响。

三、溢洪道的养护

(一)溢洪道日常养护的工作内容

(1)对溢洪道的进水渠及两岸岩石的各种损坏进行及时处理,加强维护加固。

(2)对泄水后溢洪道各组成部分出现的问题进行及时处理和修复。

(3)做好控制闸门的日常养护,确保汛期闸门正常工作(闸门养护在第八章叙述)。

(4)严禁在溢洪道周围爆破、取土和修建其他无关建筑物。

(5)注意清除溢洪道周围的漂浮物,禁止在溢洪道上堆放重物。

(6)如果水库的规划基本资料有变化,要及时复核溢洪道的过水能力。

(7)北方在冬季若水位较高,结冰对闸门产生影响,应有相应的破冰和保护措施。

(二)非常溢洪道的管理养护

一般在有条件的土石坝水库枢纽中,泄洪设施分为正常和非常两部分。非常溢洪道的泄流能力一般为校核洪水流量和设计洪水流量之差的那部分或估算的可能超校核洪水流量,这部分流量是很稀遇的。因此,使用的机会要比正常溢洪道少得多,但绝不能因此而忽视其管理养护。要保证一旦启用,应主动、灵活、可靠。

非常溢洪道有以下几种形式:和正常溢洪道基本相同的非常溢洪道、漫顶自溃式非常溢洪道、引冲自溃式非常溢洪道、破副坝非常溢洪道。

对于采用和正常溢洪道基本相同的非常溢洪道,因其结构组成和正常溢洪道基本相同,只是部分结构设计标准略为低点,因此其日常检查和养护与正常溢洪道相同,只是在泄水后要特别检查结构物的损毁情况,并应及时修复。

对于采用漫顶自溃式或引冲自溃式非常溢洪道,因其平时还要挡水,所以应注意检查土坝坝坡和地基在防渗和稳定方面是否存在问题。在汛前还应注意检查自溃结构物的完好情况及泄洪槽是否有破损和阻水情况等,必须保证水流漫顶后或水流将引冲槽冲刷扩大后,土坝能自溃顺畅泄洪。溃坝泄洪后,要在库水位降落后将土坝修复挡水。另外,在汛前还要准备好炸药和爆破器材,万一自溃不成功时可人工爆破。

对于采用爆破副坝非常溢洪道,因其溢流堰和泄水槽与正常溢洪道相同,只是用土坝代替闸门,并在土坝内设廊道和药室。需泄洪时,在药室内装入炸药,爆破土坝,经水流冲刷在溢流堰顶泄洪。平时要注意保护好药室,防止雨水进入受潮和野兽破坏。每年汛前都要准备好炸药和爆破器材。

第三节 溢洪道的病害处理

许多水库枢纽的溢洪道因其泄流能力不足,陡坡底板被高速水流掀起、下滑,边墙被冲毁,消能设施被冲刷破坏,溢洪道底板、闸墩开裂等,导致溢洪道不能安全泄洪。故应加强溢洪道的管理,发现病害应及时处理。

一、溢洪道泄流能力的扩大

泄流能力不足导致许多水库垮坝,特别是一些小(一)、小(二)型水库更为严重,根据

1979年编制的《全国水库垮坝登记册》的资料统计，在垮坝的总数中，漫坝失事占51.5%，其中因溢洪道泄洪能力不足漫坝失事的占42%。现在各水库管理者都非常重视这个问题，对溢洪道的泄流能力进行复核，分析泄流能力不足的原因，并提出相应的处理意见。

造成溢洪道泄流能力不足的原因很多，主要有：

(1)设计方面的原因。①原始资料不可靠，有些水库根本没有进行集雨面积的计算及来流量分析；有的水库集雨面积的计算值和实际来水面积不符；还有的降雨资料不准，得出的洪峰流量偏小。②计算方法不合理。③在计算中未考虑溢洪道控制段前引水渠的水头损失值。④设计防洪标准偏低，设计洪水偏小。

(2)施工方面的原因。在施工放样时过水断面尺寸不够，施工质量不满足设计要求等。

(3)运用管理方面的原因。溢洪道控制段前有泥沙淤积、堆渣及进口设置拦鱼栅等妨碍泄洪的设施；堰上控制闸门不能灵活启闭等。

(一)复核溢洪道过水断面的泄流能力

溢洪道的泄流能力主要取决于控制段能否通过设计流量。根据控制段的堰顶高程、溢流前缘总长、溢流时堰顶水头用一般水力学的堰流或孔流公式进行复核。

为了全面掌握准确的水库集水面积、库容、地形、地质条件和来水来沙量等基本资料，在复核泄流能力前必须复核以下资料：

(1)水库上下游情况。上游的淹没情况，下游河道的泄流能力，下游有无重要城镇、厂矿、铁路等，它们是否有防洪要求，万一发生超标准特大洪水时，可能造成的淹没损失等。

(2)集水面积。是指坝址以上分水岭界限内所包括的面积。集水面积和降雨量是计算上游来水的主要依据。

(3)库容。一般说水库库容是指校核洪水位以下的库容，在水库管理过程中可从水位与库容、水位与水库面积的关系曲线中查得。故对水位—库容曲线也要经常进行复核。

(4)降雨量。降雨量是确定水库洪水的主要资料，是确定防洪标准的主要依据。确定本地区可能最大降雨时，应根据我国长期积累的气象资料，做好历史暴雨和历史洪水的调查考证工作，配合一定的分析计算，使最大降雨值合理可靠。

(5)地形地质。从降雨量推算洪峰流量时，还要考虑集水面积内的地形、地质、土壤和植被等因素，因它们直接影响产流条件和汇流时间，是决定洪峰、洪量和洪水过程线及其类型的重要因素。另外，要增建或扩建溢洪道时，也要考虑地形地质条件。

(二)增大溢洪道泄流能力的措施

1.扩建、改建和增设溢洪道

溢洪道的泄流能力与堰顶水头、堰型和溢流宽度等有关。扩建、改建工作也主要从这几方面入手进行。

(1)加宽方法。若溢洪道岸坡不高，挖方量不大，则应首先考虑加宽溢洪道控制段断面的方法。若溢洪道是与土坝紧相连接，则加宽断面只能在靠岸坡的一侧进行。

(2)加深方法。若溢洪道岸坡较陡，挖方量大，则可考虑加深溢洪道过水断面的方法。加深过水断面即需降低堰顶高程,在这种情况下,需增加闸门的高度,在无闸门控制的溢洪道上,降低堰顶高程将使兴利水位降低,水库的兴利库容相应减小,降低水库效益。因此,有些水库就考虑在加深后的溢洪道上建闸,以抬高兴利水位,解决泄洪和增加水库效益之间的矛盾。在溢洪道上建闸,必须有专人管理,保证在汛期闸门启闭灵活方便。

(3)改变堰型。不同堰型的流量系数不同,同种堰型的形状不同,流量系数也不一样。实用堰的流量系数一般为0.42~0.44,宽顶堰的流量系数一般为0.32~0.385。因此,当所需增加的泄流能力的幅度不大,扩宽或增建溢洪道有困难时,可将宽顶堰改为流量系数较大的曲线形实用堰。

(4)改善闸墩和边墩形状。通过改善闸墩和边墩的头部平面形状可提高侧收缩系数,从而提高泄洪能力。

(5)综合方法。在实际工程中,也可采用上述两种或几种方法相结合的方法,如采用加宽和加深相结合的方法扩大溢洪道的过水断面,增大泄流能力等。

在有条件的地方,也可增设新的溢洪道。

2. 加强溢洪道的日常管理

要经常检查控制段的断面、高程是否符合设计要求。对人为封堵缩小溢洪道宽度,在进口处随意堆放的弃渣,甚至做成的永久性挡水埝,应及时处理,防止汛期出现险情。此外,还应注意拦鱼栅和交通桥等建筑物对溢洪道过水能力的影响,减小闸前泥沙淤积等,增加溢洪道的泄洪能力。

3. 加大坝高

通过加大坝高,抬高上游库水位,增大堰顶水头。这种措施应以满足大坝本身安全和经济合理为前提。

二、溢洪道在高速水流作用下的破坏处理

(一)破坏原因

(1)陡坡段内坡陡、流急,水流流速大,流态混乱,再加上底板施工质量差,表面不平整造成局部气蚀;或因接缝不符合要求,水流渗入底板下,产生很大的的扬压力;或底板下部排水失效,使底板下的扬压力增大,有些工程因底部风化带未清理干净,泡水后使强度降低并产生不均匀沉陷等,从而导致泄水槽的边墙和底板破坏。

(2)有些溢洪道由于地形限制,采用直线布置开挖量过大,坡度过陡及高边坡的稳定不易解决,故常随地形布置成弯道,高速水流进入弯道,水流因受到惯性力和离心力的作用,互相折冲撞击,形成冲击波,使弯道外侧水位明显高于内侧,形成横向高差。有的工程因此发生弯道破坏事故。

(3)消能设施尺寸过小或结构不合理,底部反滤层不合要求,或平面形状布置不合理产生折冲水流,下泄单宽流量分布不均匀,造成水流紊乱及流量过分集中,出现负压区产生气蚀等造成消能设施破坏。

(二)溢洪道冲刷破坏的处理

1. 溢洪道泄洪槽冲刷破坏的处理

(1)平面布置要合理。尽量采用直线、等宽、一坡到底的布置形式,若必须收缩时,也

应控制收缩角度不超过 18°；若必须变坡，最好先缓后陡，并尽可能改善边壁条件，变坡处均应用曲线连接，使水流贴槽而流，避免产生负压，减小冲击波的干扰和反射，改善进入消力池的水流条件。同时要求衬砌表面平整，局部凸出的部分不能超过 3 ~ 5 mm，横向接缝不能有升坎，接缝型式应合理，能防止高速水流进入，并在接缝处设好止水，下部设有良好的反滤设施等。

例如，黄河刘家峡水电站溢洪道位于基岩上，底板厚 0.4 ~ 1.5 m，全长 870 m，堰宽 42 m，最大泄量 3 900 m^3/s，泄水渠宽 30 m，流速为 25 ~ 35 m/s。建成后，过水流量为设计流量的一半时渠内水流异常，不久底板即被冲坏，在控制堰后陡坡段上出现 3 处大冲坑，有的整个混凝土块被冲翻，有的底板被掀起后冲到下游，冲坑之间的底板隆起裂缝，地基岩石被冲成深坑，边墙地基也被淘刷。分析其破坏原因是：施工时混凝土块体间不平整，底板与边墙接缝错距较大，表面起伏不平，后块高于前块，横向接缝中未设止水，底板排水不良等，导致高速水流窜入底板下，产生较大浮托力将底板掀起。采取的处理措施是：重新浇筑底板，严格控制底板平整度，设置止水，做好排水，并在底板与基岩间加设锚筋。

（2）尽可能改善弯道水流流态，减小弯道水流的横比降。可在进弯时设置隔墩，墩形可做成流线形，使集中的水面横比降由隔墩分散，这种布置可以降低侧墙的高度，并可起导流作用，但要注意因布置不当而引起隔墩局部边壁的气蚀。另外，为了在弯道部分减小边墙高度及减小泄洪槽的开挖工程量，可把泄洪槽做成具有横比降的槽底，外侧槽底比内侧的抬高值可用公式计算。

2. 消能设施冲刷破坏的处理

（1）对底流消能，可改善消力池的结构型式和尺寸达到防止破坏的目的。如新疆福尔海水库二级水电站的泄水槽末端采用圆形断面 2 m 深的消力池消能，运行多年情况良好。

（2）挑流消能应正确选择挑射角度及相应的设计流量等。

三、混凝土板裂缝破坏的处理

溢洪道在运行过程中底板、边墙、消力池、溢流堰等由混凝土或浆砌石建成的结构，经常会出现裂缝损坏，都需要进行检查维护。

（一）混凝土板体发生裂缝的原因分析

裂缝产生的原因主要是温差过大、地基不均匀沉陷以及材料强度不够等。位于岩基上的结构物，裂缝多由温度应力引起；在土基上的结构物，裂缝多因不均沉陷所致。如岸墩、边墙等与土坝或岸坡相接的结构物，往往由于施工时对质量重视不够，吃浆不饱，墙后填土过早，在砌筑材料强度还很低的条件下承受外力作用，便在施工期产生了早期裂缝；有的在运用期间，墙背土压力超过了设计值，或因排水系统失效，增大了墙背侧压力而产生后期裂缝。

（二）混凝土板裂缝损坏的处理

应根据裂缝发生程度的具体情况，采用有效措施予以处理。一般当裂缝轻微，没有严重错位时，可用环氧砂浆材料或预缩砂浆按照第四章介绍的混凝土结构裂缝的处理方法进行。对因不均匀沉陷引起的裂分,可先灌浆固基,然后再按前述方法予以处理。对只因温度应力引起并在非高速水流区的裂缝,可用具有柔性的材料进行贴补或嵌补处理。对裂缝严重的,应拆除重新浇筑处理。应注意的是,对高速水流区的裂缝,在处理时,一定要保证板面平整光滑。

许多水库管理单位总结了实际工程中的经验教训,将在高速水流作用下保证溢洪道结构安全的措施归纳为4个字,即"封、排、压、光"。"封"为截断渗流,用防渗帷幕、齿墙、止水等防渗措施隔断渗流。"排"是做好排水系统,把没有截断的渗水尽快排出。"压"是利用底板自重压住浮托力和脉动压力,使其不被浮起。"光"要求底板表面光滑平整,彻底清除施工时残留的钢筋头等不平整因素。这4个方面是相辅相承的,需要互相配合。

思 考 题

1. 溢洪道有哪些部分组成?各有什么工作特点?
2. 溢洪道日常检查的检查内容有哪些?
3. 溢洪道非常时期检查的内容包括哪些?
4. 溢洪道日常养护的工作内容主要有哪些?
5. 溢洪道的常见病害有哪些?举例说明其处理措施。

第六章　水闸的养护与修理

第一节　概　述

一、水闸的组成及工作特点

（一）水闸的类型

水闸按其所承担的任务可以分为进水闸（取水闸）、节制闸、冲沙闸、分洪闸、排水闸、挡潮闸等。

水闸按照结构型式分为开敞式和涵洞式。

国内已建的其他类型的水闸还有水力自控翻板闸、橡胶水闸、灌注桩水闸、装配式水闸等。

（二）水闸的组成

水闸一般由上游连接段、闸室段及下游连接段 3 部分组成，如图 6-1 所示。

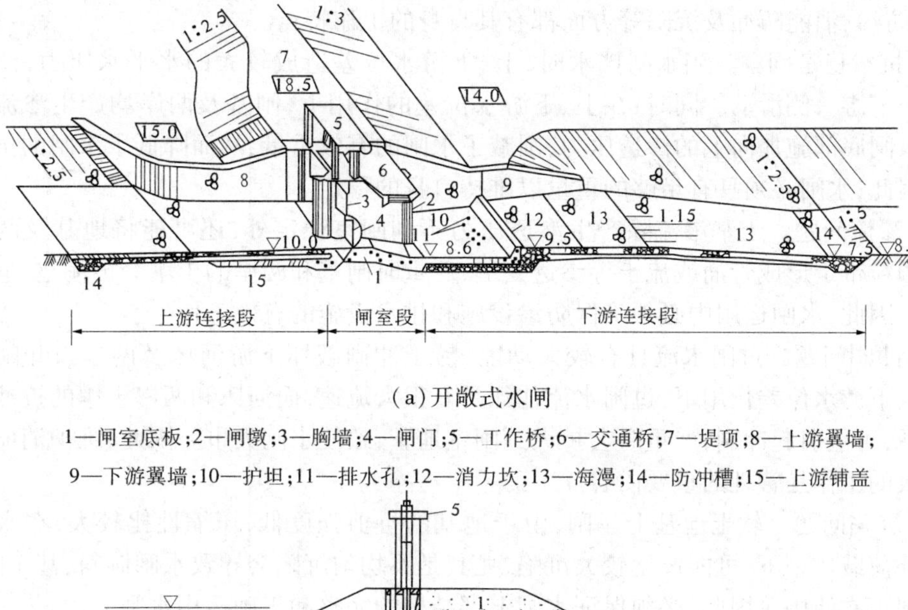

（a）开敞式水闸

1—闸室底板；2—闸墩；3—胸墙；4—闸门；5—工作桥；6—交通桥；7—堤顶；8—上游翼墙；9—下游翼墙；10—护坦；11—排水孔；12—消力坎；13—海漫；14—防冲槽；15—上游铺盖

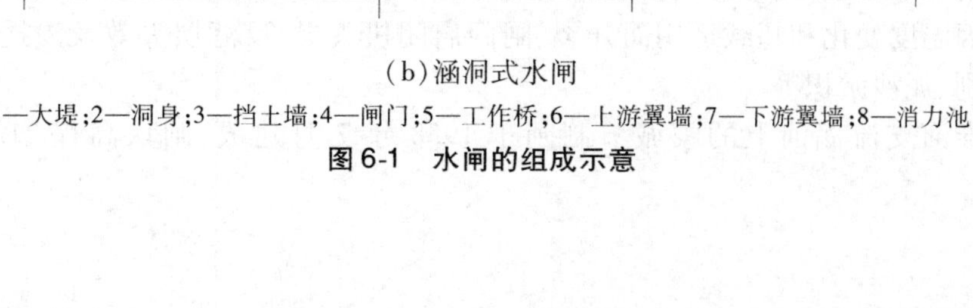

（b）涵洞式水闸

1—大堤；2—洞身；3—挡土墙；4—闸门；5—工作桥；6—上游翼墙；7—下游翼墙；8—消力池

图 6-1　水闸的组成示意

(1)闸室段。它是水闸的主体部分,起挡水和调节水流作用,包括底板、闸墩、闸门、胸墙、工作桥和交通桥等。底板是水闸闸室基础,承受闸室全部荷载并较均匀地传给地基,兼起防渗和防冲作用,同时闸室的稳定主要由底板与地基间的摩擦力来维持;闸墩的主要作用是分隔闸孔,支撑闸门,承受和传递上部结构荷载;闸门则用于控制水位和调节流量;工作桥和交通桥用于安装启闭设备、操作闸门和联系两岸交通。

(2)上游连接段。主要是引导水流平顺、均匀地进入闸室,避免对闸前河床及两岸产生有害冲刷,减少闸基或两岸渗流对水闸的不利影响。一般由铺盖、上游翼墙、上游护底、防冲槽或防冲齿墙及两岸护坡等部分组成。铺盖紧靠闸室底板,主要起防渗、防冲作用;上游翼墙的作用是引导水流平顺地进入闸孔及侧向防渗、防冲和挡土;上游护底、防冲槽及两岸护坡是用来防止进闸水流冲刷河床、破坏铺盖,保护两侧岸坡的。

(3)下游连接段。主要用来消能、防冲及安全排出流经闸基和两岸的渗流。一般包括消力池、海漫、下游防冲槽、下游翼墙及两岸护坡等。消力池主要用来消能,兼有防冲作用;海漫的作用是继续消除水流余能、扩散水流、调整流速分布、防止河床产生冲刷破坏;下游防冲槽是用来防止下游河床冲坑继续向上游发展的防冲加固措施;下游翼墙则用来引导过闸水流均匀扩散,保护两岸免受冲刷;两岸护坡是用来保护岸坡,防止水流冲刷。

(三)水闸的工作特点

水闸多数修建在软土地基上,是一种既挡水又泄水的低水头水工建筑物,因而它在抗滑稳定、防渗、消能防冲及沉陷等方面都有其自身的工作特点。

(1)抗滑稳定问题。当水闸挡水时,上、下游水位差造成较大的水平水压力,使水闸有可能向下游一侧滑动。同时,在上、下游水位差的作用下,闸基及两岸均产生渗流。渗流将对水闸底部施加向上的渗透压力,削减了水闸的有效重量,从而降低了水闸的抗滑稳定性。因此,水闸必须具有足够的重量以维持自身的稳定。

(2)渗流问题。土基渗流除产生渗透压力不利闸室稳定外,还可能将地基及两岸土壤的细颗粒带走形成管涌或流土等渗透变形,严重时闸基和两岸的土壤会被淘空,危及水闸安全。因此,水闸运用中必须确保防渗设施和排水设施的有效工作。

(3)冲刷问题。过闸水流具有较大动能,易于冲刷破坏下游河床及两岸。开闸泄水时,在上、下游水位差作用下,过闸水流往往具有很大流速,而河床和两岸土壤的抗冲能力通常较低,可能引起冲刷,严重时会扩大到闸室地基,致使水闸失事。因此,维护消能防冲设施有效的工作是管理的重要内容。

(4)沉陷问题。软土地基上建闸,由于地基的抗剪强度低,压缩性比较大,在水闸的重力和外荷载作用下,可能产生较大沉陷,尤其是不均匀沉陷会导致水闸倾斜,甚至断裂,影响水闸正常使用。因此,必须保证水闸上部结构的完整和正确运用水闸。

二、水闸的失事

水闸的失事原因是多方面的,主要破坏形式有因地基不均匀沉陷引起的闸墩开裂、混凝土结构因温度变化和超载运用而开裂、闸门启闭机失灵、反滤层失效及渗透变形、出闸翼墙遭冲刷、泥沙淤积等。

例如淮河支流涡河上的蒙城节制闸于 1958 年 7 月建成,闸坎高程 21.5 m,净长

120 m,共10孔,每孔12 m,中间两孔闸槛下设有排沙底孔,两侧有排水廊道。设计最大挡水高度为7.5 m,设计泄洪流量2 500 m^3/s。闸室为钢筋混凝土结构,上游防渗设有双层铺盖和混凝土板桩,具体布置见图6-2。地基为近代河漫滩沉积层,土质分布不均匀,闸室右侧从上到下土层为深灰色轻壤土、粉砂壤土和粉砂互层,分布极不规则,地表以下12 m为坚硬黏土层;左侧从上到下为硬质粉质壤土、坚实细砂层和坚实黏土层,闸基下的左右土质具有显著差别。

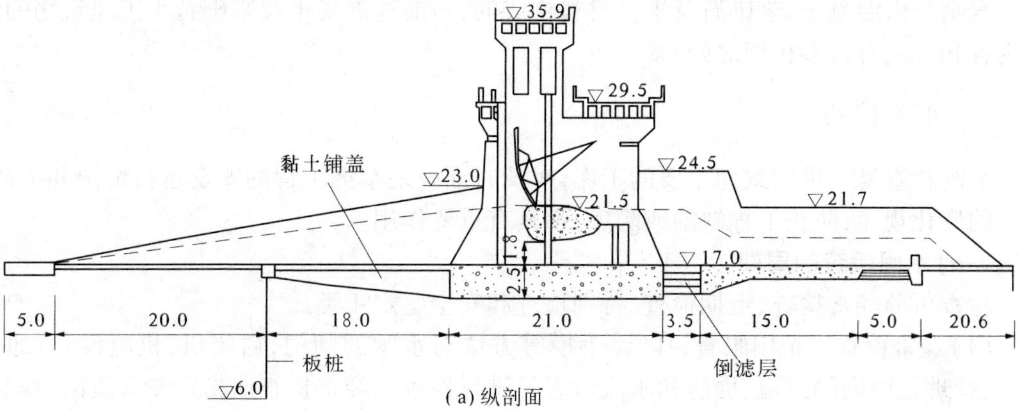

(a)纵剖面

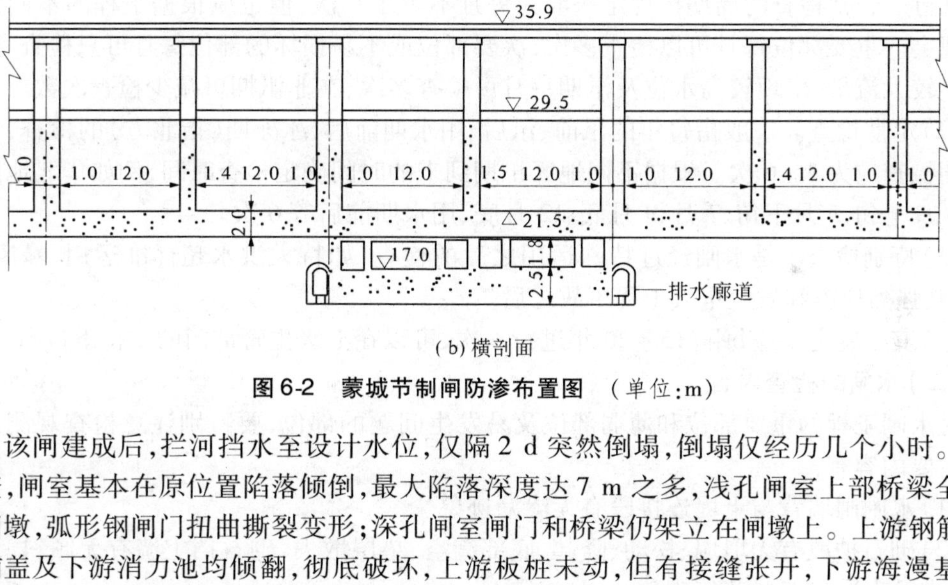

(b)横剖面

图6-2　蒙城节制闸防渗布置图　(单位:m)

该闸建成后,拦河挡水至设计水位,仅隔2 d突然倒塌,倒塌仅经历几个小时。事后检查,闸室基本在原位置陷落倾倒,最大陷落深度达7 m之多,浅孔闸室上部桥梁全部脱落闸墩,弧形钢闸门扭曲撕裂变形;深孔闸室闸门和桥梁仍架立在闸墩上。上游钢筋混凝土铺盖及下游消力池均倾翻,彻底破坏,上游板桩未动,但有接缝张开,下游海漫基本完好。估计破坏过程为闸基下发生渗透变形,由小到大,引起闸室变形下沉,伸缩缝和止水片断裂失效,渗透变形加剧,伴随水流冲刷,以致迅速陷落倒塌。

产生渗透变形破坏的原因有二,一是总体布置和防渗设计存在严重缺陷,二是施工方法和程序不合理,破坏了地基原状结构。设计成深浅基础并紧密相连,铺盖不在同一高程,二者不仅有水平接缝,且有垂直接缝,易发生不均匀沉降使止水破坏失效,另外在深基础底板两侧(浅基础底板下)设置的排水廊道,因为处于水下无法检修、检查,同时在土基上,廊道本身易变形开裂,发生渗漏。还有,具有防渗作用的板桩布设在铺盖顶端,因铺盖高程不一致,接缝较多,铺盖接缝漏水致使板桩防渗已无意义,再之,由于盲目追求施工进度，深浅基础处理互相影响，施工质量差。

由上述这一典型实例可以看出，影响建筑物的安全因素是多方面的，也是很复杂的，从而也体现出管理工作的重要性和复杂性。

第二节 水闸的检查与养护

水闸是由混凝土、浆砌石及土等材料构成的，与前述混凝土及浆砌石水工建筑物的维修内容和方法有很多相似之处。

一、水闸检查

水闸检查是一项细致而重要的工作，对及时准确地掌握工程的安全运行情况和工情、水情的变化规律，防止工程缺陷或隐患，都具有重要作用。

（一）水闸检查的周期

检查可分经常检查、定期检查、特别检查和安全鉴定4类。

（1）经常检查。是用眼看、耳听、手摸等方法对水闸的闸门，启闭机，机电设备，通信设备，管理范围内的河道、堤防和水流形态等进行检查。经常检查应指定专人按岗位职责分工进行。经常检查的周期按规定一般为每月不少于一次，但也应根据工程的不同情况另行规定。重要部位每月可以检查多次，次要部位或不易损坏的部位每月可只检查一次；在宣泄较大流量、出现较高水位及汛期每月可检查多次，在非汛期可减少检查次数。

（2）定期检查。一般指每年的汛前、汛后、用水期前后、冰冻期（指北方）的检查，每年的定期检查应为4～6次。根据不同地区汛期到来的时间确定检查时间，例如华北地区可安排3月上旬、5月下旬、7月、9月底、12月底、用水期前后等6次。

（3）特别检查。是水闸经过特殊运用之后的检查，如特大洪水超标准运用、暴风雨、风暴潮、强烈地震和发生重大工程事故之后。

（4）安全鉴定。应每隔15～20年进行一次，可以在上级主管部门的主持下进行。

（二）水闸的检查内容

对水闸工程的重要部位和薄弱部位及易发生问题的部位，要特别注意检查观测。检查的主要内容有：

（1）水闸闸墙背与干堤连接段有无渗漏迹象。

（2）砌石护坡有无坍塌、松动、隆起、底部淘空、垫层散失，砌石挡土墙有无倾斜、位移（水平或垂直）、勾缝脱落等现象。

（3）混凝土建筑物有无裂缝、腐蚀、磨损、剥蚀露筋；伸缩缝止水有无损坏、漏水；门槽、门坎的预埋件有无损坏。

（4）闸门有无表面涂层剥落、门体变形、锈蚀、焊缝开裂或螺栓、铆钉松动；支承行走机构是否运转灵活、止水装置是否完好等。

（5）启闭机械是否运转灵活，制动准确，有无腐蚀和异常声响；钢丝绳有无断丝、磨损、锈蚀、接头不牢、变形；零部件有无缺损、裂纹、磨损及螺杆有无弯曲变形；油压机油路是否通畅，油量、油质是否合乎规定要求，调控装置及指示仪表是否正常，油泵、油管系统有否漏油。

(6)机电及防雷设备、线路是否正常,接头是否牢固,安全保护装置动作是否准确可靠,指示仪表指示是否正确,备用电源是否完好可靠,照明、通信系统是否完好。

(7)进、出闸水流是否平顺,有无折冲水流或波状水跃等不良流态。

二、水闸的养护

水闸养护包括建筑物结构部分的养护、闸门的养护以及启闭机的养护。目前闸门多为钢结构,所以闸门和启闭机的养护将在第八章中介绍。下面主要介绍建筑物结构部分的养护。

(一)建筑物土工部分的养护

对于土工建筑物的雨淋沟、浪窝、塌陷以及水流冲刷部分,应立即进行检修。当土工建筑物发生渗漏、管涌时,一般采用上游堵截渗漏,下游反滤导渗的方法进行及时处理。当发现土工建筑物发生裂缝、滑坡时,应立即分析原因,根据情况可采用开挖回填或灌浆方法处理,但滑坡裂缝不宜采用灌浆方法处理。对于隐患,如蚁穴兽洞、深层裂缝等,应采用灌浆或开挖回填处理。

(二)砌石设施的养护

对干砌块石护坡、护底和挡土墙,如有塌陷、隆起、错动时,要及时整修,必要时,应予更换或灌浆处理。

对浆砌块石结构,如有塌陷、隆起,应重新翻砌,无垫层或垫层失效的均应补设或整修。遇有勾缝脱落或开裂,应冲洗干净后重新勾缝。浆砌石岸墙、挡土墙有倾覆或滑动迹象时,可采取降低墙后填土高度或增加拉撑等办法予以处理。

(三)混凝土及钢筋混凝土设施的养护

混凝土的表面应保持清洁完好,对苔藓、蚧贝等附着生物应定期清除。对混凝土表面出现的剥落或机械损坏问题,可根据缺陷情况采用相应的砂浆或混凝土进行修补。

对于混凝土裂缝,应分析原因及其对建筑物的影响,拟定修补措施。裂缝的修理方法参阅第四章有关内容。

水闸上、下游,特别是底板、闸门槽、消力池内的砂石,应定期清理打捞,以防止产生严重磨损。

伸缩缝填料如有流失,应及时填充,止水片损坏时,应凿槽修补或采取其他有效措施修复。

(四)其他设施的养护

禁止在交通桥上和翼墙侧堆放沙石料等重物,禁止各种船只停靠在泄水孔附近,禁止在附近爆破。

三、水闸的控制操作

(一)闸门启闭前的准备工作

1.闸门的检查

(1)闸门的开度是否在原定位置。

(2)闸门的周围有无漂浮物卡阻,门体有无歪斜,门槽是否堵塞。

(3)在冰冻地区,冬季启闭闸门前还应注意检查闸门的活动部分有无冻结现象。

2. 启闭设备的检查

(1)启闭闸门的电源或动力有无故障。

(2)电动机是否正常,相序是否正确。

(3)机电安全保护设施、仪表是否完好。

(4)机电转动设备的润滑油是否充足,特别注意高速部位(如变速箱等)的油量是否符合规定要求。

(5)牵引设备是否正常。如钢丝绳有无锈蚀、断裂,螺杆等有无弯曲变形,吊点结合是否牢固。

(6)液压启闭机的油泵、阀、滤油器是否正常,油箱的油量是否充足,管道、油缸是否漏油。

3. 其他方面的检查

(1)上下游有无船只、漂浮物或其他障碍物影响行水等情况。

(2)观测上下游水位、流量、流态。

(二)闸门的操作运用原则

闸门的操作运用原则为:

(1)工作闸门可以在动水情况下启闭;船闸的工作闸门应在静水情况下启闭。

(2)检修闸门一般在静水情况下启闭。

(三)闸门的操作运用

1. 工作闸门的操作

工作闸门在操作运用时,应注意以下几个问题:

(1)闸门在不同开启度的情况下工作时,要注意闸门、闸身的振动和对下游的冲刷程度。

(2)闸门放水时,必须与下游水位、流量相适应,水跃应发生在消力池内。要根据闸下水位与安全流量关系图表和水位—闸门开度—流量关系图表,进行分次开启。

(3)不允许局部开启的工作闸门,不得在启、闭中途停留使用。

2. 多孔闸门的运行

(1)多孔闸门若能全部同时启闭,尽量全部同时启闭,若不能全部同时启闭,应由中间孔依次向两边对称开启或由两端向中间依次对称关闭。

(2)对上下双层孔口的闸门,应先开启底层再开启上层,关闭时顺序相反。

(3)多孔闸门下泄小流量时,只有当水跃能控制在消力池内时,才允许开启部分闸孔。开启部分闸孔时,也应尽量考虑对称。

(4)多孔闸门允许局部开启时,应先确定闸下分次允许增加的流量,然后再确定闸门分次启闭的高度。

(四)启闭机的操作

1. 电动及手、电两用卷扬式、螺杆式启闭机的操作

(1)电动启闭机的操作程序,凡有锁定装置的,应先打开锁定装置,后合电器开关。当闸门运行到预定位置后,及时断开电器开关,装好锁定,切断电源。

(2)人工操作手、电两用启闭机时，应先切断电源，合上离合器，方能操作。如使用电动时，应先取下摇柄，拉开离合器后，才能按电动操作程序进行。

2. 液压启闭机操作

(1)打开有关阀门，并将换向阀扳至所需位置。

(2)打开锁定装置，合上电器开关，启动油泵。

(3)逐渐关闭回油控制阀升压，开始运行闸门。

(4)在运行中若需改变闸门运行方向，应先打开回油控制阀至极限，然后扳动换向阀换向。

(5)停机前，应先逐步打开回油阀，当闸门达到上、下极限位置，而压力再升时，应立即将回油控制阀升至极限位置。

(6)停机后，应将换向阀扳至停止位置，关闭所有阀门，锁好锁定，切断电源。

(五)水闸操作运用应注意的事项

(1)在操作过程中，不论是遥控、集中控制或机旁控制，均应由专人在机旁和控制室进行监护。

(2)启动后应注意启闭机是否按要求的方向动作，电器、油压、机械设备的运用是否良好；开度指示器及各种仪表所示的位置是否准确；用两部启闭机控制一个闸门的是否同步启闭。若发现启闭力已达到要求，而闸门仍固定不动或发生其他异常现象时，应立即停机检查处理，不得强行启闭。

(3)闸门应避免停留在容易发生振动的开度上。如闸门或启闭机发生不正常的振动、声响等，应立即停机检查。消除不正常现象后，再行启闭。

(4)使用卷扬式启闭机关闭闸门时，不得在无电的情况下，单独松开制动器降落闸门(设有离心装置的除外)。

(5)当开启闸门接近最大开度或关闭闸门接近闸底时，应注意闸门指示器或标志，须停机时要及时停机，以避免启闭机械损坏。

(6)在冰冻时期，若要开启闸门，应将闸门附近的冰破碎或融化后再开启闸门。在解冻流冰时期泄水时，应将闸门全部提出水面，或控制小开度放水，以避免流冰撞击闸门。

(7)闸门启闭完毕后，应校核闸门的开度。

水闸的操作是一项业务性较强的工作，要求操作人员必须熟悉业务、思想集中，操作过程中，必须坚守工作岗位，严格按操作规程办事，避免各种事故的发生。

第三节　水闸的病害处理

一、水闸裂缝的处理

(一)闸底板和胸墙的裂缝处理

闸底板和胸墙的刚度比较小，适应地基变形的能力较差，很容易受到地基不均匀沉陷的影响，而发生裂缝。另外，由于混凝土强度不足、温差过大或者施工质量差也会引起闸底板和胸墙裂缝。

对不均匀沉陷引起的裂缝，在修补前，应首先采取措施稳定地基，一般有两种方法：一种方法是卸载，比如将边墩后的土清除改为空箱结构，或者拆除交通桥；另外一种方法是加固地基，常用的方法是对地基进行补强灌浆，提高地基的承载能力。对于因混凝土强度不足或因施工质量而产生的裂缝，应主要进行结构补强处理。

裂缝处理的具体方法可参见第四章相关内容。

（二）翼墙和浆砌块石护坡的裂缝处理

地基不均匀沉陷和墙后排水设备失效是造成翼墙裂缝的两个主要原因。由于不均匀沉陷而产生的裂缝，首先应通过减荷稳定地基，然后再对裂缝进行修补处理；因墙后排水设备失效，应先修复排水设施，再修补裂缝。浆砌石护坡裂缝常常是由于填土不实造成的，严重时应进行翻修。

（三）护坦的裂缝处理

护坦的裂缝产生原因有地基不均匀沉陷、温度应力过大和底部排水失效等。因地基不均匀沉陷产生的裂缝，可待地基稳定后，在裂缝上设止水，将裂缝改为沉陷缝。温度裂缝可采取补强措施进行修补。底部排水失效，应先修复排水设备。

（四）钢筋混凝土的顺筋裂缝处理

钢筋混凝土的顺筋裂缝是沿海地区挡潮闸普遍存在的一种病害现象。裂缝的发展可使混凝土脱落、钢筋锈蚀，使结构强度过早地丧失。顺筋裂缝产生的原因是海水渗入混凝土后，降低了混凝土碱度，使钢筋表面的氧化膜遭到破坏，结果导致海水直接接触钢筋而产生电化学反应，使钢筋锈蚀。锈蚀引起的体积膨胀致使混凝土顺筋开裂。

顺筋裂缝的修补，其施工过程为：沿缝凿除保护层，再将钢筋周围的混凝土凿除2 cm；对钢筋彻底除锈并清洗干净；在钢筋表面涂上一层环氧基液，在混凝土修补面上涂一层环氧胶，再填筑修补材料。

顺筋裂缝的修补材料应具有抗硫酸盐、抗炭化、抗渗、抗冲、强度高、凝聚力大等特性。目前常用的有铁铝酸盐早强水泥砂浆及混凝土、抗硫酸盐水泥砂浆及细石混凝土、聚合物水泥砂浆及混凝土和树脂砂浆及混凝土等。

（五）闸墩及工作桥裂缝处理

我国早期建成的许多闸墩及工作桥，发现许多细小裂缝，严重老化剥离。其主要原因是混凝土的炭化。混凝土的炭化是指空气中的二氧化碳与水泥中氢氧化钙作用生成碳酸钙和水，使混凝土的碱度降低，钢筋表面的氢氧化钙保护膜破坏而开始生锈，混凝土膨胀形成裂缝。

在对此种病害进行处理时，应对锈蚀钢筋除锈，锈蚀面积大的加设新筋，采用预缩砂浆并掺入阻锈剂进行加固。

二、水闸渗漏的处理

（一）水闸渗漏的成因

渗漏也是水闸破坏症状之一。渗漏的途径一般通过闸室本身构造和闸基向下游渗漏，也有通过闸室与两岸连接处的绕流渗漏。

水闸在运行过程中发生异常渗漏的原因是很复杂的。如勘察工作深度不够、基础本身存在着严重的隐患；设计考虑不周、运行管理不当、长时间超负荷运行及地震等方面的原因而产生裂缝、止水撕裂；上游防渗体（如防渗铺盖、两岸防渗齿墙等）遭受冲刷和出现裂缝；下游的排水设施失效等。

异常渗漏产生的破坏性是很大的。首先是增大闸底板的扬压力，减小闸室的有效重量，对闸室的稳定不利；其次是缩短了渗径，增加逸出坡降和流速，猝发渗透变形和集中冲刷。

渗漏的形式按照渗漏的部位分为结构本身的渗漏、闸基渗漏、闸侧绕渗漏。

（二）水闸渗漏处理

1. 结构本身的渗漏处理

结构本身的渗漏处理主要是对裂缝进行修补以达到防止渗漏的目的，具体方法参看第四章有关内容。

2. 基础渗漏的处理

（1）正常渗漏与异常渗漏的识别。从排水设施或闸后基础中渗出的水清澈，一般属于正常渗漏；闸下游混凝土与土基的结合部位出现集中渗漏，若渗漏水急剧增加或突然变浑时，则是基础发生渗透破坏的征兆。

（2）基础渗漏的修复方法。混凝土铺盖与底板之间沉陷缝中的止水，因受到闸室的不均匀沉陷而破坏断裂时，造成渗径缩短、底板上的扬压力增大，逸出比降和流速加大，必须进行修复。其措施是重新补作止水设施。

下游护坦底部的排水设施，由于运行时间过长而淤积、堵塞，对闸室的安全不利，必须修复。其方法有拆除护坦底部的反滤层，重新修复；在护坦下游的海漫段加做反滤排水设施；可适当加长上游的防渗铺盖。

当闸基板桩被破坏，无法满足防渗要求时，可在下游加做排水设施，或在上游适当延长防渗铺盖，同时对闸基可采用泥浆或水泥浆的灌浆处理。

对于在汛期已发生闸基渗透变形的水闸，只要水闸底板与上部结构还能满足使用要求，可对闸基进行加固，其主要方法是在闸底板上钻孔对基础作灌浆处理。

3. 侧向渗漏的处理

水闸的侧向渗漏，应根据两岸的地质情况，摸清渗漏的成因，采用相应措施进行处理。具体做法有开挖回填、加深和加长防渗齿墙、灌浆处理。如因绕渗引起闸墙背后填土被冲走，而建筑物本身完好，则按所连接的堤坝要求，分层填土夯实。回填土应根据渗径要求，采用黏性土或黏壤土，不能使用砂或细砂土回填。

三、水闸冲刷的处理

水闸下游发生冲刷破坏极为普遍，有的护坦、海漫受到破坏，特别是两岸边坡冲刷更为严重，甚至导致建筑物损毁。冲刷破坏往往又被人们所忽视，因此必须查明原因，针对不同情况，采取有效措施防止水闸下游冲刷破坏。

（一）水闸上下游冲刷的成因

1. 闸室底板、护坦和消能工冲刷、磨损

闸室底板、护坦和消能工冲刷、磨损的主要原因是过闸水流流速过大以及出闸水流不能均匀扩散产生波状水跃。其结果是底板和护坦混凝土严重剥落、钢筋外露;消力坎和消能工被冲毁;排水孔被堵塞。最终导致消能设施破坏和排水失效,危及闸室和护坦的稳定。

2. 下游翼墙的冲刷

下游翼墙冲刷的主要原因是过闸水流扩散角太大、过渡段太短而引起折冲水流以及回流区的水流压迫主流。结果是混凝土翼墙表面剥蚀,浆砌石翼墙的水泥砂浆勾缝脱落、石块被冲翻。破坏的部位大多在下游翼墙与下游护坡交接处。

3. 海漫及防冲槽的冲刷

海漫及防冲槽冲刷的主要原因是闸后水流产生波状水跃和流出消力池的单宽流量太大。结果是浆砌石海漫的水泥砂浆勾缝剥落、块石被冲走;砌石段的整个块石被冲走、掀底。调查资料表明,干砌石海漫和防冲槽冲刷极为严重,绝大多数无法正常运行。

(二)水闸上下游冲刷的处理

1. 上游防冲槽、护底及下游海漫、防冲槽冲刷的修复

这一类设施主要是起保护河床免受冲刷的作用,一旦自身被破坏,只要将其破坏的部位拆除掉,重新按原设计进行修复即可。

2. 闸室段底板冲刷的修复

将冲刷的部位凿毛,清洗破损面并保湿,如果板内受力筋被冲断,则要按钢筋搭接要求重新搭接钢筋,并将原钢筋头锯平;最后浇筑二期混凝土抹面。

应当注意的是,二期混凝土的强度应比原设计的混凝土强度高一级,施工时创面不允许流水。

3. 消能设施冲刷和磨损的修复

消能设施是水闸中冲刷最为严重的部位,如护坦的冲刷、消能工的冲毁等。其修复措施为:护坦冲刷和磨损的修复方法与底板相同;消能工的冲毁,首先应复核设计尺寸是否满足要求,如满足要求,则只要按原设计尺寸重新修复,但在运行管理过程中,要改善过闸水流的条件;如不满足要求,则应按校核后的尺寸进行修复。在修复过程中,一定要保持护坦的整体性,防止一期混凝土与二期混凝土之间开裂,并做好二期混凝土的养护工作。

4. 下游翼墙、护坡冲刷的修复

下游翼墙原是混凝土材料的,冲刷后可按混凝土修补方法进行修复;若是浆砌石材料,冲毁后可更换为混凝土材料。但修复时一定要注意翼墙的扩散角不超过10°,过渡段长度按设计规范要求进行设计施工。下游护坡的修复是将已冲毁的部位清除干净,堤坡用土料回填夯实,再用混凝土或浆砌石进行护坡衬砌。

5. 土工织物防冲刷的应用

土工织物质量轻、强度高、耐磨、柔性强、价廉、施工简便,与土体相互作用,有滤土排水或止水作用,紧贴地面,能吸收水流冲击能,故可有效地用于防冲和防渗。

土工织物可以制成软体排(见图6-3)覆盖于坡面或河底以防冲刷。软体排分为单片排和双片排。

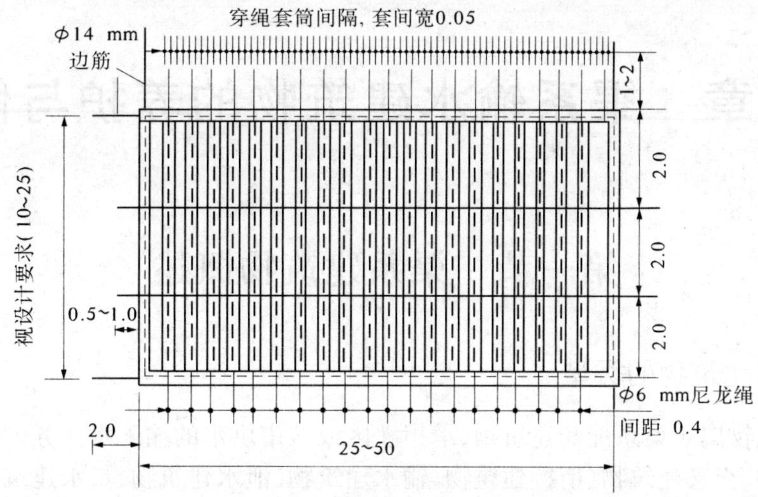

图 6-3　土工织物软体排结构示意图　（单位：m）

单片排由编织型土工织物制成，一般长 25 ~ 50 m，宽 10 ~ 25 m。排体四边缝制 ϕ14 mm的绳在宽度方向每隔 0.4 ~ 0.6 m 缝制一套筒，并穿 ϕ6 mm 的尼龙绳以便锚固排体。单片排体主要用于小型工程、水流不急的部位。

双片排由双片土工织物重叠在一起，按一定间距和形式缝制成长管状或格状的空室，填以透水材料，作为排体铺设时的压重。双片排可用于重要工程和流速大的部位。

思　考　题

1. 水闸的各个组成部分有什么作用？水闸在运用中具有哪些特点？
2. 对水闸主要进行哪些检查？
3. 水闸如何控制操作？多孔水闸的操作方式是怎样的？
4. 水闸闸底板或胸墙的裂缝应如何处理？
5. 水闸闸底渗漏如何处理？
6. 水闸不同部位的冲刷有何不同？各自是如何处理的？

第七章　渠系输水建筑物的养护与修理

第一节　渠系建筑物概述

一、渠系建筑物的类型

渠系建筑物属于渠系配套建筑物，承担灌区或城市供水的输配水任务，按照用途可分为控制建筑物、交叉建筑物、衔接建筑物、输水建筑物、泄水建筑物、量水建筑物等。

(1)控制建筑物用于调控渠道水位和流量，常见的有进水闸、分水闸、节制闸等。

(2)交叉建筑物用于跨越洼地、河沟、峡谷、道路等复杂地形，常用的建筑物有渡槽、倒虹吸管、涵管(涵洞)和桥梁。

(3)衔接建筑物用于衔接渠道水位、避免渠道冲淤和深挖高填，常用的有陡坡和跌水。

(4)泄水建筑物用于排除渠道余水、入渠洪水、渠道或渠系建筑物发生事故时的渠水，常用的有泄水闸、退水闸、溢洪堰、撇洪渠。

(5)输水建筑物是指能形成水流通道，承担输送水流的各类水工建筑物，如隧洞、倒虹吸管、涵管、渠道、渡槽等。

(6)量水建筑物用于量测渠道水位和流量，实现计量用水的目的。实际中可以借助过水建筑测量，也有专设的各种量水堰。

二、渠系建筑物的构成

本章主要介绍隧洞、倒虹吸管、涵管、渡槽、渠道等建筑物。

(1)隧洞。隧洞按照洞内水力条件不同分为无压隧洞和有压隧洞。无压隧洞输水时，一般有自由的水表面；有压隧洞输水时，水流完全充满洞体，没有自由的水表面。有压隧洞断面一般采用圆形；无压隧洞一般采用马蹄形或城门洞形。隧洞一般由进口段、洞身段和出口段3部分组成。进口段主要由曲线段、拦污栅、闸室段、渐变段、通气孔和平压管等组成。出口段主要由扩散段和消能设施组成。

(2)倒虹吸管和涵管。倒虹吸管是指渠道穿越山谷、河流、洼地、道路或其他渠道时设置的压力输水管道。倒虹吸管一般由进口段、管身段和出口段3部分组成，管身断面型式有圆形、箱形和城门洞形等。倒虹吸管根据管路埋设情况和高差大小分为竖井式、斜管式、曲线式、桥式4种类型。涵管是指输水管道穿越高地的交叉建筑物，有路下涵管、渠下涵管、堤下涵管、坝下涵管等。根据管内水力条件分为有压和无压两种。涵管一般由进口段、管身段和出口段3部分组成。

(3)渡槽。渡槽是跨越河渠、道路、山谷、洼地的架空输水建筑物，又称过水桥。渡槽一般由槽身、支承结构、基础及进出口建筑物等部分组成。槽身断面型式有U形槽、矩形槽及抛物线形槽等;支承结构有梁式、拱式及桁架式等;槽身有木制槽、砖石槽、混凝土槽、钢筋混凝土槽及钢丝网水泥槽等;混凝土渡槽有现浇整体式渡槽、装配式渡槽及预应力渡槽等。

(4)渠道。渠道是主要的输水建筑物,正常工作时要求渠道断面不冲不淤。灌区固定渠道一般分为干渠、支渠、斗渠、农渠4级,干、支渠主要起输水作用,称为输水渠道;斗、农渠主要起配水作用,称为配水渠道。渠道横断面的型式有梯形、矩形、抛物线形、U形和复式断面等。渠道按照结构型式分为挖方渠道、填方渠道和半挖半填渠道3种类型。

三、渠系建筑物正常工作的基本标志

渠系建筑物能正常工作的基本标志如下:

(1)过水能力符合设计要求,能够迅速、准确地控制运行。

(2)建筑物各个部分始终保持清洁、完整,没有变形和损坏。

(3)护底、护坡和挡土墙均填实,且无危险性渗流。

(4)建筑物及其上下游没有磨损、冲刷、淤积现象。

(5)建筑物上游壅高水位不超过设计水位。

(6)闸门及启闭机工作正常,闸门与门槽无漏水现象。

四、输水建筑物的工作特点

(1)输送水流随机变化大。输水流量、水位和流速常受水源条件、用水情况和渠系建筑物的状态发生较大而频繁的变化,灌溉渠道行水与停水受季节和天降雨影响显著,维护管理应与此相适应。

(2)过水断面受冲淤影响会发生变化。应经常检查维护,保证过水断面的完整。

(3)环境多变,受力条件复杂。位于深水或地下的渠系建筑物,除要承受较大的山岩压力(或土压力)、渗透压力外,还要承受巨大的水头压力及高速水流的冲击作用力。在地面的建筑物又要经受温差作用、冻融作用、冻胀作用以及各种侵蚀作用,这些作用极易使建筑物发生破坏。

(4)高速水流作用。这种作用容易使渠系建筑物产生冲磨和气蚀破坏,水流脉动还会引起振动。

(5)工作条件差异大。在一个工程中,渠系建筑物数量多,分布范围大,所处地形条件和水文地质条件复杂,受到自然破坏和人为破坏的因素较多,且交通运输不便,维修施工不便,管理难度较大。

第二节　隧洞的养护与修理

一、输水隧洞的检查养护

输水隧洞的检查,主要看洞壁有无裂缝、变形、位移、渗漏、剥蚀、磨损、气蚀、炭化、止

水填充物流失等迹象。检查洞内水流是否存在明满流交替的异常现象。对附属工程，还应检查动力、照明、交通、通信、避雷设施、安全设施和观测设备等是否完好，另外，还要检查附近地区有无山体坍塌滑坡、地表排水系统受阻、泄流状态异常或回流淘刷、漂浮物撞击或堵塞泄水口、禁止人为放牧或乱挖砂石等人为破坏现象。

输水隧洞的养护工作包括：

(1)为防止污物破坏洞口结构和堵塞取水设备，要经常清理隧洞进水口附近的漂浮物，在漂浮物较多的河流上，要在进口设置拦污栅。

(2)寒冷地区要采取有效措施，避免洞口结构冰冻破坏；隧洞放空后，冬季在出口处应做好保温措施。

(3)运用中尽量避免隧洞内出现不稳定流态，发电输水洞每次充、泄水过程要尽量缓慢，避免猛增突减，以免洞内出现超压、负压或水锤而引起破坏。

(4)发现局部的衬砌裂缝、漏水等，要及时进行封堵以免扩大。

(5)对放空有困难的隧洞，要加强平时的观测，要观测外部，观测隧洞沿线的内水和外水压力是否正常，如发现有漏水和塌坑征兆，应研究是否放空隧洞进行检查和修理。

(6)对未衬砌的隧洞，要对因冲刷引起松动的岩块和阻水的岩石及时清除并进行修理。

(7)当发生异常水锤或六级以上地震后，要对隧洞进行全面检查和养护。

二、隧洞的病害与成因

隧洞的病害有衬砌裂缝漏水、气蚀、冲磨、混凝土溶蚀等。

(一)裂缝漏水

裂缝漏水是隧洞最常见的病害。隧洞裂缝是在洞壁衬砌体中发生的各种表面的、深层的或贯通的裂缝，按成因有温度裂缝、干缩裂缝、结构裂缝、沉降裂缝和施工裂缝等。表面裂缝细小而不规则，贯通断裂以横向和纵向表现居多，缝宽较大，会成为漏水通道，也会影响洞壁结构。造成这种病害的原因是多方面的，主要有以下几个方面：

(1)围岩体变形作用。对地质断层、软弱风化岩层、地下水、不均匀的岩土地基等没有进行处理或处理不当，不利的地质构造、过大的山岩压力、过高的水压力和地基不均匀沉陷均会引发围岩体变形，从而导致隧洞混凝土或钢筋混凝土衬砌断裂和漏水。

(2)施工质量差。建筑材料质量不佳；混凝土配料不当，振捣不实；衬砌后回填灌浆或固结灌浆时，衬砌周围未能充填密实；伸缩缝、施工缝和分缝处理不好，或止水失效等，都会造成衬砌断裂和漏水。

(3)水锤的作用。有压隧洞，有的即使设有调压井，由于水锤作用产生的谐振波，也会越过调压井使得洞内产生压力波，导致衬砌断裂和漏水。

(4)温度变化作用。当隧洞停水后，冷风穿洞，温度降低太大时也会引发洞壁表面裂缝甚至断裂。

(5)其他因素。材料强度不够；混凝土溶蚀，钢筋锈蚀；管理不善，如洞内明满流交替等都是引发断裂漏水的因素。

(二)气蚀

1. 气蚀的特征与成因

工程实践证明,明流中平均流速达到 15 m/s 左右,就可能产生气蚀现象。当高速水流通过隧洞中体形不佳或表面不平整的边界时,水流会把不平整处的空气带走,水流会与边壁分离,造成局部压强降低或负压。当流场中局部压强下降,低于水的气化压强值时,将会产生空化,形成空泡水流,空泡进入高压区会突然溃灭,对边壁产生巨大的冲击力。这种连续不断的冲击力和吸力造成边壁材料疲劳损伤,引起边壁材料的剥蚀破坏,称为气蚀。

隧洞产生气蚀的主要原因如下:

(1)洞体局部体形不合流线。由于体形不合流线,造成水流流线与边界分离,产生气蚀。

(2)闸门后洞壁有突出棱角,表面不平整。

(3)门槽形状不好和闸门底缘不平顺。当工作水头和流速很大时,水流通过闸门后,脉动加剧,易产生气蚀。

(4)管理运用不当。在放水过程中,闸门开启高度与气蚀的产生有非常密切的关系。试验表明,平板闸门,闸门相对开度在 0.1 ~0.2 时,闸门振动剧烈。对弧形闸门,当相对开度为 0.3 ~0.6 时,气蚀现象特别强烈。因此,在闸门操作程序中应避免这些开度。另外,闸门开启不当,隧洞内容易出现明满流交替现象,造成门槽及底板的气蚀。经试验表明,在明满流交替时,脉动压力振幅为一般情况下的 4 ~6 倍。山东黄前水库输水洞在闸门后 1 m 为一降落陡坎,使闸门遭受周期性冲击,引起振动,并导致陡坎处水流脱壁,造成气蚀破坏。

2. 气蚀的部位

气蚀现象一般发生在边界形状突变、水流流线与边界分离的部位。由于洞壁横断面进出口的变化、闸门槽处的凹陷、闸门的启闭、洞壁的不平整等,都会引起过洞水流的脉动,水流与边界分离形成漩涡,产生负压,从而造成气蚀破坏。

对压力隧洞和涵洞,气蚀常发生在进口上唇处、门槽处、洞顶处、分岔处、出口挑流坎、反弧末端、消力墩周围、洞身施工不平整等部位。

(三)冲磨

含沙水流经过隧洞,对隧洞衬砌的混凝土会产生冲磨破坏,尤其是对隧洞的底部产生的冲磨比较严重。冲磨破坏的程度主要与以下因素有关:①洞内水流速度;②泥沙含量、粒径大小及其组成;③洞壁体形和平整程度等。

一般来说,洞内流速越高,泥沙含量越大,洞壁体形越差,洞壁表面越不平整,洞壁冲磨破坏就越严重。特别是在洪水季节,水流挟带泥沙及杂物多,当隧洞进出口连接建筑物处理不当时,冲磨会更为严重。水流中悬移质和推移质对隧洞均有磨损,悬移质泥沙摩擦边壁,产生边壁剥离,其磨损过程比较缓慢;推移质泥沙不仅有摩擦作用,还有冲击作用,粗颗粒的冲击、碰撞破坏作用,对边壁破坏尤为显著。

(四)混凝土溶蚀破坏

隧洞由于长期受到水流的冲磨和山岩裂隙水沿洞壁裂缝向洞内渗漏,极易产生溶蚀破坏。实际工程中隧洞的溶蚀破坏大致分为两种,一种是输送水流对洞壁混凝土的溶蚀,由于水流一般情况下偏酸性,混凝土的碱性物质含量高,洞壁表层混凝土中的有效成分氢氧化钙被溶蚀带走,从而降低表面强度。另一种是洞壁内部混凝土被穿透洞壁渗流溶解并析出,在内壁表面析出白色沉淀物(碳酸钙),这种溶蚀破坏对表面强度影响不大,但当溶解析出有效成分较多时,会严重降低洞体强度,甚至导致钢筋锈蚀。

三、病害处理

(一)断裂与漏水的处理方法

1. 隧洞衬砌体裂缝的处理

一般表面裂缝容易处理,深层和贯穿裂缝处理难度较大。出现裂缝后,应查清裂缝部位、走向、长度、宽度、深度以及贯穿情况,对稳定性和应力状态应进行验算,分析其原因和危害性,再确定处理措施。

裂缝的一般处理措施是,封闭裂缝表面,充填裂缝或者使裂缝两侧结合成整体,使裂缝不再渗水、不再向深部发展,恢复结构的整体性、耐久性。对于影响结构强度、结构稳定性或严重漏水的深层和贯穿性裂缝,应谨慎处理,有时要作专门论证或作专门补强加固设计。对隧洞衬砌体裂缝的处理常用的方法有:①表面涂抹;②凿槽粘补;③凿槽嵌补;④喷浆修补等,与第四章所述混凝土体裂缝处理基本是相同的。

2. 隧洞的喷锚支护

喷锚支护是指喷射混凝土和锚杆支护,与现场浇筑的混凝土衬砌相比,具有明显的优点:①能够与周围岩体紧密结合;②提高围岩整体性、稳定性和抗振性;③承载能力强;④施工速度快;⑤成本低廉等。主要用于隧洞无衬砌段加固或衬砌破坏的补强。

喷锚支护可分为喷混凝土、喷混凝土 + 锚杆联合支护、喷混凝土 + 锚杆 + 钢筋网联合支护等类型。其工艺可参考水利水电施工技术课程的相关内容。

3. 灌浆处理

施工质量较差的隧洞当发生裂缝或孔洞时,可以采用灌浆处理。对于洞径较大的隧洞,钻孔机械能够在洞中作业,采用洞内灌浆更为经济。一般在洞壁内按梅花形布设钻孔,灌浆时由疏到密,灌浆压力一般采用0.1~0.2 MPa。灌浆机械多放置在洞外,输浆管路较长,压力损耗大,所以灌浆压力应以孔口压力为控制标准。浆液的配合比可根据需要选定。

(二)气蚀破坏的防治与修复

气蚀对输水洞的安全极其不利。防治气蚀的措施有改善边界条件、控制闸门开度、改善掺气条件、改善过流条件、采用高强度的抗气蚀材料等。

1. 改善边界条件

当进口形状不恰当时,极易产生气蚀现象,渐变的进口形状,最好做成椭圆曲线形。

2. 控制闸门开度

据观察分析发现:小开度时,闸门底部止水后易形成负压区,引起闸门沿竖直方向振动,闸门底部容易出现气蚀;大开度时,闸门后易产生明满流交替出现的现象,闸门后部形成负压区,引起闸门沿水流方向产生振动,造成闸门后部洞壁产生气蚀。所以要控制闸门开度在合适的范围内，避免不利开度和不利流态的出现。

3. 改善掺气条件

掺气能够降低或消除负压区，增加空泡中气体空泡所占的比例，含大量空气使得空泡在溃灭时可大大减少传到边壁上的冲击力，含气水流也成了弹性可压缩体，从而减少气蚀。因此，将空气直接输入可能产生气蚀的部位，可有效地防止建筑物气蚀破坏。当水中掺气的气水比达到7% ~8%时，可以消除气蚀。1960 年美国大古力坝泄水孔应用通气减蚀取得成功后，世界上不少水利工程相继采用此法，取得良好效果。我国自 20 世纪 70 年代，先后在陕西冯家山水库溢洪隧洞、新安江水电站挑流鼻坎、石头河隧洞中使用，也取得较好的效果。

通气孔的大小，关系到掺气质量，闸门开度不同，对通气量的要求也不同。

通气量的计算（或验算）可采用康培尔公式

$$Q_a = 0.04Q(\frac{v}{gh} - 1)^{0.85} \tag{7-1}$$

式中 Q_a——通气量，m^3/s；

Q——闸门开度为 80% 时的流量，m^3/s；

v——收缩断面的平均流速，m/s；

h——收缩断面的水深，m。

通气孔或通气管的截面面积 $A(m^2)$，可以采用下面公式估算

$$A = 0.001Q(\frac{v}{\sqrt{gh}} - 1)^{0.85} \tag{7-2}$$

4. 改善过流条件

除进口顶部做成 1/4 的椭圆曲线外，中高压水头的矩形门槽可改为带错距和倒角的斜坡形门槽。出口断面可适当缩小，以提高洞内压力，避免气蚀。对于衬砌材料的质量要严格控制，使其达到设计要求。应保证衬砌表面的平整度，对凸起部分要凿除或研磨成设计要求的斜面。

5. 采用高强度的抗气蚀材料

采用高强度的抗气蚀材料，有助于消除或减缓气蚀破坏。提高洞壁材料抗水流冲击作用，在一定程度上可以消除水流冲蚀造成表面粗糙而引起的气蚀破坏。资料表明，高强度的不透水混凝土，可以承受 30 m/s 的高速水流而不损坏。护面材料的抗磨能力增加，可以消除由泥沙磨损产生的粗糙表面而引起气蚀的可能性。环氧树脂砂浆的抗磨能力，比普通混凝土及岩石的抗磨能力高约 30 倍。采用高标号的混凝土可以缓冲气蚀破坏甚至消除气蚀。采用钢板或不锈钢作衬砌护面，也会产生很好的效果。

（三）冲磨破坏的处理

冲磨破坏修复效果的好坏主要取决于修补材料的抗冲磨强度，抗冲磨材料的选择要根据挟沙水流的流速、含沙量、含沙类型确定。常用的抗冲磨材料有以下几种：

（1）高强度水泥砂浆。高强度的水泥砂浆是一种较好的抗冲磨材料，特别是用硬度较大的石英砂替代普通砂后，砂浆的抗冲磨强度有一定提高。水泥石英砂浆价格低廉、制作工艺简单、施工方便，是一种良好的抗悬移质冲磨的材料。

(2)铸石板。铸石板根据原材料和加工工艺的不同有辉绿岩、玄武岩、硅锰渣铸石和微晶铸石等。铸石板具有优异的抗磨、抗气蚀性能,比石英具有更高的抗磨强度和抗悬移质切削性能。铸石板的缺点是质脆,抗冲击强度低;施工工艺要求高,粘贴不牢时,容易被冲走。例如在刘家峡溢洪道的底板和侧墙、碧口泄洪闸的出口等处所做的抗冲磨试验,铸石板均被水流冲走,因此目前很少采用铸石板,而是将铸石粉碎成粗细骨料,利用其高抗磨蚀的优点配制成高抗冲磨混凝土。

(3)耐磨骨料的高强度混凝土。除选用铸石外,选择耐冲磨性能好的岩石,如以石英石、铁矿石等耐磨骨料,配制成高强度的混凝土或砂浆,具有很好的抗悬移质冲磨的性能。试验表明,当流速小于 15 m/s,平均含沙量小于 40 kg/m^3,用耐磨骨料配制成强度达 C30 以上的混凝土,磨损甚微。

(4)环氧砂浆。具有固化收缩小,与混凝土黏结力强,机械强度高,抗冲磨和抗气蚀性能好等优点。环氧砂浆抗冲磨强度约为养护 28 d 抗压强度 60 MPa 的水泥石英砂浆的 5 倍,C30 混凝土的 20 倍,合金钢和普通钢的 20 ~ 25 倍。固化的环氧树脂抗冲磨强度并不高,但由于其黏结力极强,含沙水流要剥离环氧砂浆中的耐磨砂砾相当困难,因此使用耐磨骨料配制成的环氧砂浆,其抗冲磨性能相当优越。

(5)聚合物水泥砂浆。是通过向水泥砂浆中掺加聚合物乳液改性而制成的有机 - 无机复合材料。聚合物既提高了水泥砂浆的密实性、黏结性,又降低了水泥砂浆的脆性,是一种比较理想的薄层修补材料,其耐蚀性能也比掺加前有明显提高,可用于中等抗冲磨气蚀要求的混凝土的破坏修补。常用的聚合物砂浆有丙乳(PAE)砂浆和氯丁胶乳(CR)砂浆。

(6)钢板。具有很高的强度和抗冲击韧性,抗推移质冲磨性能好。在石棉冲砂闸、鱼子溪一级冲砂闸等工程分别使用,抗冲效果良好。钢板厚度一般选用 12 ~ 20 mm,与插入混凝土中的锚筋焊接。

第三节 倒虹吸管及涵管的养护与修理

一、倒虹吸管及涵管的检查与养护

(一)检查

倒虹吸管及涵管的日常检查主要有:

(1)检查进、出口及管身有无淤积。

(2)检查管壁有无裂缝。检查时使用红漆标明裂缝的位置、大小及其随温度升降变化的规律,并绘制成裂缝位置图,作为分析成因和确定处理措施时参考。

(3)检查管壁有无渗漏。渗漏按其严重程度可分为潮湿(看出水痕)、湿润(手摸有水)、渗出(形同冒汗)3 种形式。对渗漏部位、发生时间、渗漏面积、渗漏量及其变化情况要做详细记录,并用红漆标明位置。

(4)定期检查管道变形情况。

(5)检查附属保护设施有无缺损。

(6)负压与震动的检查。巡回检查中,要注意用耳倾听管内的过水声,用眼观察进口管内的水流流态。有的倒虹吸管在越过小山包时,有向上突起的弯管段。设计中在弯管顶部常设有放气阀,放水时要把阀门打开,排除空气,然后通水。如果忽略了这项工作,就会在这个地方形成负压,使管壁气蚀剥落。检查中若听到阵发性的咚咚响声时,应立即将放气阀缓缓打开,排除空气,当阀门开始喷水,即可关闭阀门。有的倒虹吸管开始放水过急,也易在管道进口下游产生负压。所以倒虹吸管进口下游应设通气孔,并应经常检查,以免被杂物堵塞。有时在进口管内发生水跃时会引起管道产生振动。

(二)养护

(1)倒虹吸管上的保护设施,如果有损坏或失效,应及时修复。

(2)进、出口应设立水尺,标出最大和最小的极限水位,经常观测水位流量变化,保证通过的流量与流速符合设计规定。

(3)进出水流状态保持平稳,不冲刷淤塞,拦污栅要及时清理。

(4)对渠道衔接处有不均匀沉陷、裂缝、漏水、变形、进出口护坡不完整等现象,应立即停水修复。

(5)倒虹吸管停水后,应关闭进出口闸门,防止杂物进入管内或发生人身事故。

(6)管道、沉沙及排沙设施应经常清理。暴雨季节防止山洪淤积管身,倒虹吸管如有底孔排水设备,冬季放水后或管内淤积时,应立即开启闸阀,排水冲淤,保持管道畅通。

(7)直径较大的裸露式倒虹管,在高温或低温季节要妥善保护,以防发生温度裂缝、冻裂或冻胀破坏。

(8)倒虹吸管顶发生冒水时,停水后在内部进行裂缝填塞处理,严重时可挖开填土进行内外彻底处理。

二、常见病害与成因

(一)倒虹吸管常见病害与成因

(1)管身裂缝。管身裂缝有环向、纵向和龟纹裂缝3种。环向裂缝主要是由于管身分节过长,当温度降低时引起纵向收缩变形造成管身脱节,当基础约束过大时会造成拉裂甚至断裂,在斜坡段也有因为镇墩基础沉陷、滑坡以或雨水冲刷而失稳引起管身脱节或断裂;纵向裂缝是倒虹吸管最常见的病害,而现浇混凝土管出现纵向裂缝的居多,纵向裂缝常出现在管身顶部,主要原因是现浇管顶施工质量差,同时外露的管顶受到阳光的直射,管身顶部内外温差过大,管壁内外变形不一致;严寒地区,当冬季没有排完管内积水或没有采取保温措施时,也将发生冻害而造成管身纵向裂缝。管身出现裂缝后必然发生漏水,并且结构承载力降低,管道耐久性随之变差。

(2)接头漏水。接头止水材料老化或接头脱节将止水拉裂会引起漏水。

(3)边墙失稳。进口处地基沉陷或顶部超载会导致进口处挡土墙或挡水墙失稳。

(4)混凝土表面剥落。冻融作用(北方地区)或钢筋锈蚀会使混凝土表面剥落。

(5)设备故障。管理不善、年久失修和设备老化会引起沉沙拦污设施、闸门、启闭设备等破坏失效。

(6)淤积堵塞。未及时清污,杂物堵塞进口或山洪入渠,挟带大量推移质沉积管中。

(7)气蚀、振动与冲刷。操作不当,在开始放水时排气阀未及时打开,或放水太急,管内产生负压引起气蚀,或通过小流量时,未及时调节阀门,进口管道内发生水跃,使管身振动或接头破坏。冲刷是因水流含沙石量大,管壁耐磨性差而引起的。

(8)钢筋锈蚀。主要原因是管身裂缝处或缺陷处,钢筋裸露失去混凝土的碱性保护,钢筋钝化膜被破坏而锈蚀。

(二)涵管常见病害与成因

(1)管身断裂和漏水。发生管身断裂常见的原因有:①地基处理不当。涵管在上部荷载的作用下,产生不均匀沉陷,引起管身断裂。②结构处理有缺陷。在管身和竖井之间荷载突变处未设置沉降缝,会引起管身断裂。如安徽省三湾水库坝下涵管就是因为洞身和闸门竖井之间未设置沉降缝而引起了横向断裂。裂缝的位置,顶部距离闸门 1.3 ~ 1.5 m,底部距离闸门2.0 ~2.2 m,如图7-1 所示。③设计考虑不周。结构尺寸偏小、钢筋配置率不足、混凝土强度等级偏低等,都会导致管身结构强度不够,以致断裂。④管身分缝间距过大或位置不当,也会导致管身断裂。⑤管内流态异变。无压涵管内出现有压流,也容易引起管身振动而断裂破坏。⑥施工质量较差。因施工质量差造成坝下涵管断裂和漏水,主要是管节止水处理不当和管座基础处理不好造成不均匀沉陷引起的。如河北省北庄河水库,坝高25 m,坝下埋有内径1.2 m 的钢筋混凝土无压圆管,管壁厚12 cm,外包40 cm厚的浆砌块石防渗垫层,然后填土。在管子接头外壁设截水环并用麻绳沥青填塞,外抹1:9 的水泥砂浆封闭。由于接头处理不当,同时浆砌块石防渗垫层与管壁接触不够紧密,运用期间管节发生渗漏引起坝体填土颗粒流失,进而导致坝体塌陷。如图7-2 所示。

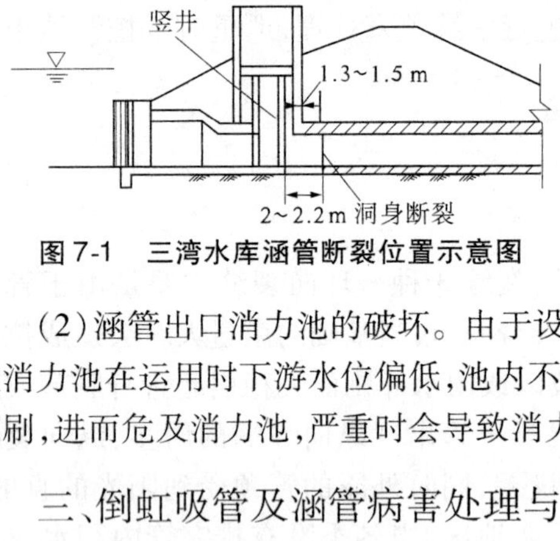

图7-1　三湾水库涵管断裂位置示意图

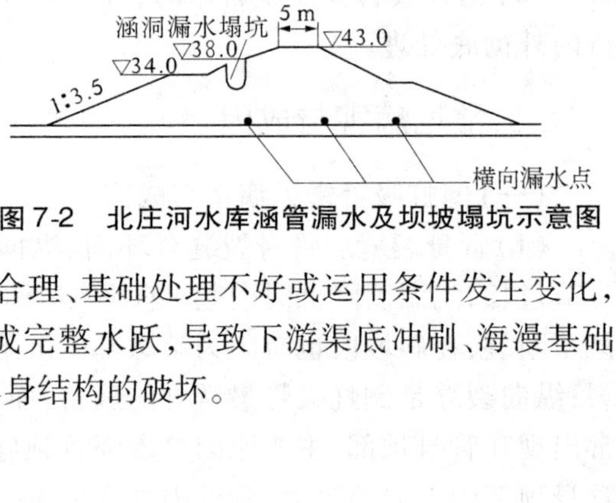

图7-2　北庄河水库涵管漏水及坝坡塌坑示意图

(2)涵管出口消力池的破坏。由于设计不合理、基础处理不好或运用条件发生变化,使消力池在运用时下游水位偏低,池内不能形成完整水跃,导致下游渠底冲刷、海漫基础淘刷,进而危及消力池,严重时会导致消力池本身结构的破坏。

三、倒虹吸管及涵管病害处理与维修

(一)倒虹吸管病害维修处理

下面对主要病害的处理与维修作一介绍。

1. 裂缝的处理

裂缝处理的方案是:①对于既未考虑运用期温度应力,又未采取隔热措施的管道,要采取填土等隔热措施;②对于强度不足、施工质量差的管道所产生的裂缝,要采取全面加固措施;③对有足够强度的管道的裂缝,主要采取防渗措施。

(1)腹裹保护。这是防止纵向裂缝发生和扩展的有效措施。对裸露在外部的倒虹吸管两侧使用预制空心混凝土砌块进行砌筑外包,上部填土夯实,既能对倒虹吸管起到明显的隔热保温作用，又能减轻风、霜、雨、雪等对管身混凝土的侵蚀。

(2)加固补强。对因沉陷引起的裂缝，首先应进行固基处理，如采取灌浆培厚等方法；对强度安全系数太低的管道，可采用内衬钢板加固措施进行处理，处理步骤是：在混凝土管内，衬砌一层厚4～6 mm的钢板，钢板事先在工厂加工成卷，其外壁与钢筋混凝土内壁之间留1 cm左右的间隙，钢板从进出口送入管内就位、撑开，再焊接成型，然后在二者之间进行回填灌浆。该法的优点是能有效地提高安全系数，加固后安全、可靠、耐久，缺点是造价高，钢材用量多，施工难度大。

(3)表面涂抹、贴补或嵌补封缝。对结构整体性影响不大的裂缝一般只在表面采用涂抹、贴补或嵌补等方法进行封缝处理。有刚性处理和柔性处理两种类型。①刚性方案有钢丝水泥砂浆、钢丝网环氧砂浆和环氧砂浆粘钢板等方法，这类方法不仅能够防渗抗裂，而且还分担裂缝处钢筋的一部分应力，提高建筑物的安全性。②柔性方案有环氧砂浆贴橡皮、环氧基液贴玻璃丝布、环氧基液贴纱布、聚氯乙烯油膏填缝及乳化沥青掺苯溶氯丁胶刷缝等方法，柔性处理能够适应裂缝开合的微小变形，造价较低，施工方便。缝宽小于0.2 mm时，采用加大增塑性比例的环氧砂浆修补效果好；缝宽大于0.2 mm时，采用环氧砂浆贴橡皮效果好。

2. 渗漏处理

(1)对因裂缝引起的渗漏可按裂缝处理方法进行。

(2)管壁一般渗漏的处理。可在管内壁刷2～3层环氧基液或橡胶液，涂刷时应力求薄而匀，每日刷一遍，总厚约0.5 mm。若为局部漏水孔或气蚀破坏，可涂抹环氧砂浆封堵。

(3)接头漏水的处理。对于受温度变化影响大的，仍需保持柔性接头的管道，可在接缝处充填沥青麻丝，然后在内壁表面用环氧砂浆贴橡皮。对于已做腹裹处理受温度影响显著减小的管道，可改用刚性接头，并隔一定距离设一柔性接头。刚性接头施工时可在接头内外打入石棉水泥或水泥砂浆，并在管内壁表面涂刷环氧树脂，防止钢管伸缩接头漏水，并应定期更换止水材料。

3. 淤积处理

在进口处设置拦污栅隔离漂浮物以防止堵塞；在进口上游一定距离设置沉砂池和冲砂孔防止推移质的堆积；控制过水流量和流速防止悬移质的沉积。当出现堵塞，应先排除管内积水，再用人工挖出。

4. 冲磨的处理

设置拦沙槽拦截沙石，减轻对管壁的磨损。对已发生气蚀与冲磨的管壁可进行凿除并重新涂抹耐磨材料(见隧洞的冲磨处理)。

(二)涵管常见病害的处理

涵管断裂漏水的加固及修复措施：

(1)管基加固。对因基础不均匀沉陷而引起断裂的涵管，一方面进行管身结构补强，另一方面还须加固地基。①对坝身不很高，断裂发生在管口附近的，可直接开挖坝身进行处理。②对于软基，应先拆除被破坏部分涵管，然后挖除基础部分的软土至坚实土层，并均匀夯实，再用浆砌石或混凝土回填密实。③对岩石基础软弱带可进行回填灌浆或固结灌浆处理。④对直径较大的涵管,当断裂发生在中部,开挖坝体处理有困难时,可在洞内钻孔进行灌浆处理。灌浆处理常采用水泥浆,断裂部位可用环氧砂浆封堵。如山东省日照水库,1959 年建成,最大坝高为 26.5 m,坝下为廊道式钢筋混凝土圆管,如图 7-3 所示,基础为风化片麻岩,裂隙严重,中间有一道冲沟,最初用低标号水泥砂浆块石处理。在运用一年之后漏水现象很为严重,随后采用灌浆处理,并用环氧砂浆作了封堵处理。效果很好,至今运用正常。

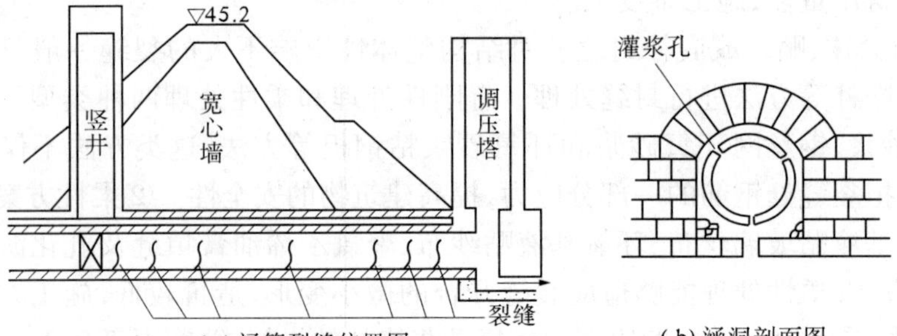

(a)涵管裂缝位置图　　(b)涵洞剖面图

图 7-3　日照水库涵洞裂缝位置及涵洞剖面图

(2)更换管道。当涵管直径较小、断裂严重、漏水点多、维修困难时,须更换管道。对埋深较大的管道可采用顶管法完成。顶管法是采用大吨位油压千斤顶将预制好的涵管逐节顶进土体中的施工方法。顶管施工的程序为:测量放线→工作坑布置→安装后座及铺导轨→布置及安装机械设备→下管顶进→管的接缝处理→截水环处理→管外灌水泥浆→试压。顶管法施工技术要求高,施工中定向定位困难。但它与开挖沟填埋法比较,具有节约投资、施工安全、工期短、需用劳动力少、对工程运用干扰较小等优点。

(3)表面贴补。对过水界面出现的蜂窝、麻面及细小漏洞可采取表面贴补法处理,这些方法前已叙述。

(4)结构补强。因结构强度不够,涵管产生裂缝或断裂时,可采用结构补强措施。

①灌浆。灌浆是目前混凝土或砌石工程堵漏补强常用的方法。对坝下涵管存在的裂缝、漏水等均可采用灌浆处理。例如,河北省钓鱼台水库,由于运用期间产生明、满流交替的半有压流态,在 92 m 长的洞壁上漏水点达 59 处,根据这种情况,进行了水泥灌浆处理。全洞共钻孔 120 个,浆孔布设在洞壁两侧,每侧两排,上下错开呈梅花形。上排离洞底 0.7 ~ 0.8 m,孔深 0.7 ~ 0.9 m,下排离洞底 0.1 m,孔深 1 ~ 1.2 m,如图 7-4 所示。经灌浆处理,基本止住了漏水,效果很好。

②加套管或内衬。当坝下涵管管径不容许缩小很多时,套管可采用钢管或铸铁管;内衬可采用钢板。当管径断面缩小不影响涵管运用时,套管可采用钢筋混凝土管,内衬可采用浆砌石料、混凝土预制件或现浇混凝土。例如,广东省马踏石水库土坝下埋设高 1.2 m、宽 0.6 m 的浆砌石涵洞,顶拱用砖砌筑。在运用期间断裂漏水,先后有 13 处被漏水淘空。后来采用内套钢丝网水泥管,管壁厚 3 cm,在工地分段浇筑后进行安装,安装后在新老管间进行灌浆处理,效果很好,如图 7-5 所示。加套管或内衬时,需先对原管壁进行凿毛、清洗,并在套管或内衬与原管壁之间进行回填灌浆处理。加套管或内衬必须是人

工能在管内操作的情况。

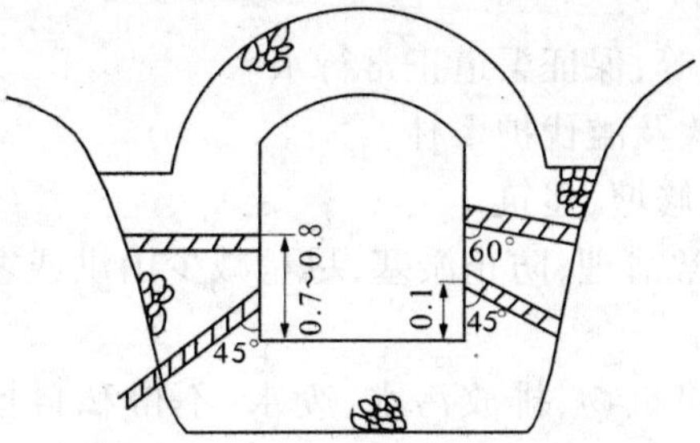

图 7-4　钓鱼台水库涵洞灌浆孔剖面图　（单位：m）

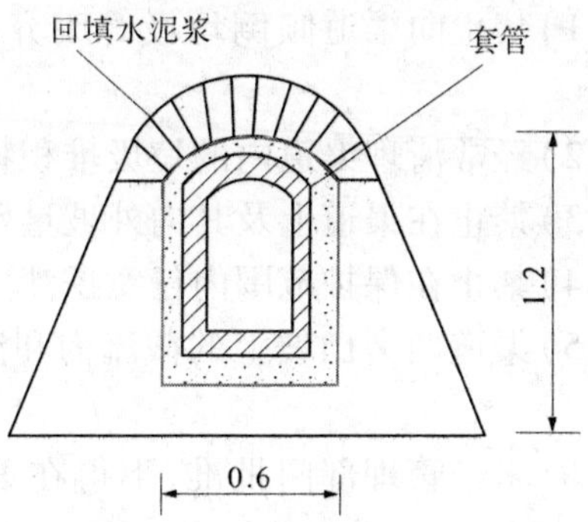

图 7-5　马踏石水库涵管处理图　（单位：m）

③支撑或拉锚。石砌方涵的上部盖板如有断裂时，可采用洞内支撑的方式加固，如图 7-6 所示。对于侧墙加固，还可采用横向支撑法。有条件的也可采用洞外拉锚的办法。这样处理可以避免缩小过水断面。

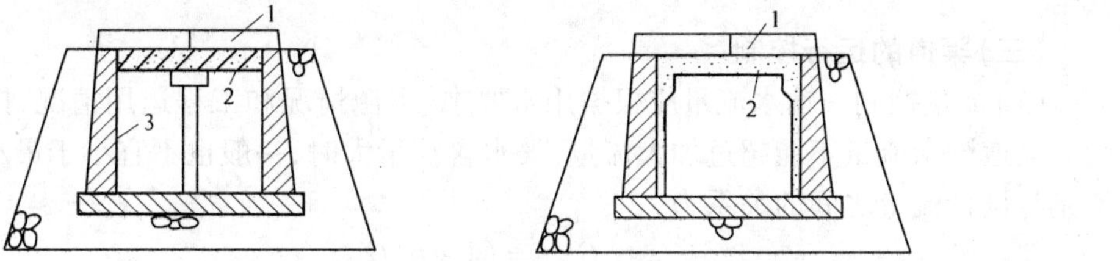

(a) 中间支撑法　　(b) 两侧支撑法

1—断裂的盖板；2—支撑；3—方涵侧墙

图 7-6　方涵支撑示意图

第四节　渠道的养护和修理

一、渠道的检查与养护

(一) 渠道的检查

(1) 经常性检查。包括平时检查和汛期检查。平时检查着重检查干、支渠渠堤险工险段。检查渠堤上有无雨淋沟、浪窝、洞穴、裂缝、滑坡、塌岸、淤积、杂草滋生等现象；检查路口及交叉建筑物连接处是否合乎要求同时还应检查渠道保护区有无人为乱挖滥垦等破坏现象。汛期检查主要是检查防汛的准备情况和具体措施的落实情况。

(2) 临时性检查。主要包括在大雨中、台风后和地震后的检查。着重检查有无沉陷、裂缝、崩塌及渗漏等情况。

(3) 定期检查。主要包括汛前、汛后、封冻前、解冻后进行的检查，当发现薄弱环节和问题，应及时采取措施，加以修复解决。对北方地区冬灌渠道，应注意冰凌冻害的影响。

(4) 渠道行水期间的检查。渠道行水期间应检查观测各渠段流态，是否存在阻水、冲刷、淤积和渗漏损坏等现象，有无较大漂浮物冲击渠坡和风浪影响，渠顶超高是否足够等。

（二）渠道的养护

（1）禁止向渠道倾倒垃圾等废弃物，禁止毒鱼、炸鱼，定期进行水质检验，防止污染环境。

（2）经常清理渠道内的垃圾堆积物，清除杂草等，保证渠道正常行水。

（3）禁止在渠道上及其内外坡垦殖、铲草、放牧及滥伐护渠林。

（4）禁止在保护范围内任意挖沙、埋坟、打井、修塘、建筑。

（5）渠道两旁山坡上的截流沟和泄水沟要经常清理，防止淤塞，尽量减少山洪或客水进渠。

（6）未经管理部门批准，不得在渠道上修建建筑物、排放污水、废水，不得私自抬高水位。

（7）通航渠道，机动船应控制速度，不准使用尖头撑篙，渠道上不准抛锚。

（8）渠道遭受局部冲刷破坏之处，要及时修复，防止破坏加剧。

（9）严格控制渠道流量、流速和水位，放水和停水时避免猛增猛减，确保渠道输水安全。

（三）渠道的运行控制

（1）流量控制。输水流量应根据用水要求、水源情况和工程运用情况，按计划进行调配。渠道输水流量不能超过加大流量，渠水含沙量大时，一般也不宜小于最小流量。加大流量与设计流量之间的关系为

$$Q_{加大} = (1 + k) Q_{设计} \tag{7-3}$$

式中 $Q_{加大}$——加大流量，m^3/s；

$Q_{设计}$——设计流量，m^3/s；

k——加大系数，见表 7-1。

表 7-1　流量加大系数 k 值

设计流量（m^3/s）	<1	1~5	5~20	20~50	50~100	100~300	>300
k 值	0.35~0.3	0.3~0.25	0.25~0.2	0.2~0.15	0.15~0.1	0.1~0.05	<0.05

（2）水位控制。渠道通过设计流量时，水位应严格控制在设计水位以下，保证渠道的正常工作；当通过加大流量时，渠道水位不得超过加大水位线，持续时间不得超过设计规定，防止渠道出现严重的冲刷变形，避免漫堤、决口事故发生；当通过最小流量时，要主动调节节制闸，水位应控制在最小水位线以上，一般要求最低水位线不低于设计水位线的70%，保证下级渠道的正常取水、避免渠道淤积。

（3）流速控制。渠道流速过大易引起冲刷，过小易造成淤积，都会影响正常输水，所以必须严格控制渠道流速。渠道流速的控制范围是大于不淤流速、小于不冲流速。即

$$v_{不淤} < v < v_{不冲} \tag{7-4}$$

式中 $v_{不淤}$——不淤流速，m/s；

v——渠道正常流速，m/s；

$v_{不冲}$——不冲流速，m/s。

渠道的不冲流速可通过试验确定，实际中也可参考表7-2所列的经验数值或用下列经验公式计算

$$v_{不冲} = KQ_{设计}^{0.1} \tag{7-5}$$

其中，K取值见表7-3。

表7-2 渠道不冲流速 （单位：m/s）

不同土壤和衬砌条件		不冲流速	不同土壤和衬砌条件		不冲流速
土壤类别	轻壤土	0.60～0.80	衬砌类别	混凝土衬砌	5.0～8.0
	中壤土	0.65～0.85		块石衬砌	2.5～5.0
	重壤土	0.70～0.90		卵石衬砌	2.0～4.5
	黏壤土	0.75～0.95			

表7-3 渠道不冲流速系数K值

土类	砂壤土	轻黏壤土	中黏壤土	重黏壤土	黏土	重黏土
K值	0.53	0.57	0.62	0.68	0.75	0.85

渠道的不淤流速可按下式计算

$$v_{不淤} = C\sqrt{R} \tag{7-6}$$

式中 R——水力半径，m；

C——不淤流速系数，见表7-4。

表7-4 渠道不淤流速系数C值

泥沙类别	粗砂质黏土	中砂质黏土	细砂质黏土	极细的砂质黏土
C值	0.65～0.77	0.58～0.64	0.41～0.54	0.37～0.41

二、渠道常见病害及成因

渠道常见病害有裂缝、沉陷、滑坡、渗漏、洪毁、冲刷、淤积、冻胀、蚁害等病害。其中裂缝、沉陷、渗漏、蚁害与土石坝的病害原因类似。

（一）渠道冲刷

渠道冲刷的主要原因是渠道土质较差、比降过大、水深流急、风浪冲击、施工质量差和运用管理不善等。冲刷主要发生在渠道窄深段、转弯段凹侧及陡坡段，这些渠段水流不平顺且流速大，往往造成冲刷。渠道冲刷分为纵向冲刷和横向冲刷，纵向冲刷引起渠道沿程渠底高程的改变，横向冲刷导致渠道左右摇摆，渠堤凹冲凸淤，危及渠堤安全。

（二）渠道淤积

渠道淤积的主要原因是渠道遭受客水入侵、比降过小、水源含沙量大、施工质量差和运用管理不善等。如客水挟带大量泥沙入渠、灌溉水源含沙量大且没有进行沉沙处理、部分高填方渠道修筑夯压不实而不断沉降、小流量下输送高含沙水流等。在渠道宽浅段、弯曲段凸侧、缓坡段和杂草滋生段，这些渠段水流速度小，往往造成淤积。淤积造成渠道过

水断面缩小，输水能力降低，影响灌溉或供水计划的完成。

(三)渠道滑坡

渠道产生滑坡的原因很复杂，归纳起来有：①基体抗剪强度低，如由软弱岩石及覆盖土所组成的斜坡，在雨季或浸水后，抗剪强度明显降低，引起滑坡；②岩层层面、节理、裂隙切割，当形成顺坡切割面，遇水软化后，其上部的岩土层会失去抗滑稳定性；③地下水位抬高时，将使渠道边坡渗透压力增大，边坡抗滑稳定性降低；④渠道的新老结合面、岩土结合面等处理不当，易造成漏水而导致崩塌滑坡；⑤地质条件较差，填方渠道边坡过陡，或渠道两侧为深挖方边坡，均易引起坍塌滑坡；⑥排水条件差，排水系统的排水能力不足或失效，使抗滑能力降低而产生滑坡；⑦管理不善，人为破坏。

(四)渠道洪毁

山丘区、洼地灌区，由于渠系规划，打乱了原有的天然水系，渠道所通过的地段，截断了许多沟谷，如果不修建截流沟、沉沙井和穿越渠道的交叉建筑物，遇到汛期，将会造成山洪入渠，影响渠道的正常运用，甚至导致渠系工程的严重破坏。

(五)风沙破坏

在气候干旱、风沙很大的地区，渠道常会遭到风沙埋没，影响渠道正常运用。风沙的移动强度决定于风力、风向和植被的固沙作用。一般 3 ~ 4 m/s 的风速，就可以使 0.25 mm 直径的沙颗粒移动。

(六)冻害破坏

北方地区冬季寒冷，渠道衬砌体在冻融作用下产生剥蚀、隆起、开裂或垮塌破坏。

三、渠道病害的修复处理

(一)渠道冲刷处理

(1)修建跌水、陡坡、潜堰、砌石护坡护底等，调整渠道比降，减缓流速和提高抗冲能力，达到防冲的目的。

(2)渠道弯曲过急、水流不顺，造成凹岸冲刷时，可采取加大弯曲半径、裁弯取直的办法，使水流平顺，避免冲刷；也可以采取浆砌石或混凝土衬砌冲刷段提高其抗冲能力。

(3)渠道土质不好，施工质量差，又未采取衬砌措施，引起大范围冲刷时，可采取渠床夯实或渠道衬砌等措施，提高渠道稳定性，以防止冲刷。

(4)渠道管理不善，流量突增猛减，水流淘刷或漂浮物撞击渠坡时，应加强管理，科学调控，保持流量均匀，消除漂浮物。

(二)渠道淤积的处理

从防淤和清淤两方面采取措施。

(1)防淤措施。①设置防沙、排沙设施，减少进入渠道的泥沙。②调整引水时间，避开沙峰引水。在高含沙量时，减少引水流量；在低含沙量时，加大引水流量。③防止客水挟沙入渠。防止山洪、暴雨径流进入渠道，避免渠道淤积。④衬砌渠道。减小渠道糙率，加大渠道流速，提高挟沙能力，减少淤积。

(2)清淤措施。①水力清淤。在水源比较充足的地区，可在非用水季节，利用含沙量少的清水，按设计流量引入渠道，利用现有排沙闸、泄水闸、退水闸等泄水拉沙，按先上游后下游的顺序，有计划地逐段进行，必要时可安排受益农户参与，使用铁锹、铁耙等农具搅拌，加速排沙。②人工清淤。是目前使用最普遍的方法，在渠道停水后，组织人力，使用铁锹等工具，挖除渠道淤沙，一般一年进行 1～2 次。③机械清淤。主要是用挖泥船、挖土机、推土机等工程机械来清理渠道淤积泥沙。机械清淤速度快、效率高，能降低劳动强度、节省大量劳力。

(三)渠道滑坡的处理

渠道滑坡的处理可采取排水、减载、反压、支挡、换填、改暗涵，或者加支撑、倒虹吸、渡槽和渠道改线等措施。

(1)砌体支挡。渠道滑坡地段，地形受限，单纯削坡土方量较大时，可在坡脚及边坡砌筑各种形式的挡土墙支挡，用于增强边坡抗滑能力。

(2)换填好土。渠道通过软弱风化岩面等地质条件差的地带，产生滑坡的渠段，除削坡减载外，还可考虑换填好土，重新夯实，改善土的物理力学性质，达到稳定边坡的目的。一般应边挖边填，回填土多用黏土、壤土或壤土夹碎石等。

(3)明渠改暗涵或加支撑。傍山渠道由于地质条件差、山坡过陡，易产生滑坡和崩塌，造成渠道溃决。若采用削坡减压、砌筑支挡困难或工程量过大，难以维持边坡稳定，可将明渠改为暗涵。暗涵形式有圆拱直墙、箱涵或盖板涵，涵洞上面回填土石，恢复山坡自然坡度或做成路面。

(4)渠道改线。对中小型渠道，处在地质条件很差、甚至在大滑坡或崩塌体上时，渠道稳定性没有保证，应考虑改变渠道线路。

(四)渠道洪毁的防治

(1)复核渠道的防洪标准，对超标准洪水，应严禁入渠。

(2)渠沟交叉应修建排洪建筑物。傍山渠道，应设置撇洪沟和沉沙井，拦截坡面径流，就近引入天然河沟。如果渠高沟低相交，可采用渠下涵；若渠低沟高相交，可采用排洪渡槽或排洪桥；若渠沟齐平相交，经论证洪水可入渠，但应在渠道一侧适当位置，设置溢洪侧堰，使超过渠道设计水位的洪水自动溢流泄走，也可以采用倒虹吸管，穿越渠底。

(3)加强对渠道上的排洪、泄洪等建筑物的管理，保证排泄畅通。

(五)风沙的防治

防止风沙埋渠，有以下几种方法：

(1)结合风向选择渠线。渠道选线时，如条件许可，渠道走向尽量与当地一般风向一致，这样渠道就不易被风沙埋设。

(2)营造防风固沙林带。营造防风固沙林带进行固沙，是解决风沙问题的根本措施。陕北榆林地区一般在渠旁 50 m 宽范围内，垂直季风的主要方向，营造林带，交叉种植乔木与灌木。种植一些生长较快的灌木、草皮，如沙蒿、柠条、沙柳、苜蓿等，可以较快地起到防风固沙的作用。根据当地气候条件，春季种沙蒿，生长快，当年即可起到防沙的作用，继而种苜蓿，两年后，沙蒿逐渐衰退，苜蓿即生长起来，再种柠条，到五六年后苜蓿衰退、柠条生长起来，一茬接一茬，可以逐渐地起到防沙作用。在这些防风固沙林带，一定要加强管理养护，并禁止放牧。

(3)引水冲沙拉沙。如当地有充足的水源条件，可用水力冲沙，用水拉平渠道两旁的沙丘、沙梁,使渠道远离沙丘,也能减少风沙危害。

(4)设置沙障。在固沙林带还没有长起来以前,还可以用梢料,如沙蒿、柠条、柴草等编织成沙障,垂直于当地主风的方向,以挡风沙。沙障一般可筑成 1.0 m 高的明障或 0.5 m 的暗障。且在沙障之间埋设柴草,可起固沙作用。

四、渠道防渗措施

对渠道采取防渗措施,可以增加渠道稳定性、减少水量损失、增加灌溉面积。

渠道的防渗措施很多,常用的防渗措施有土料夯实、灰土护面、砌石砌砖护面、混凝土护面、沥青护面及塑料薄膜护面等。渠道防渗措施选择的原则是:①防渗效果好,耐久性能好;②抗冲性能好,输水能力强;③就地取材,施工简单,造价低廉;④便于管理,维修费用低。

现将几种常用防渗措施分述如下。

(一)砌石类防渗

砌石类防渗包括干砌石挂淤,干砌石勾缝、抹面、灌浆、灌细石混凝土,浆砌卵石、块石、条石、板石等几种形式。

砌石类防渗主要适用于渠道附近石料丰富,渠道流速大、含推移质多,需要固渠护堤的沙性土渠道,重要的防洪、灌溉、排水渠道,险工地段的渠道。

砌石类防渗具有的优点是抗冲磨、防腐蚀、耐久性好,防渗效果好,使用年限长,就地取材,施工技术简单。其缺点是施工机械化程度低,劳力强度大,工程量大,造价较高。

砌石类防渗与土渠相比可显著减小渗漏量,其中干砌石挂淤为 40% ~60%,干砌石填缝与浆砌石均为 80% ~90%;渠道糙率降低,其中干砌石挂淤为 0.025 ~0.035,干砌石填缝为 0.022 5 ~0.03,浆砌石为 0.02 ~0.025;使用年限为 20 ~40 年。

(二)混凝土类防渗

混凝土类防渗包括现浇混凝土、预制混凝土板构件、预制钢筋混凝土槽、喷射混凝土、水泥砂浆抹面等衬砌形式。

混凝土类防渗适用性好。一般现浇混凝土适用于防渗要求高,流速大,易出现滑坡、坍塌的渠道;预制钢筋混凝土板件适用于渠道行水与施工矛盾突出,施工时间紧的渠道;预制钢筋混凝土槽适用于丘陵地区和地形地质条件复杂的地区;喷射混凝土适用于土基、石基、高填深挖、质量好的大中型渠道;水泥砂浆抹面适用于边坡陡峻、表面粗糙、有裂缝需加固的岩石渠道。

混凝土类防渗的优点是防渗效果好、耐久性好、强度高、防渗面糙率低、过水断面小、允许流速大、适用范围广、管理方便。其缺点是耗用水泥多、投资大造价高、技术复杂、施工要求高。

混凝土类防渗减少渗漏量的效果显著:混凝土为 85% ~95%,钢筋混凝土槽为 95% ~100%,喷射混凝土和水泥砂浆抹面为 90% ~95%;防渗渠道表面糙率为 0.011 ~0.018。使用年限一般在 30 ~50 年。

(三)沥青材料类防渗

沥青材料类防渗包括沥青席、沥青油毡、沥青玻璃纤维油毡、沥青砂浆、沥青混凝土等防渗形式。

沥青材料类防渗适用于防渗要求高的部位，尤其是适用于高寒地区。

沥青材料类防渗的优点是防渗效果好，能适应地基变形，有抗碱类腐蚀的能力，耐久性较好，沥青混凝土和各类油毡，有较好的弹性，能适应地基较大的冻胀变形。其缺点是施工工艺较复杂、抗冲性能差、长期受日光照射和氧化、容易老化、使用时间短。

沥青材料类防渗减少渗漏量为90% ~95%，使用年限为10 ~25年。

（四）塑料薄膜类防渗

塑料薄膜类防渗是运用聚乙烯、聚氯乙烯、乙烯基、聚丙烯等薄膜材料进行防渗的一类方法，包括表面式塑膜防渗、埋藏式塑膜防渗。

塑料薄膜类防渗适用于小型渠道特别是临时性小型渠道，在南方和北方地区都适用，特别是北方冻胀变形较大的地区，效果理想。在流速较小的渠道直接铺设覆土即可，当流速较大时应设刚性护面。

塑料薄膜类防渗的优点是防渗效果好，适应性强，耐酸、碱和土壤微生物侵蚀；具有较好的柔性、延展性、抗冻性和抗热性；重量轻、运费低；施工简单，群众容易掌握；造价低，为混凝土衬砌的1/5 ~1/10。其缺点是表面塑膜耐久性差，使用时间短，埋藏式塑膜如无刚性材料护面，其允许流速较小。

塑料薄膜类防渗减少渗漏量为90% ~95%；防渗渠道表面糙率为0.02 ~0.025；表面式塑膜防渗使用年限一般为1 ~2年，埋藏式为10 ~20年。

第五节　渡槽的养护和修理

一、渡槽的日常检查与养护

渡槽的日常检查与养护工作包括以下内容：

（1）槽内水流应均匀平顺，发现裂缝漏水、沉陷、变形应及时处理。

（2）渡槽原设计未考虑交通时，应禁止人、畜通行，防止意外发生。

（3）要经常清理槽内淤积和漂浮物，保证正常输水，防止上淤下冲。

（4）跨越沟溪的渡槽，基础埋深要在最大冲刷线之下，防止基础遭受淘刷。

（5）寒冷地区的渡槽，基础埋深要在最大冰冻深度下，防止基础冻胀破坏。

（6）跨越多泥沙河流的渡槽，应防止河道淤积、洪水位抬高危及渡槽安全。

二、渡槽的常见病害及成因

渡槽常见病害有接缝漏水、冻胀与冻融破坏、混凝土炭化、剥蚀、裂缝及钢筋锈蚀，支承结构发生不均匀沉陷和断裂，止水老化破坏，进口泥沙淤积和出口发生冲刷等。此外，有些渡槽因设计原因，在槽中出现涌波现象，造成槽内水流外溢。

三、渡槽病害的修复处理

（一）冻融剥蚀的修补

（1）修补材料。修补材料首先应该满足工程所要求的抗冻性指标，《水工混凝土结构设计规范》规定，混凝土的抗冻等级在严寒地区不小于F300，寒冷地区不小于F200，温和地区不小于F100。常用的修补材料有高抗冻性混凝土、聚合物水泥砂浆、预缩水泥砂浆等。

(2)修补方法。与第四章混凝土表面处理方法类似。

①当剥蚀深度大于5 cm时，即可采用高抗冻性混凝土进行填塞修补，根据工程的具体情况，可采用常规浇筑和滑模浇筑、真空模板浇筑、泵送浇筑、预填骨料压浆浇筑、喷射浇筑等多种工艺。

②当剥蚀厚度为1～2 cm且面积比较大时，可选用聚合物水泥砂浆修补；当剥蚀厚度大于3～4 cm时，则可考虑选用聚合物混凝土修补。由于聚合物乳液比较昂贵，因此从经济角度出发，当剥蚀深度完全能采用高抗冻性混凝土修补(大于5 cm)时，应优先选用高抗冻性混凝土修复。

③小面积的薄层剥蚀可采用预缩水泥砂浆修补。

(二)混凝土炭化及钢筋锈蚀的修复处理

1. 混凝土炭化的处理

一般情况下，不主张对混凝土的炭化进行大面积处理，因为施工质量较好的水工建筑物，在其设计使用年限内，平均炭化层深度基本上不会超过平均保护层厚度。一旦建筑物的保护层厚度全部被炭化，说明该建筑物的剩余使用寿命已不长，对其进行全面防炭化处理，不仅投资大，而且没有多大实际意义。若建筑物的使用年限不长，绝大部分炭化不严重，只是少数构件或小部分炭化严重，对其进行防炭化处理十分必要。当混凝土内钢筋尚未锈蚀，宜对其作封闭防护处理。处理过程是：①采用高压水清洗机(最大水压力可达6 MPa)清洗建筑物表面；②用无气高压喷涂机喷涂，涂料内不夹空气，能有效保证涂层的密封性和防护效果；分两次喷涂，两层总厚度达150 μm即可。一般喷涂材料用乙烯－醋酸乙烯共聚乳液(EVA)作为防炭化涂料，其表干时间为10～30 min，黏结强度大于0.2 MPa，抗－25～85 ℃冷热温度循环大于20次，气密性好，颜色为浅灰色。

2. 钢筋锈蚀的处理

钢筋锈蚀对建筑物的危害极大，其锈蚀发展到加速期和破坏期会明显降低结构的承载力，严重威胁结构的安全性，而且修复技术复杂，耗资大，修复效果不能得到完全保证。故一旦发现钢筋混凝土中有钢筋锈蚀迹象，就应立即采取合适的措施进行修复。常用的措施有3个方面：①恢复钢筋周围的碱性环境，使锈蚀钢筋重新钝化。将锈蚀钢筋周围已炭化或遭氯盐污染的混凝土剥除，重新浇筑新的砂浆(混凝土)或聚合物水泥砂浆(混凝土)。②限制混凝土中的水分含量，延缓或抑制混凝土中钢筋的锈蚀。采用涂刷防护涂层，限制或降低混凝土中氧和水分含量，提高混凝土的电阻，减小锈蚀电流，延缓和抑制锈蚀的发展。③采取外加电流阴极保护技术。向被保护的锈蚀钢筋通入微小直流电，使锈蚀钢筋变成阴极，受到保护，免遭锈蚀破坏，另设耐腐材料作为阳极。目前这种技术主要在海岸工程的重要结构中采用较多。

(三)渡槽接缝漏水处理

渡槽接缝漏水，主要是止水老化失效等原因造成的，处理的方法很多，如橡皮压板式止水、套环填料式止水、机粘贴式(粘贴橡皮或玻璃丝布)止水等。

1. 聚氯乙烯胶泥止水

施工方法步骤如下：

(1)配料。胶泥配合比(重量比)为：

煤焦油: 聚氯乙烯: 邻苯二甲酸二丁酯: 硬酯酸钙: 滑石粉 = 100: 12.5: 10: 0.5: 25。

(2)试验。作黏结强度试验,黏结面先涂一层冷底子油(煤焦油: 甲苯 = 1:4),黏结强度可达 140 kPa。不涂冷底子油可达 120 kPa。将试件作弯曲 90°和扭转 180°试验未遭破坏,即可满足使用要求。

(3)做内外模。槽身接缝间隙在 3 ~ 8 cm 的情况下,可先用水泥纸袋卷成圆柱状塞入缝内,在缝的外壁涂抹 2 ~ 3 cm 厚的 M10 水泥砂浆,作为浇灌胶泥的外模,3 ~ 5 d 后取出纸卷,将缝内清扫干净,并在缝的内壁嵌入 1 cm 厚的木条,用胶泥抹好缝隙作为内模。

(4)灌缝。将配制好的胶泥慢慢加温,温度高低控制在 110 ~ 140 ℃,待胶泥充分塑化后即可浇灌。对于 U 形槽身的接缝,可一次浇灌完成;对尺寸较大的矩形槽身,可采用两次浇灌完成。第二次浇灌的孔口稍大,要慢慢浇灌才能排出缝隙内的空气,如图 7-7 所示。

2. 塑料油膏止水

费用少,效果好,如图 7-8 所示。施工步骤如下：

(1)接缝处理。将接缝清理干净,保持干燥。

(2)油膏预热熔化。最好是间接加温,温度保持在 120 ℃左右。

(3)灌注方法。先用水泥纸袋塞缝并预留灌注深度约 3 cm,然后灌入预热熔化的油膏,边灌边用竹片将油膏同混凝土反复揉擦,使其紧密粘贴。待油膏灌至缝口,再用皮刷刷齐。

(4)粘贴玻璃丝布。先在粘贴的混凝土表面刷一层热油膏,将预先剪好的玻璃丝布粘贴上去,再刷一层油膏并粘贴一层玻璃丝布,然后再刷一层油膏,务必粘贴牢固。

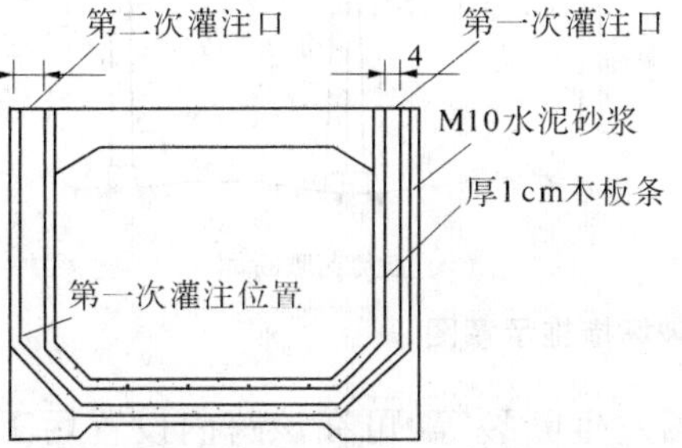

图 7-7 矩形槽身填料止水灌注示意图 (单位:cm)

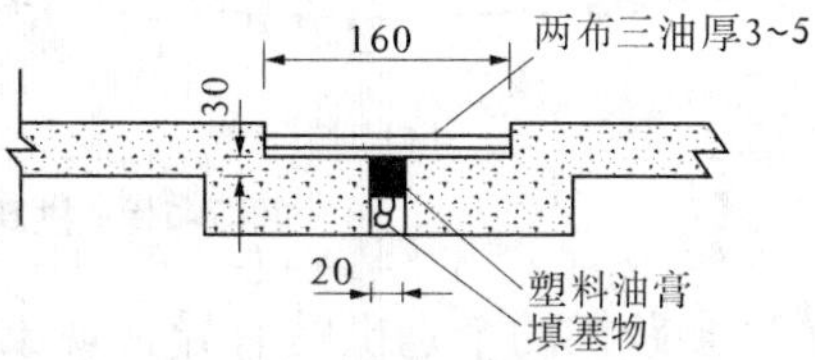

图 7-8 塑料油膏止水示意图 (单位:mm)

(四)渡槽支墩的加固

1. 支墩基础的加固

(1)基础承载力不足的加固。当运行中发现渡槽支墩基底承载力不够时,可采用扩大基础的方法加固,以减少基底的单位承载力。如图 7-9(a)所示。

(2)基础沉陷处理。渡槽支墩由于基础沉陷过大,影响正常使用,需将基础恢复原位。在不影响结构整体稳定的前提下,可采取扩大基础、顶回原位的办法处理。如图 7-9(b)所示。先将基础周围的填土挖出,再浇筑混凝土,将沉陷的基础加宽。加宽部分可分为上下两部分：上部为混凝土支持体，与原混凝土基础连成整体；下部为混凝土底盘，与原混凝土基础间留有空隙。施工时先浇底盘及支持体，待混凝土达到设计强度后，在二者之间布置若干个油压千斤顶，将原渡槽支墩顶起恢复到原位，再用混凝土填实千斤顶两侧的空间，待填实的混凝土达到设计强度后，取出千斤顶，并将千斤顶留下的空间用混凝土填实，最后回填灌浆填实原基底空隙。

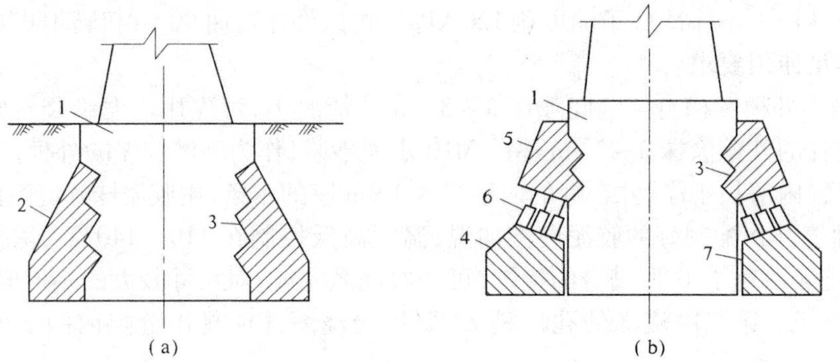

1—原基础；2—基础加固部分；3—斜形凹槽；4—混凝土底盘；5—上部混凝土支持体；6—油压千斤顶；7—空隙

图 7-9　渡槽支墩基础加固示意图

2. 渡槽支墩墩身加固

（1）对多跨拱形结构的渡槽，为预防因其中某一跨遭到破坏，使整体失去平衡，而引起其他拱跨的连锁破坏，可根据具体情况，对每隔若干个拱跨中的一个支墩采取加固措施。其方法是在支墩两侧加斜支撑或加大支墩断面。如图 7-10 所示。

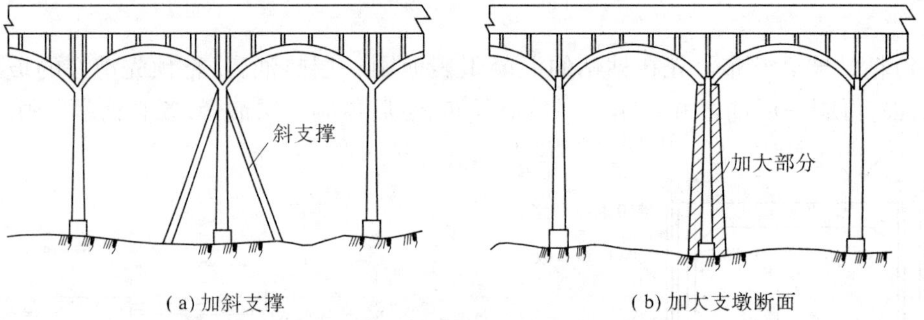

图 7-10　拱跨支墩预防破坏措施示意图

（2）多跨拱的个别拱跨有异常现象时，如拱圈发生断裂等，可在该跨内设置圬工顶或排架支顶，以增强拱跨的稳定。如图 7-11 所示。

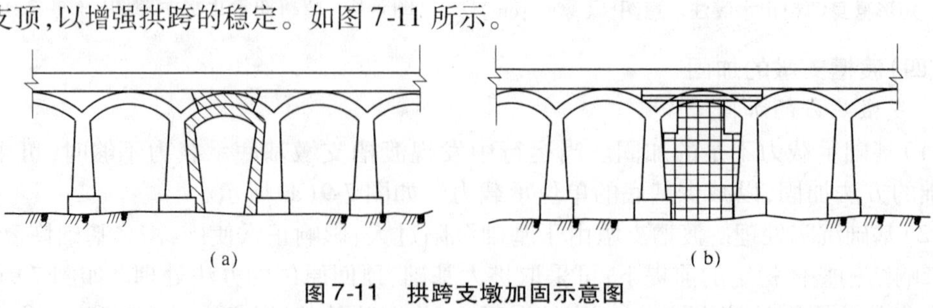

图 7-11　拱跨支墩加固示意图

(3)当渡槽支墩发生沉陷而使槽身曲折时,可先在支墩上放置油压千斤顶将渡槽槽身顶起,待其恢复原有的平整位置后,再用混凝土块填充空隙,支撑渡槽槽身。如原支墩顶面是齐平的可先凿坑,再放置千斤顶支撑渡槽槽身进行修理,对千斤顶支撑点必须进行压力核算。

(五)钢筋混凝土梁式渡槽的加固措施

(1)当梁件产生裂缝,负担不了实际荷载时,可加设支墩,在梁件下面加设拉筋,如图7-12所示,或加设桁架,如图7-13所示。

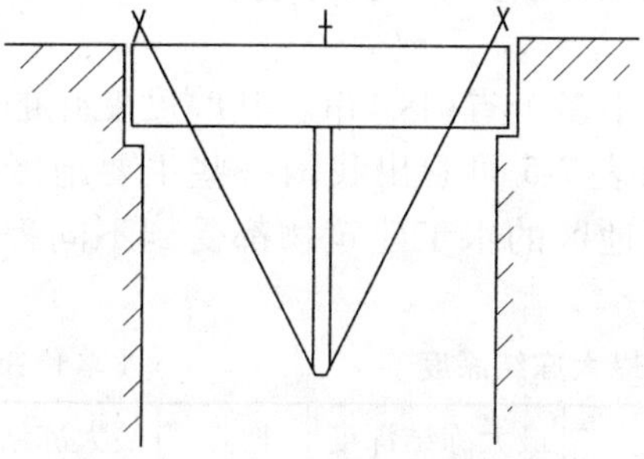

图7-12　梁件下加设拉筋示意图

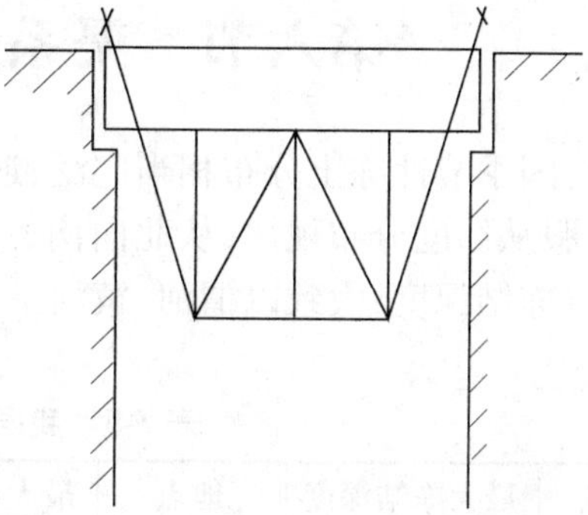

图7-13　梁件下加设桁架示意图

(2)当梁件由于拉力或剪力作用产生裂缝时,可用侧面帮宽、底面帮厚或同时加宽帮厚梁件的方法处理。加固时可适当凿开原结构以便焊接钢筋,并注意加固部分的主钢筋与原有梁上主钢筋的连接,如图7-14(a)所示。

(3)当梁件产生主应力裂缝时,也可采取在裂缝处加钢筋箍的方法加固。如图7-14(b)所示。

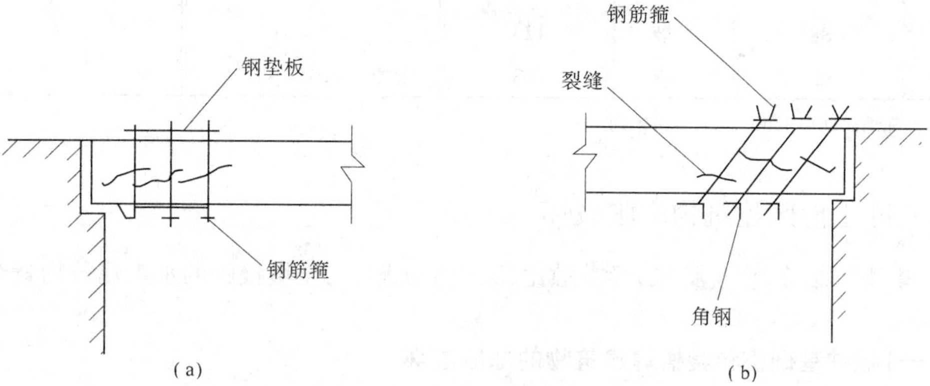

图7-14　梁件钢筋箍加固示意图

(六)钢丝网水泥渡槽的维修

钢丝网水泥渡槽,常因施工质量差和养护不当而造成裂缝、露网、印网及孔洞等情况,修补的方法如下:

(1)对露网、印网或印筋部位,先用尖凿打毛,清水洗净并保持湿润;再刷一层水泥浆打底,最后用M40以上砂浆修补。注意:新老砂浆结合处必须抹平、光滑。

(2)对较大的裂缝应凿槽嵌补,如损坏严重,钢筋已有锈蚀或断裂成孔洞,则应把锈蚀严重的钢筋切去,重新换取钢筋网,并适当加密钢筋,再涂抹 1∶1 水泥砂浆修补。注意:在砂浆初凝后,要多次压抹密实,确保新老砂浆黏结好。为防止砂浆干缩裂缝,可在砂浆表面涂抹或喷一层 1∶4(水玻璃∶水)的水玻璃溶液。

(3)对细微裂缝、印网、印筋及槽身散浸现象,可采用涂刷环氧沥青漆、聚苯乙烯及氯丁橡胶沥青漆等防腐涂料处理。

(4)对受力构件裂缝或损坏的修补,采取涂抹环氧基液、环氧砂浆的方法,效果较好。

第六节　渠系建筑物冻胀破坏的防治

我国季节性冻土分布相当广泛,遍布长江以北十多个省(区)市。其厚度变化的总趋势是,服从纬度分布规律,从北向南,逐渐减小。从表 7-5 可看出我国一些主要地区的最大季节冻结深度,大致以渭河、黄河下游为界,以北地区的水工建筑物都受到不同程度的冻害。

表 7-5　我国一些地区土层最大冻结深度　　(单位:cm)

地点	最大冻结深度	地点	最大冻结深度	地点	最大冻结深度	地点	最大冻结深度
伊春	290	通辽	179	天水	61	运城	43
哈尔滨	198	呼和浩特	143	银川	103	北京	85
长春	169	乌鲁木齐	141	松潘	50	天津	69
延吉	200	吐鲁番	83	甘孜	95	张家口	136
沈阳	148	西宁	134	昌都	81	石家庄	54
营口	111	玉树	94	拉萨	126	济南	44
丹东	88	张掖	123	大同	179		
满洲里	389	兰州	103	太原	77		

注:最大冻结深度小于 50 cm 的省份未列。

一、冻土地区建筑物冻胀破坏

冬季土层结冻,产生膨胀,春季融化,又产生沉陷,与土壤接触的水工建筑物就会因此破坏。

(一)桩柱基础桥和渡槽等建筑物的冻胀破坏

寒冷地区桩柱基础桥和渡槽的破坏很普遍,其特征有:

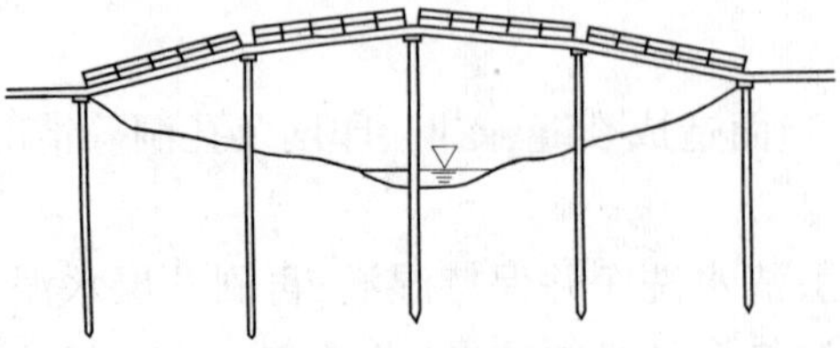

图 7-15　罗锅形

(1)沿纵向在立面上呈罗锅形。在地基冻胀作用下渡槽或桥的桩柱基础,常被不均匀的拔起来,通常沟(河)较深,夏季过水部分桩柱上拔量大,而往沟(河)两侧上拔量小,边桩柱一般不产生上拔现象,呈现罗锅形,如图 7-15 所示。

(2)沿纵向在平面上呈折曲形。同一排桩、柱有时冻胀上拔量不等,一般阳面小、阴面大,这样一方面使桥面或槽身产生倾斜;另一方面则使渡槽或桥面呈曲折变位。

(3)上抬量逐年积累和加剧。桩基产生冻拔后,不易制止,冻拔后也不能恢复原位,冻拔量也逐渐积累。一直到由于上拔量过大使建筑失去运用条件,甚至大部分拔出后导致桥面或渡槽身落架破坏。

(4)斜坡桩柱向沟(渠)内倾斜。当桥、渡槽等通过较深沟(渠)时,位于斜坡上的桩柱在斜坡上方冻胀力作用下,产生向沟(渠)内方向倾斜,常使桩柱断裂。当顶部变位过大时,可能使边跨桥面或槽身落架破坏。

(二)墩基础建筑物的冻胀破坏

在季节性的冻土地区,墩式基础桥、渡槽的破坏,其特征主要表现为,各墩在各种胀力作用下不均匀上抬或倾斜,导致上层结构变形或破坏。

(三)板形结构的冻胀破坏

渠道衬砌板体、闸底板、闸前铺盖及闸后护坦等这些板形结构往往置于冻层之内,即板下还有一定厚度的冻土层。这样板体将受底部和周边冻胀力作用,又受到上部结构的不同约束条件作用,板体受到变、扭、剪等复杂的外力作用,从而冻胀破坏。其特征:

(1)大面积薄板冻胀裂缝。当板形基础面积较大、四周约束力较小时,其裂缝分布无一定的规律,随着逐渐冻胀和融沉的反复作用,裂缝增多,宽度加大,严重的可使大片板形基础呈破碎状,也有在约束条件下呈规则冻胀裂缝。

(2)板形基础上抬及上部结构产生裂缝。当板形基础较大时,在底部胀力作用下,遂产生整体不均匀的上抬,而板形基础不一定产生破坏,当不均匀变形超过一定限度时,就会产生裂缝或某一部分过大的变形而破坏。

二、渠系建筑物冻胀破坏的防治

冻胀发生要素是土质、水分及土中的负温值。其中不论缺少哪一种都不会发生冻胀现象。如能消除或削弱上述3个要素中的一个,则可消除或削弱土体的冻胀,防止冻害一般采取以下措施。

(一)换填法

换填法是指用粗沙、砾石等非(弱)冻胀性材料置换天然地基冻胀性土,以削弱或基本消除基土的冻胀,这是广泛采用的一种方法,采用换填法时,应根据建筑物运用条件、结构特点、地基土质及地下水位等情况,确定合理的填换深度和控制黏粒含量,并应注意排水。

采用换填法消除地基冻胀,需在全部冻结深度或部分冻结深度内进行填换。其深度直接影响工程造价和防冻害的效果,一般应根据建筑类型、允许变形程度、冻结深度、土质及地下水位等条件确定。我国东北正规路面换填厚度20~30 cm,一般不超过50 cm,渠道衬砌的换填率(换填深度与冻结深度之比)为50%~90%,板形基础一般采用板厚加换填厚度等于当地冻深的办法确定换填深度。

换填料细颗粒含量的控制,粗颗粒土中粉黏粒含量控制在12%左右为宜,因为超过界限后,粗颗粒土的冻胀性就开始明显增大。对板形、条形、挡土墙及斜坡桩等经过换填后，只要采用一定的措施让砂砾石换填料的水分排出，就能起到很好的防冻效果。

在地下水位低，砂、砾石料较丰富、单价较低的地方，宜采用换填法。

（二）人工盐渍化法改良地基土

人工盐渍化法是向土体中加入一定量的可溶性无机盐类，如氯化钠（NaCl）、氯化钙（$CaCl_2$）、氯化钾（KCl）等，使之成为人工盐渍土，土基中加入可溶性盐后，可使电解质增加，增大土粒表面水膜厚度。由于粒子间的凝固，使土粒的表面能和毛细管作用降低，根据不同交换性阳离子对土冻胀性影响，加入钾、钠离子后就可大大抑制土体的冻胀性。一般多采用氯化钠掺入土体中，其掺量应以土壤种类和施工方法等条件而定，在沙质亚黏土中，可按重量比加入2%～4%的氯化钠、氯化钙，对含少量粉土和黏土的沙质土，可加入1%～2%的氯化钠或氯化钾。这种方法简单易行，材料广泛，也比较经济，缺点是有效期短，一般五六年即可失效。

（三）保温法

保温法是指在建筑物基底部后四周设隔热层，增大热阻，以推迟基土的冻结，提高土中温度，减小冻结深度，起到防止冻胀的作用。

可用于隔热的材料很多，如草皮、树皮、炉渣、砖块、泡沫混凝土、玻璃纤维、聚苯乙烯泡沫等。水工建筑物属于“非保温”性的工程，当前我国北方广泛采用铺土、冰盖、苇草等做隔热层，现在有些工程采用聚苯乙烯泡沫塑料作为渠道衬砌或挡土墙的隔热层，效果良好。为防止热量从填土表面和墙壁体表面散失，用聚乙烯泡沫塑料做隔热材料应顺板底和散热表面方向铺设。采用聚乙烯泡沫塑料做隔热材料，其优点是自重轻、强度高、隔热性能好、运输施工方便；缺点是造价较高。故这种材料多在缺少砂砾石的地区使用。

（四）排水隔水法

排水隔水法是为控制水分条件，达到消减或消除地基冻胀的目的。排水的根本所在是防止地基过湿，其措施有降低地下水位及季节冻层范围内土体含水量，隔断客水补给来源和排除地表水。

（五）结构增强

渠道衬砌可采用带肋板，增强结构的抗弯力，提高抵抗冻胀力的能力。

（六）加大基础埋深

一般将基础底面深埋于冰层以下25 cm，减小冻胀作用受力面。

思　考　题

1. 渠系建筑物常见的损坏形式及成因是什么？
2. 渠系输水建筑物的工作特点是什么？
3. 隧洞断裂漏水的主要原因是什么？
4. 分析气蚀产生的原因和容易发生的部位。
5. 气蚀与磨损的处理有哪些措施？
6. 隧洞裂缝的处理有哪些措施？
7. 隧洞的养护工作包括哪些内容？

8. 倒虹吸管常见病害有哪些？如何修复？
9. 涵管常见病害的处理方法有哪些？
10. 渠道常见病害的修复处理方法有哪些？
11. 渠道防渗的主要措施有哪些？
12. 渡槽冻害的处理措施有哪些？
13. 渡槽支墩加固的主要措施有哪些？
14. 钢筋混凝土梁式渡槽槽身加固的措施有哪些？
15. 冻土地区渠系建筑物冻胀破坏有何特点？
16. 渠系建筑物冻胀破坏的防治措施有哪些？

第八章　水利水电工程设备的维护

第一节　概　述

一、水利工程设备类型

在水电站、泵站、水闸、倒虹、船闸等水利工程中均涉及一些相关设备,设备已成为水利工程的主要组成部分,对水利工程效益的发挥和安全运行起着至关重要的作用。按照设备的构成和功能的不同,可将设备分为金属结构设备、机械设备和电气设备(即机电设备)。

金属结构设备主要包括钢闸门、拦污栅、隧洞的里衬钢板、压力钢管、钢塔架及船闸、启闭机等;机电设备包括水电站及泵站的机械设备部分和电气设备部分,如发电机、水轮机、水泵、变压器、开关站、配电设备等总称为机电设备,另外,还有在节水灌溉中用到的喷嘴、滴头等一些特殊设备。

二、设备维护检修的分类

根据检修范围与程度以及拆卸的规模和延续的时间将设备检修分为大修、中修、小修3种形式。设备的大、中、小修应根据运行中掌握的情况和定期对设备在检查中发现的问题及设备运行的时间来确定。

小修是指对设备有计划地养护修理,是对设备进行的一种局部的检查修理,也包括对在检查中发现的一般性问题所进行的及时处理。小修周期根据设备运行中掌握的情况及定期检查中发现的问题来确定,一般规定为半年或一年一次。小修项目内容因设备不同而有所不同。

大修是指对主要设备结构或部件因功能的老化或损坏等所进行的恢复性维修。大修周期一般是:机电设备为8 000~10 000 h进行一次,电器设备为5~10 a一次,金属结构设备是10~20 a一次。

中修是介于大修和小修之间的一种检修。由于各类设备的构成和工作性能以及使用环境条件的不同,其维护的方法和措施将有所不同。

第二节　金属结构设备的维护

一、金属结构的类型和工作特点

金属结构是用型钢材料,经焊铆等工艺方法加工而成的结构体,在水闸、引水等工程中被广泛采用,有挡水类、输水类、拦污类及其他钢结构等类型。一般钢结构在运行中要受水的冲刷、冲击、侵蚀、气蚀、振荡以及较大的水头压力等作用。

二、钢闸门的维护

(一)闸门工作状态的标准

闸门工作状态的标准是指闸门吊具运行可靠,表面清洁无变形、无锈蚀,没有附着水生物、污垢和杂物;所有运转部位油路畅通,油量适中,油质合格,润滑良好;闸门止水装置密封完好、可靠,闸门闭门时无翻滚、冒流现象,当门后无水时,无明显水流散射现象;闸门行走支撑装置无锈蚀、磨损、裂缝、变形;闸门提出水面后,各处不能存水;锁定装置合理;冬季破冰装置运行可靠。

(二)钢闸门的检查

钢闸门按构造特征分为平面闸门、弧形闸门、扇形闸门、屋顶形闸门、立式圆管形闸门、圆辊形闸门、球形闸门以及壳形闸门等,其中平面钢闸门与弧形钢闸门在水闸工程中运用较广。按检查的范围和作用可分经常检查与定期检查两种。

1. 经常检查

闸门的经常检查项目一般有止水、主滚轮与侧滚轮、门叶、支臂、支座等的检查。

止水检查主要是检查有无漏水,最直接的检查方法是观察其漏水量,弧形与平面钢闸门上橡皮止水的漏水量要求应小于0.2 L/(m·s),当漏水量超过此标准的10%时,应全部更换。应经常检查闸门止水固定螺栓周围有无锈水流淌现象。

主侧滚轮的检查方法比较简单,一是闸门启动过程中,观察滚轮是否转动;二是闸门开启出水面后,用手拨滚轮,看其是否转动灵活。

门叶的检查主要看油漆保护层是否完好,可用手抹漆面看有无粉化,眼观面板的油漆层色泽是否一致,有无龟裂、翘皮、锈斑等现象。对于龟裂比较严重的部位应用放大镜观察,区分是罩面层还是底层油漆的龟裂,如果是底层油漆的龟裂,应采取局部修补措施。

弧形钢门支臂腹板和翼缘板主要是检查有无局部变形和整体变形,焊缝有无裂缝和开裂,检查支铰连接螺栓及支臂与门叶连接螺栓是否损坏。

闸门吊耳与吊杆也应经常检查,吊耳与吊杆应动作灵活,紧固可靠。应经常用小锤敲击,检查零件有无裂缝,焊缝有无开焊,螺栓有无松动等,注意:止轴板不得有丢失,销轴不得有窜出。闸门运行时应注意观察闸门是否平衡,有无倾斜、跑偏现象。

2. 定期检查

定期检查是指按检查制度所规定的时间进行的检查。

在定期检查中可以针对专门问题进行专题检查,包括振动检测、锈蚀厚度的测量、焊缝的检查。

面板、杆件的锈蚀可用目测、手模、量具等或用超声波测厚仪对现有的厚度进行检查;焊缝检查采用射线探伤法或超声波探伤法进行。

(三)闸门的养护

养护就是采用一切措施将闸门的运行状态保持在标准状态上。闸门养护分一般性养护与专门性养护,一般性养护又分清理检查养护与观测调整养护,专门性养护又分门叶、行走支承及导向装置、止水预埋件、吊耳与吊杆等的养护。

1.一般性养护

(1)检查清理。对闸门体上的油污、积水和附着水生物等污物,要随时清理。闸门槽、门库、门枢等部位若有杂物卡阻,应及时进行检查清理。对浅水中的闸门,可经常用竹篙、木杆进行探摸,利用人工或借助水力进行清除;对深水中较大的建筑物,应定期进行潜水清理。

(2)观察调整。闸门发生倾斜、跑偏问题时,应配合启闭机予以调整。

(3)消淤。应定期对闸前进行输水排沙,或利用高压水枪在闸室范围内进行局部冲刷清淤,消除闸前泥沙淤积,避免闸门启闭困难。

2.专门性养护

专门性养护是针对闸门自身各部分构件所进行的养护。

(1)门叶部分的养护。通过调节闸门开度避免闸门在泄水时发生脉冲振动,在闸门上游加设防浪栅或防浪排削弱波浪对闸门的冲击。

(2)闸门行走支承及导向装置的养护。应定时向轴门主轮、弧形闸门支铰、人字闸门门框及闸门吊耳轴销等部位注油,以防止润滑油流失、老化变质。注油时,应在不停转动下加注,尽量使旧油全部排出,新油完全注满。对无孔道的可定期拆下清洗,然后涂油组装。

(3)闸门止水装置的养护。要采取一切措施避免止水断裂和撕裂、止水与止水座板接合不紧密、止水座板变形、固定螺栓松动和锈蚀脱落等问题。对于止水座板表面粗糙的,可用平面砂轮打磨,然后涂刷一层环氧树脂使其平滑。止水橡皮磨损造成止水座间隙过大而漏水时,可采用加垫橡皮条进行调整,在橡皮摩擦面涂刷防老化涂料,防止橡皮老化,金属止水要防磨蚀、防气蚀。

(4)闸门预埋件的养护。闸门预埋件应注意防锈蚀和气蚀。各种金属预埋件除轨道部位摩擦面涂油保护外,其余部位凡有条件的均宜涂坚硬耐磨的防锈材料,锈蚀或磨损严重时,可采用环氧树脂或不锈钢材料进行修复。

(5)闸门吊耳与吊杆的养护。吊耳与吊杆应动作灵活,坚固可靠,转动销轴应经常注油保持润滑,其他部位金属表面应喷涂防锈材料,应经常用小锤敲击检查零件有无裂纹或焊缝开焊、螺栓松动等,并检查是否有正轴板丢失、销轴窜出现象。

(四)闸门的修理

闸门的修理应针对存在缺陷的部位和形成缺陷的原因的不同,采用不同的处理方法。

1.门体缺陷的处理

门体常出现的问题有门体变位、局部损坏和门叶变形等。

(1)门体变位的处理。变位原因及处理方法,因双吊点与单吊点门体而有所不同。①双吊点闸门变位的主要原因是启闭机两个卷筒底径误差较大,处理方法可以采用环氧树脂与玻璃丝布混合粘贴的方法补救直径较小的卷筒,使其一致,或加大筒径较小一侧的钢丝绳直径等方法进行调整。当钢丝绳松紧不一时,可以重绕钢丝绳或在闸门吊耳上加设调节螺栓与钢丝绳连接。②单吊点闸门发生倾斜的主要原因是吊点垂线与门体重心不重合。当吊耳中心垂线与门体重心偏差值超过2 mm,须拆下重新调整安装;当吊耳位置偏差小于 2 mm,门叶及拉杆销孔基本同心,门体有轻微倾斜时,可在门体上配置重块,使门体端正;对螺杆启闭机操纵的轻型闸门,且启闭机平台又比较高时,可在门顶与螺杆之间装设带有调整螺栓的人字条进行调整,当因螺杆弯曲而引起门体倾斜时,应调直螺杆。

(2)门叶变形与局部损坏的处理。①门叶构件和面板锈蚀严重的应进行补强或更新,对面板锈蚀厚度减薄的,可补焊新钢板予以加强,新钢板焊缝应布置在梁格部位,焊接时应先将钢板 4 角点焊固定,然后再对称分段焊满。也可用环氧树脂粘合剂粘贴钢板补强。②因强烈风浪的冲击,或因闸门在门槽中冻结或受到漂浮物卡阻等外力作用,造成门体局部变形或焊缝局部损坏与开裂时,可将原焊缝铲掉,再重新进行补焊或更新钢材,对变形部位应进行矫正。矫正方法是:常温情况下一般应用机械进行矫正,复杂的结构可先将组合的元件割开,分别矫正后,再焊接成整体;对于变形不大的或不重要的构件,可用人工锤击矫正,锤击时应加垫板,且锤击凹坑深度不得超过 0.5 mm;采用热矫正时,可以用乙炔焰将构件局部加热至 600 ~ 700 ℃,利用冷却收缩变形来矫正,矫正后应先做保温处理,然后放置于不低于 0 ℃的气温下冷却。③气蚀引起局部剥蚀的应视剥蚀程度采取相应方法,气蚀较轻时可进行喷镀或堆焊补强,严重的应将局部损坏的钢材加以更换,无论补强或更换都应使用抗蚀能力较强的材料。④由于剥蚀、振动、气蚀或其他原因造成螺栓松动、脱落或钉孔漏水等缺陷时,对松动或脱落螺栓应进行更换;螺孔锈蚀严重的可进行铰孔,选用直径大一级的螺栓代替;螺栓孔有漏水的,视其连接件的受力情况,可在钉孔处加橡皮垫,或涂环氧树脂涂料封闭。⑤弧形闸门支臂或人字门转轴柱子刚度不足会引起弧形闸门支臂发生较大挠曲变形,或人字门门叶倾斜漏水,修理时应先矫正变形部位,然后对支臂或转轴柱进行加固,以增强其刚度。

2. 行走支承机构的修理

(1)滚轮锈蚀卡阻的处理。若出现滚轮锈蚀卡阻不能转动,当轴承还没有严重磨损和损伤时,可将轴与轴套清洗除垢,将油道内的污油清洗干净,涂上新的润滑油脂;当轴承间隙如因磨损过大,超过设计最大间隙的 1 倍时,应更换轴套。轮轴磨损或锈蚀,应将轴磨光,采用硬镀铬工艺进行修复,当轮轴径损失 1% 以上时,可用同材质焊条进行补焊,然后按设计尺寸磨光电镀。

(2)弧形闸门支铰转动不良的处理。引起弧形闸门支铰转动不良的原因可能有:支铰座位置较低时,泥沙容易进入轴承间隙,日久结成硬块,增加摩阻力;支铰轴注油不便,润滑困难,尤其因支臂转角小,承力面难以保留油膜而日久锈蚀;两支铰轴线不在同一轴线上。支铰检修时一般是卸掉外部荷载,把门叶适当垫高,使支铰轴受力降至最低限度,然后进行支撑固定,拔取支铰轴可根据实际情况采用锤击或用千斤顶施加压力的方法进行,视支铰轴磨损和锈蚀情况,进行磨削加工,并镀铬防锈。对于支铰轴不在同一轴线上的,应卸开支铰座,用钢垫片调整固定支座或移动支座位置,使其达到规范的精度要求,然后清洗注油,安装复位,油槽与轴隙应注满油脂,用油脂封闭油孔。

3. 止水装置的修理

止水装置常出现的问题有:①橡皮止水日久老化,失去弹性或严重磨损、变形而失去止水作用;②止水橡皮局部撕裂;③闸门顶、侧止水的止水橡皮与门槽止水座板接触不紧密而有缝隙。

处理方法:①更换新件。更换安装新止水时,用原止水压板的孔位在新止水橡皮上画线冲孔,孔径比螺栓直径小 1 mm,严禁烫孔。②局部修理,可将止水橡皮损坏部分割除换上相同规格尺寸的新止水。新旧止水橡皮接头处的处理方法有将接头切割成斜面,在其表面锉毛涂粘合剂粘合压紧;采用生胶垫压法胶合,胶合面应平整并锉毛,用胎膜压紧,借胶膜传热,加热温度为 200 ℃左右。

4. 预埋件的修理

预埋件常受高速水流冲刷及其他外力作用,很容易出现锈蚀变形、气蚀和磨损等缺陷。对这些缺陷一般应做补强处理。若损坏变形较大时,宜更换新的。金属与原埋件之间不规范的缝隙,可采用环氧树脂灌浆充填,工作面上的接口焊缝应用砂轮或油石磨光。

止水底板及底坎等,由于安装不牢受水流冲刷、泥沙磨损或锈蚀等原因发生松动、脱落时,应予整修并补焊牢固,胸墙檐板和侧止水座板发生锈蚀时,一般可采用刷油漆涂料或环氧树脂涂料护面。

(五)钢闸门的防腐蚀

闸门钢结构在使用过程中会不断地发生腐蚀,在一般涂料的保护下,使用 10 年后,10 mm厚的闸门面板、腐蚀深度可达至 2 ~ 3 mm,最坏情况可达穿孔程度。因此,闸门的防腐蚀工作尤为重要。

1. 钢结构闸门的腐蚀类型

钢闸门表面金属腐蚀一般分为化学腐蚀、电化学腐蚀两类。化学腐蚀是钢铁与外部介质直接进行化学反应;电化学腐蚀是钢铁与外部介质发生电化学反应,在腐蚀过程中,不仅有化学反应,而且还伴随有电流产生。水工钢闸门的腐蚀多属电化学腐蚀。

2. 腐蚀处理的一般方法

防腐处理首先应将金属表面妥善清理干净,对结构表面的氧化皮、锈蚀物、毛刺、焊渣、油污、旧漆、水生物等污物和缺陷,采用人工敲铲、机械处理、火焰处理、化学处理、喷砂等方法进行处理,我国常用的处理方法为喷砂处理。然后采用合理的方法进行保护处理,一般防腐蚀方法有 3 种。

(1)涂料保护。使用油漆、高分子聚合物、润滑油脂等涂敷在钢件表面,形成涂料保护层,隔绝金属结构与腐蚀介质的接触,截断电化学反应的通道,从而达到防腐的目的。涂料保护的周期因涂料品种、组合和施工质量而异,一般为 3 ~ 8 年,近年来,由于涂料技术的发展,有些涂料可达10 年以上。涂料总厚度一般为 0. 1 ~ 0. 15 mm,特殊情况可适当加厚。涂料一般要求涂刷 4 层,其中底层涂料涂刷二层,面层涂料涂刷二层,有的还采用中间层以提高封闭效果。底、中、面层涂料之间要有良好的配套性能,涂料配套可根据结构状况和运用环境参照《金属结构防腐蚀规范》(SC105—95)选用。涂料除具有易燃性外,大都会有对人体有害的物质,因此涂料施工应按有关规程执行,注意安全和防护。涂料保护适应性强,可用于各种腐蚀介质中的钢结构,涂装工艺较易掌握,便于选择各种涂料保护膜的颜色。

用于水工金属结构的防腐涂料应具有耐水、耐候、耐磨、抗老化等优良性能。

涂装施工有刷涂、滚涂、空气喷涂、高压无气喷涂等方法,涂装时应注意确定涂料最佳施工黏度、一次涂装厚度、成膜时间及涂装间隔时间,并应制定严格的返修工艺。

(2)喷涂金属保护(或称喷镀)。是采用热喷涂工艺将金属锌、铝或锌铝合金丝熔融后喷射至结构表面上,形成金属保护层,起到隔绝结构与介质和阴极保护的双重作用。为更充分地发挥其保护效果,延长保护层寿命,一般还要加涂封闭层。喷涂金属保护用于环境恶劣、维修困难的重要钢结构,防腐效果好,保护周期长,在淡水中喷涂锌的保护周期可达20年以上。在一般水质或大气中工作的钢结构,可采用喷涂锌保护,在水及污水中可采用喷涂锌、铝及其合金保护。

(3)外加电流阴极保护与涂料联合保护。在结构上或结构以外的适当位置合理地布置辅助阴极,使结构、阴极与腐蚀介质(电解质溶液)3者构成电解池,通过外加直流保护电源,使结构成为整体阴极而抑制结构上腐蚀微电池的发生,从而使结构得到有效的保护。为了进一步提高保护效果,减少电能和阴极材料的消耗,通常与涂料联合保护,既可发挥涂料的保护作用,又可发挥电化学的保护作用,是一种较好的防腐蚀措施。用于各种水质中保护面积大、数量多而集中、表面形状单一而又有规则的水下钢结构,保护周期长,一般可达15年以上。

阴极保护系统的电源,在有交流电源时,可使用自动恒电位装置进行自控;无交流电源时,可采用太阳能、风能及其他交流或直流电源。

辅助阳极可选用普通钢铁,也可设计成微溶性阳极,如石黑、高硅铸铁、镀铂钛和铅银合金等。阳极布置是外加电流阴极保护措施的关键,根据水质、结构型式、运行情况及其他结构的关系,常采用以下两种阳极布置方式:①布置于结构上的近阳极;②固定于其他结构上的远阳极。

3.喷涂金属保护(喷镀)的技术简介

喷镀根据熔融金属丝的方式和设备不同,分为火焰喷镀和电弧喷镀。这里介绍一下常用的火焰喷镀。

1)影响喷镀质量的主要因素

(1)金属涂层与基本金属的结合力。金属涂层与基本金属必须结合牢固,才能有效地发挥防腐蚀作用,结合力是喷镀工艺最重要的质量指标。金属涂层与基本金属的结合方式不是合金化结合,而是靠“锚定”作用的机械咬合力,一般在5~10 MPa。影响结合力的因素有:①表面粗糙度。要求基本金属表面除锈应非常彻底。②喷涂时间间隔。应尽可能缩短除锈与喷涂间隔时间;封闭层油漆宜在金属喷涂完成尚有余热时进行。当环境的相对湿度接近85%时应停止表面处理与喷镀。③其他因素。喷枪距离、进丝速度、金属熔滴的颗粒度、喷涂层的重叠方式与重叠程度。

(2)涂层厚度。涂层过厚,由于涂层本身内部存在应力以及涂层本身的抗拉力强度低等原因,反而造成结合力下降及涂层断裂直至脱落。一般喷镀铝层厚为100~150 μm,喷涂锌层厚为100~120 μm。封闭漆膜厚度不小于75 μm,并应均匀,外观不得有起皮或裸斑、锈蚀及脱落。

(3)封闭涂料的选择。金属喷涂加封闭涂料形成防腐复合体系,防腐效果好。选择封闭涂料应考虑:①具有合适的黏度,应能很好地渗透到金属涂层的空隙内。②与涂层金属不致发生不良反应。③应适应所处的腐蚀环境,水下和干湿交替部位,可选用沥青类、环氧沥青类、乙烯树脂类、环氧类和环氧聚氨酯类;水上应选用耐候性较好的聚氨酯、丙烯酸类及氯化橡胶等。

2）工艺流程

喷涂金属的工艺流程是：表面喷砂处理→检验→喷涂→检验→涂料封闭→检验。

3）喷镀工艺技术要求

(1)材料。喷涂金属丝纯度不低于国家标准 AL 一级，即含铝量不小于99.5%，含铜量不大于0.05%。铝丝直径 $\phi3$ mm，表面光滑无毛刺，喷涂前擦净表面的油污及灰尘。

(2)磨料。选用粒径0.5~2 mm 带棱角的金刚砂，磨料必须清洁干净，其含水量不大于3%。

(3)压缩空气。喷射除锈与热喷涂所用的压缩空气必须经过油水分离器过滤。

(4)乙炔。乙炔应干燥，一般选用瓶装乙炔。

(5)氧气。含氧量应达到98.5%。

4）喷镀操作工艺参数

(1)喷涂除锈。压缩空气压强 $P=0.441\ 3\sim0.588\ 4$ MPa，喷射角度45°~80°，喷射距离15~30 cm，喷射时间10~20 s，喷嘴直径7~9 mm，空气流量3~4 m^3/mim。

(2)喷铝。压缩空气压强 $P=0.392\ 3\sim0.588\ 4$ MPa，乙炔压力0.078 5~0.088 MPa，氧气压力0.392 3~0.490 3 MPa，喷涂距离15~20 cm，喷涂角度不大于25°，喷幅重叠1/3。

(3)封闭漆。黏度18~40 s，漆膜厚度(干膜)20~30 μm/道，施工温度应高于-10 ℃。

三、钢管道的养护修理

水利工程中的钢管道有坝式、隧洞式和露天式3种，均承受较大的内水压力，有时管内流量很不稳定，易遭受各种损坏，所以对钢管道养护修理是很重要的管理工作，也是经常要做的工作。

(一)钢管道的正常状态标准及报废标准

1.正常标准

(1)进水出水管道完好无损、无掉漆、无漏水。

(2)排水管道保证泥沙的排放量不受阻，完好无损。

(3)进、出、排水管道阀门齐全完好，开关灵活可靠，无卡阻现象。阀门关闭时无漏水现象。

2.报废标准

某段的蚀余厚度 $\delta<(D/800+4)$ mm 或 $\delta<6$ mm 时(D 为钢管直径)，该段钢管应报废。

某段钢管的管壁厚度已减薄2 mm 以上时，应对该段钢管进行强度和稳定校核，并实测该段，钢管应力综合分析不能满足设计要求时，应报废。

(二)钢管道的检查

为了保证工程的正常运行和人员设施安全，压力钢管运行时应经常进行检查，检查项目主要有以下几个方面：①明管支座的检查。②明管伸缩节人孔的检查。③通气孔的检查。④运行保护设备的检查。⑤钢管锈蚀、磨损、焊缝的检查。⑥观测设备的检查。⑦排水设施情况的检查。

对上述各项目的检查方法同对闸门的检查方法一样，采取目测与仪器测试相结合，针对不同项目可以进行定期或经常性的检查。

（三）钢管道的养护

根据钢管道的运行标准主要做好以下几个方面的养护工作：①对各种型式的支座构件应保持清洁，有足够的润滑脂；②滚动型式摇摆型支座的防护罩保持密封，不得有水、灰尘等进入罩内；③钢管内外壁及支承环、加劲环和其他附属设备等的防腐保护层应保持良好状态，如产生锈蚀应根据周围环境的温度、湿度和接触介质情况，按金属结构防腐蚀的有关方法进行处理；④当气温下降到0 ℃以下时，要防止管内结冰；⑤发电管道需临时停机时，一般不宜将钢管泄空以免重新充水时因温差过大而产生超应力；⑥伸缩节有渗水时冬季要注意保温；⑦为预防钢管发生爆管事故而设置的各种排水设备和其他装置，应进行经常养护，保证完好。

（四）钢管道的修理

1.钢管通常出现的病害缺陷

（1）钢管道属于薄壳结构，在受外压和管内产生负压时，容易失去弹性稳定而发生皱曲破坏，使钢管出现鼓包和鱼脊形变形。

（2）露天式明管由于材料和结构型式不当及受温度变化影响，其管壁、焊缝等易发生脆性破坏。

（3）钢管裂缝、变形。

（4）水流、泥沙作用发生空蚀及磨蚀。

（5）支座超限位移。

2.病害的预防和修理

（1）结构补强。管壁发生裂缝时，应立即停止使用，进行补焊；管壁出现小鼓包和鱼脊形变形时，可采用顶压复原，并在钢管外设加劲环加强；如鼓包面积较大或整段钢管被压缩皱曲时，应割除已损坏段，重新设计的钢管应增设加劲环或更换较厚钢板。露天明管的脆性破坏发展速度很快，其管壁、焊缝及有关构件突然发生的断面呈晶粒均匀的平面，并与构件表面垂直，应立即在钢管外壁加设钢箍，将在尖锐缺口处或外形突变的构件改变为弧形过渡段形式；一些间断的焊缝应加焊为连续焊缝，质量较差的焊缝要铲除重焊。

（2）空蚀与磨蚀破坏防治。防治空蚀的措施主要是通过控制管壁平整度和掺气的方式实现。

磨蚀破坏的防治主要是减少磨蚀介质来源，对于发电厂，坝前一定要消除上游导流段内的块石、围堰材料和消力池内的砂石铁件、混凝土块等残余杂物；对于倒虹明管，可在进水口上游500～1 000 m渠段设置沉沙拦石槽，并定期打捞清理，以减少进入管内的沙石量，当发生气蚀和磨蚀，应及时修理，其方法与闸门气蚀磨蚀的处理方法相同。

（3）预防钢管振动破坏。可采取减振措施，最简单的方法是加设钢箍，调整加劲环距离，增设小支墩，以改变钢管的自振频率，降低钢管的振幅。如振源是由于涌浪或空化产生，可适当增加补气。引水发电钢管应尽量避免水轮机在振动较大的负荷下运转，尾水管内发生涡流时要充分补气消除振动。

钢管道的附属设备有伸缩缝、支墩、排水排气阀、进人孔等，当法兰盘式伸缩节的水封盘根老化及磨损而引起漏水时，可调紧压环螺栓，当盘根失效无法再调时，应更换新件。当支墩下的基础不好引起支墩变位时，可在支墩四周做排水设备以降低地下水水位。寒冷地区支墩混凝土周围应加保温层，以消除支墩四周土壤冻胀对支墩的影响。进人孔法兰盘如有漏水，可将法兰盘连接螺栓拧紧或更换垫片。排气阀内导向轴承磨损过大时应予更换。通气孔座及阀盖漏水时，可重新研磨，使孔座及阀盖表面接触良好。

四、拦污栅的维护

（一）拦污栅的检查

拦污栅的检查包括污物检查和栅体检查。污物检查一般可通过定期检测拦污栅前后压差的方法间接了解，也可以采用水下电视检查。栅体检查一般结合拦污栅清污进行。检查内容一般包括栅体锈蚀情况、栅条是否完好、支承框架有无变形、吊耳及其连接是否完好等。随着抽水蓄能电站的发展，出现承受双向水流和抗振功能的拦污栅，对栅体检查提出了更高的要求，比如焊缝和裂缝的检查。

（二）拦污栅的清理

常见的清污方法有人工清污和机械清污，当水面清污有困难时，也可采用潜水员潜入栅前清理污物。具备提栅清污条件时，将拦污栅提升至平台，人工清理污物。机械清污是使用清污机将污物从栅面上捞起来，它适用面广、效率高，能够在动水条件下工作，应用越来越广泛。目前，国内常用清污机是耙斗式清污机和回转式清污机。

（三）拦污栅的缺陷处理

由于污物堆积、振动、锈蚀等原因造成拦污栅常出现栅条的变形、脱落、支承框架变形、销轴锈死、焊缝开裂等缺陷。

对栅条和支承框架的变形，可采用机械矫正和热矫正法进行处理，变形严重时应予报废更换新件，矫正后的拦污栅可适当在主梁翼缘贴补加强板进行加固。

对于销轴锈死现象，应拆卸除锈并对销轴表面进行镀铬处理。

抽水蓄能电站的拦污栅如果出现栅条脱落或断裂、支承框架变形、焊缝开裂等现象时，应增架结构刚度、缩短栅条支承间距，提高焊接质量。

五、清污机的维护

（一）清污机的检查

目前常用的耙斗式清污机由刚性门架、耙斗、耙斗升降及开闭机构、行走台车、导向架、机房及司机室、排污系统、台车行走机构等组成。对清污机的检查主要有门架的刚度和稳定性，耙斗变形，耙凿弯曲与断裂，耙斗上下开闭卡阻现象，行走车运行偏离轨道、运行轨迹紊乱现象，大车行走定位情况，胸墙与导向架的衔接误差等。

（二）清污机的日常维护

（1）门架机构应定期除锈并涂刷油漆保护。

（2）对水中的行走台车部分加强防腐处理。

(3)运行中出现的变形和振动超过允许值时应加固连接,螺栓如有松动或脱落应及时拧紧或更换。

(4)车轨和轨道,尤其是行走台车的车轮和轨道,出现不均匀磨损或过渡磨损时,应调整车轮侧向间隙或台车架水平度,使各轮均匀接触,过度磨损的轨道应进行补焊处理。

(5)出现弯曲或断裂的耙齿应进行矫正或更换新件。

(6)及时清除耙斗、台车及卸污斗槽上的污物,保持清污机清洁。

(三)清污机的大修

清污机大修一般通过检查、清扫、试验、更换易磨易损部件,达到清除设备重大缺陷的目的。大修间隔时间在污物较多时可为3~4年,污物较少时可长到4~6年。清污机的大修类似于其他启闭设备。大修主要内容有:

(1)检查钢结构各部位情况,补强薄弱断面及结点,修复变形及损坏的部分。

(2)检查和修理耙齿机构。

(3)根据钢丝绳报废标准更换钢丝绳。

(4)检查制动器磨损情况,必要时更换闸瓦。

(5)更换磨损的密封件。

(6)检查和修理电动机。

(7)清洁减速器和齿轮,更换新润滑油。

第三节　启闭设备的养护修理

一、启闭机类型

启闭机按传动方式分机械式与液压式两类,机械式启闭机按工作方式又分固定式和移动式两类。固定式启闭机又分卷扬式、螺杆式以及其他类3种类型。固定卷扬式启闭机在水闸工程中运用非常广泛,在水闸工程中也起着重要的作用,对其认真检查维护显得尤为重要。

卷扬式启闭机的基本构成主要包括动力部分、传动部分、制动部分、制动器、悬吊装置和附属设备等部分,如图8-1所示。

二、启闭机的检查

启闭机的检查针对检查项目和目的的不同,分为经常检查和定期检查两种方式。

(一)经常检查

经常检查主要指对驱动部分、变速部分、启吊部分等部分进行的检查。

(1)驱动部分主要是对电动机、动力线路、控制线路、制动器、主令控制器、限位开关等进行检查。是通过眼观、耳听、鼻嗅等直观的方法对设备的状况进行检查。耳听有无异常声响,鼻嗅有无电器异常焦糊味,如刹车片过紧摩擦发热。停车时制动器动作是否准确,刹车片如果过松,裹力不足闸门会下滑;限位开关与闸门停止的位置是否对应,闸门开度与主令控制器的指示是否一致。

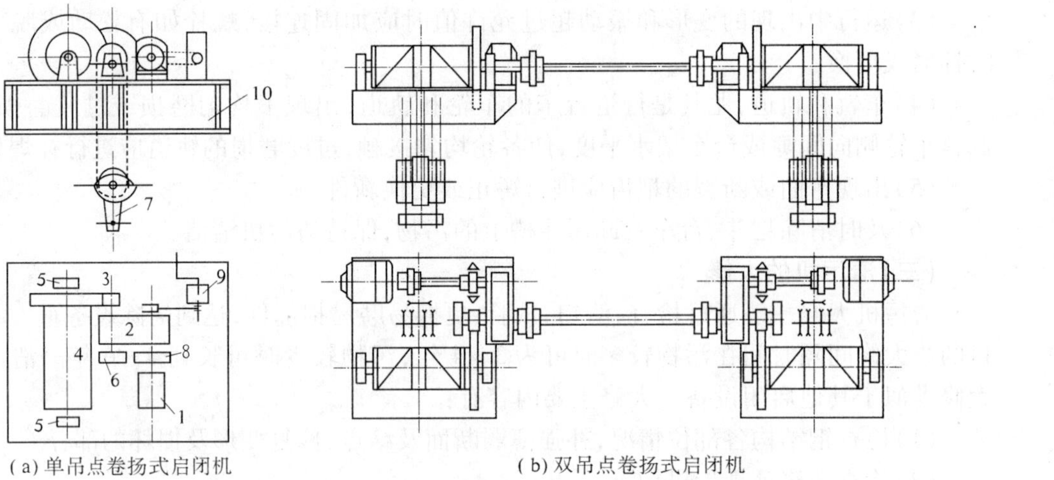

(a) 单吊点卷扬式启闭机　　(b) 双吊点卷扬式启闭机

1—电动机；2—减速器；3—开式齿轮；4—绳鼓；5—轴承座；6—定滑轮；
7—动滑轮；8—制动器；9—手摇装置；10—机架

图 8-1　卷扬式启闭机

(2)变速部分的经常检查主要是油位的检查。检查减速箱是否漏油、各轴承间润滑脂的质量与数量。

(3)启吊部分主要检查卷筒、开式齿轮、钢丝绳、绳套、吊耳、吊座、定滑轮、动滑轮等，这部分重点检查钢丝绳两头紧固情况，油脂保养情况以及闸门启吊时动、定滑轮是否灵活等。

(二)定期检查

(1)定期对减速箱进行解体、放油沉淀、清除杂物和水分，测量各级传动轴与轴承之间的间隙，用塞尺检查齿轮的侧向间隙是否符合规定，各级传动轴的油封是否完好无损。

(2)定期检查吊点连接设备，着重检查钢丝绳与启闭机以及闸门的连接是否牢固，重点是水下部分的吊耳检查。钢丝绳与启闭机绳鼓的连接一般用压板及螺栓固定，检查时应注意螺栓是否拧紧，压板下面的钢丝绳有无松动脱变迹象。

(3)钢丝绳全面检查时，主要检查钢丝绳表面有无锈蚀、磨损断丝等问题。当一个节距长度内断裂的钢丝根数超过规定的标准数值时，就应更换钢丝绳。

(4)电器设备等的检查，应检查电动机对地绝缘和相间绝缘是否符合规定值，制动器闸瓦有无过度磨损，退程间隙是否符合规定值，这些可以用工器具直接测量或眼观估测。其他操作设备如空气开关、限位开关、接触器、按钮等都应检查，其线路要紧固，触点要良好。

三、启闭机的养护

为使启闭机处于良好的工作状态，需对启闭机的各个工作部分采取一定的作业方式进行经常性的养护，启闭机的养护作业可以归纳为清理、紧固、调整、润滑 4 项：

(1)清理。即针对启闭机的外表、内部和周围环境的脏、乱、差所采取的最简单、最基本却很重要的保养措施，保持启闭机周围整洁。

(2)紧固。即将连接松动的部件进行紧固。

(3)调整。即对各种部件间隙、行程、松紧及工作参数等进行的调整。

(4)润滑。即对具有相对运动的零部件进行的擦油、上油。

(一)动力部分的养护

动力部分应具有供电质量优良、容量足够的正常电源和备用电源。电动机保持正常工作性能,电动机要防尘、防潮,外壳要保持清洁,当环境潮湿时要经常保持通风干燥。每年汛期测定一次电动机相闸及对铁芯的绝缘电阻,如小于0.5 Ω时,应进行烘干处理;检查定子与转子之间的间隙是否均匀,磨损严重时应更换;接线盒螺栓如有松动或烧伤,应拧紧或更换。电动机的闸刀、电磁开关、限位开关及补偿器的主要操作设备应洁净,触点良好;电动机稳压保护、限位开关等的工作性能应可靠;操作设备上各种指示仪器应按规定检验,保证指示准确;电动机、操作设备、仪表的接线必须相应正确,接地应可靠。

(二)传动部分的养护

对机械传动部件的变速箱、变速齿轮、蜗轮、蜗杆、联轴器、滚动轴承及轴瓦等,应按要求加注润滑油;对液压传动装置的油泵,应经常观测其运行情况是否正常,油液质量是否良好,油液是否充足,油箱、管道和阀组有无漏油或堵塞,出现问题及时处理。

(三)制动器的养护

应保持制动轮表面光滑平整,制动瓦表面不含油污、油漆和水分,闸瓦间隙应合乎要求;主弹簧衔铁、各连接铰轴经常涂油,保证制动灵活,稳定可靠。电动液压制动器应不缺油、不锈蚀、定期过滤工作油,定期调整控制阀。

(四)悬吊装置的养护

检查若发现钢丝绳两端固定点不牢固或有扭转、打结、锈蚀和断丝现象,松紧不适,有磨碰等不正常现象,应及时处理,钢丝绳经常涂油防锈,油压机活塞杆要经常润滑,漏油时要经常上紧密封环。

(五)附属设备的养护

高度指示器要定期校验调整,保证指示位置正确;过负荷装置的主弹簧要定期校验;自动挂钩梁要定期润滑防锈;机房要清洁,寒冷地区冬季应保温。

四、启闭设备修理

(一)检修的一般技术工作内容

修理主要是指拆卸、修复、更换和安装等工作。其中修复是对损坏零件通过各种工艺进行再加工,使其恢复原有的几何尺寸、形状和理化性能。启闭机应按维护制度的规定进行小修(1年)、中修(3年)、大修(5~10年)。大修是对启闭机全面的养护性维修,修复或更换零部件,从而恢复功能。修理工作一般是拆卸和装配两种作业。

进行拆卸时应注意:①要依据技术文件、图纸等尽量熟悉设备各部分结构;②场地环境应清洁;③按设备结构特点确定拆卸步骤和顺序;④合理使用合适专用工器具,避免乱敲乱打;⑤应做好记号、记录,以防装配时无法安装;⑥零件应合理存放,不能乱放。

在进行装配时应注意:①严格按事先制定的装配工艺顺序进行,避免漏装,零件特别是新加工或购置的零件必须满足技术要求,零件装配前必须进行清扫。②选择合适的工具和设备,禁止乱敲猛打。③核对零件的各种装配记号,防止错装。④过盈配合件装配时应先涂润滑油脂以利装配。⑤高速旋转的零件如皮带轮、飞轮等装配前应按技术要求进行静平衡试验,合格后方能装配。⑥每装一部件,都应仔细检查和清理,防止遗漏。

(二)螺杆式启闭机的修理

运行中由于无保护装置或保护装置失灵,操作不慎,易引起螺杆压弯、承重螺母和推力轴承磨损等问题。螺杆轻微弯曲可用千斤顶、手动螺杆式矫正器或压力机在胎具上矫正,直径较大的螺杆可用热矫正;弯曲过大并产生塑性变形或矫正后发现裂纹时应更换新件;承重螺母和推力轴承磨损过大或有裂纹时应更换新件。

(三)固定卷扬式启闭机的修理

1. 钢丝绳、卷筒、滑轮组的修理

(1)钢丝绳刷防护油应先刮除清洗绳上的污物,用钢丝刷子刷、用柴油清洗干净后涂抹合适的油脂(将油脂加热至 80 ℃左右,涂抹要均匀,厚薄要适度)。每年进行一次。

(2)卷筒、卷筒绳槽磨损深度超过 2 mm 时,卷筒应重新车槽,所余壁厚不应小于原壁厚的85%。卷筒发现有裂纹,横向一处长度不超过 10 mm,纵向二处总长度不大于 10 mm,且两处的距离必须在 5 个绳槽以上,可在裂纹两端钻小孔,用电焊修补,如果超过上述范围应报废。卷筒经磨损后,露出沙眼或气孔,视情况而定是否补焊。卷筒轴发现裂纹应及时报废,卷筒轴磨损超过规定极限值时应更新。

(3)滑轮组。检查若发现轮槽、轴承等有裂缝、径向变形或轮壁严重磨损时应更换。

2. 传动齿轮的修理

传动齿轮包括开式传动齿轮和减速器传动齿轮。

(1)齿轮的失效形式。齿轮失效形式有轮齿折断、齿面疲劳点蚀齿面磨损、齿面胶合和齿轮的塑性变形等。

(2)齿轮的检测。检查齿轮啮合是否良好,转动是否灵活,运行是否平稳,有无冲击和噪音;检查齿面有无磨损、剥蚀胶合等损伤,必要时可用放大镜或探伤仪进行检测,齿根部是否有裂缝裂纹。有条件的可检测齿侧间隙和啮合接触斑点。

(3)齿轮的安装调试。安装要保证两啮合齿轮正确的中心距和轴线平行度,并要保证合理的齿侧间隙、接触面积和正确的接触部位。

3. 联轴器的检修

对联轴器出现连接不牢固或同心度偏差过大等问题,应进行检修。联轴器安装时,必须测量并调整被连接两轴的偏心和倾斜,先进行粗调,调整使之平齐,而后将联轴器暂时穿上组合螺栓(不拧紧)精调。装调千分表架,测量联轴器的径向读数和轴读数。用移动轴承位置,增减轴承垫片的方法,调整轴的偏心及倾斜。

4. 制动器检修

(1)制动器检查及质量要求。制动带与制动轴的接触面积不应小于制动带面积的80%,制动的磨损不许超过厚度的1/2。制动轮表面应光洁,无凹陷、裂纹、擦伤及不均匀磨损。径向磨损超过 3 mm 时,应重新车削加工并热处理,恢复其原来的粗糙度、硬度。制动轮壁厚磨损减小至原厚度的 2/3 时,必须更换。制动弹簧要完好,变形、断裂等失去弹性的须更换。制动架杠杆不得有裂纹和弯曲变形,销、轴连接必须牢固、可靠,转动灵活，不得过量磨损和卡阻。油压制动器的油液无变质和杂质。电磁铁不应有噪音，温升不得超过105 ℃。衔铁和铁芯的接触面必须清洁，不得锈蚀和脏污，接触面积不小于75%。

（2）制动器的调整。制动器分长行程电磁铁制动器、短行程电磁铁制动器和液压电磁铁制动器3种。制动器的调整主要是指制动轮与闸瓦的间隙或叫闸瓦退距调整、电磁铁行程调整、主弹簧工作长度和制动力矩的调整。一般制动距离应符合下列数值：行走机构约为运行速度的1/15，启升机构约为启升速度的1/100。

（四）门式启闭机的修理

门式启闭机的起升机构和运行机构的修理与固定式卷扬机相同。门架为金属结构，防腐处理和连接部的修理与前述闸门与固定卷扬机的修理方法相近。

所不同的是门式启闭机有车轮和轨道。车轮踏面和轮缘如有不均匀磨损或磨损过度，应调整门架水平度，使各车轮均匀接触或对车轮作补焊修理，损坏严重时，应更换新轮；轨道表面有啃轨及过度磨损时，应调整车轮侧向间隙并进行补焊。

（五）液压启闭机修理

液压启闭机分机械系统和油压系统。

1. 机械系统

如活塞环漏油量和磨损量均大于允许值，应调整压环拉紧程度，压环发生老化、变质和磨损撕裂时应更换；金属活塞环如有断裂、失去弹性或磨损过大亦应更换；油缸内壁有轻微锈斑，划痕时可用零号砂布或细油石醮油打磨洁净；油缸内壁和活塞杆有单向磨耗痕迹，应调整油缸中心位置；上述机械系统检修后应按规定进行耐压试验。

2. 油压系统

对高压油泵、阀组应定期清洗，其标准零件损坏时应当用同型号零件修配；泵体加工件有磨损或其他缺陷应送回厂家检修；阀组壁有裂纹、砂眼或弹簧失去弹性，应更换新件；高压管路的油箱、管路焊缝有局部裂纹而漏油时应补焊；弯头、管壁和三通有裂纹而漏油时应更换；油系统修理后应进行打压试验。

第四节　水电站及泵站机电设备管理

一、概　述

机电设备是水电站、泵站的核心，分机械设备和电气设备两大类。机电设备运行的稳定性、安全性和可靠性是直接保证生产正常进行、正常发挥生产效益的最为重要的物质和技术基础，对设备的管理应给予足够的重视。

（一）设备管理

设备管理就是指为保证设备安全、稳定、经济地运行，对设备和运行人员进行的管理工作。广义地说，它包括设备的选择、维护、检修、改造、更新和最终的报废处理过程。

（二）水电站机电设备的构成

水电站机电设备包括水轮发电机、水轮机、主变压器、高压断路器、水轮机调速器、发电励磁装置、机组自动控制系统和水力辅助机械系统。

（三）泵站机电设备的构成

泵站机电设备包括泵、电机、变压器、高压断路器、机组控制系统、水力机械辅助设备。水电站设备和泵站设备的构成有类似之处，在管理上也比较相近。

二、设备运行管理

运行管理是指根据电力系统及其自身安全和发、供电及生产的要求，对所辖的机电设备的启停操作、工艺调整、巡视检查、清扫维护、事故处理和运行记录等各项工作。运行管理是设备管理、保证设备正常运行的重要内容。

（一）两种管理方式

机电设备的运行管理方式有两种：一种是有人值班的设备管理，就是 24 h 厂内均有值班人员负责机电等设备的运行操作及维护管理，运行人员定时对设备运行状况进行监测、对运行设备进行操作、对运行设备进行巡回检查、对设备进行预防性试验，进行设备的日常维护小修；另一种是无人（或少人）值班的设备管理，指 24 h 厂内不设值班人员，机组开停机操作、工艺转换、有功和无功功率调整以及运行监测等工作，均由上级调度所或厂外集中控制的人员及自动监控装置完成，但厂内仍有少数值班人员 24 h 值守处理临时特殊操作。葛洲坝、隔河岩、鲁布革等水电站已实行这种管理方式。

（二）运行管理的基本要求

运行管理以安全运行为中心，严格执行运行操作规程，建立操作责任制度，贯彻“两票三制”（即工作票、操作票；交接班制、巡回检查制、设备定期维护试验切换制），采用先进可靠的自动装置提高自动控制水平，加强维护，保证设备安全运行。

（三）运行管理的工作内容

（1）定期监测。一般每班 2 次，监测机组运行的主要性能和各部位温度，包含发电机定子绕组、铁芯及各部轴承的温度，空气冷却器进、出口的温度和水压、主变压器、厂用变压器、励磁变压器等的温度，同时对机组各部轴承沿轴线 x、y 方向的摆度和振动进行监测。

（2）定时巡查。一般每班 1 次，主要巡视检查机组的振度、噪音、异味、各部轴承的油温、油面、水温、水压、导叶开度、发电机断路器油面等有无异常。

（3）定期预防性试验。根据规定，水电站电气设备必须定期进行预防性试验，目的是早期发现设备缺陷，确保安全运行。主要试验项目是发电机定子绝缘电阻、漏泄电流、主变压器绝缘介损、变压器油耐压、色谱分析、断路器介损以及避雷器、绝缘电阻、漏泄电流等。

（4）定期维护小修。主要是对运行中发现的设备缺陷进行及时处理，防止事故发生。

三、机电设备的检修管理

检修是保证机电设备正常运行的重要手段，也应加强管理。

（一）机电设备检修工作的一般要求

（1）以“预防为主，计划检修”为原则，根据设备运行状况做到预防为主的计划检修。以检修规程规定的检修周期为依据，按设备实际状况来调整计划期和安排检修项目，并结合设备在结构、性能方面的问题，有计划地进行设备改进。

(2)按统筹安排，坚持长规划、短计划相结合的原则搞好设备轮修。每台机电设备的运转年限、制造质量、运行状况、存在缺陷等有所不同，因而安排检修计划时，合理统筹规划，科学安排，长短结合，使设备及时得到检修，又不出现同时停机影响生产的问题。

(3)做好设备检修准备工作。设备检修前，根据设备运行状况和解体后检查结果，最后核定检修项目和内容；编制非标准检修项目和设备改进的方案、图纸，并经过审批；做好施工组织；准备好检修材料、工具、专用机械和检修施工场地，并将检修设备和运行设备妥善隔离。

(4)加强施工管理，保证检修质量。在施工中，重点抓好质量标准、工艺措施的贯彻，严格质量验收。重大项目实行自检、互检、终检相结合的方式，实行严格的验收，做到不合格的坚决返工。

(二)机电设备检修的一般规定

水电厂所有的水轮发电机组都必须定期轮流运行和轮流进行有计划的检修。新安装的水轮发电机组及其附属设备，投入运行1年左右必须进行一次大修，以后大修周期一般为3~5年，小修一般每年1~2次，对于泥沙磨损和气蚀严重的水轮机，应加强监视、检查，发现问题及时检修。

根据水轮发电机组的工作状况和设备的完好水平，经上级主管部门同意，可延长或缩短机组的大修间隔时间。

第五节　节水灌溉设备的维护管理

一、节水灌溉设备构成

节水灌溉有喷灌、微灌及低压管道输水灌等方式。各类节水灌溉涉及的设备包括旋转式喷头、微灌滴水器——滴头、微灌灌水器——微灌管、微灌带、微喷头以及与之配套的供水设备，包括各类水泵、供水管道系统。

二、喷灌、微灌设备运行标准

喷头连接牢固，流道通畅，转动灵活，换向可靠，弹簧松紧适度，零件齐全；管件完好齐全，控制闸阀及安全保护设备启闭自如，动作灵活，止水橡胶质地柔软，具有弹性；量测仪表盘面清晰，指针灵活。

平移式喷灌机导向触杆及其微动开关的动作必须灵敏可靠。利用钢索导向时，导向钢索应绷紧牢固，停车桩应完好无损，连接件牢固，电缆线无破损，传感部件动作灵活。

三、设备维护

(一)喷灌设备的维护

1.喷灌设备的型式及要求

喷头按驱动机构的特点分类和命名，有摇臂式、叶轮式、挡斗式等。喷头零部件采用铜合金、锌基合金、铝合金、塑料或其他耐磨蚀材料制造。

喷头轴承颈处的泄漏量不应超过规定试验压力的规定允许漏量，如喷头流量大于 0.25 m^3/h 的喷头，泄漏量不超过 2%，喷头流量不大于 0.25 m^3/h 时的喷头，其泄漏量不应大于 0.005 m^3/h。

喷头转动应均匀，喷头流量应稳定，分布应合理，射程符合规定要求。

喷头应耐久，累计纯工作时间不得少于 2 000 h，带换向器的喷头，换向机构的耐久试验时间不得少于 1 000 h。

2. 喷灌设备的维护

喷灌设备在喷洒开始时，应缓慢开启放水阀逐个启动喷头，并逐步调整压力至喷头压力额定值，严禁同时启动所有喷头，停止喷洒时，应逐个缓慢关闭放水阀，不得同时关闭所有喷头。

喷头运转时应做好巡回监视工作，防止喷头堵塞，换向失灵、负压切换失效等故障产生。

喷头运转一定时期后应对其转动部位加注润滑油。

气温低于 4 ℃时不应进行喷灌作业。

设备的存放应排列整齐，安置平稳。轮胎或机架应离地，传动皮带应卸下，弹簧应放松，选择通风、干燥，远离热源和避免阳光暴晒的场地存放。

（二）微灌设备的维护

1. 微灌设备型式及要求

微灌灌水器微喷头采用金属或塑料制作，适应常用灌溉水。微喷头金属部件应用铜合金、锌合金、不锈钢等制成，应能在额定工作压力下连续运行 1 500 h 无故障并无可见缺陷，流量偏差应保持在最初流量的允许规定范围内（±10%）。

微灌灌水器（滴头）形式有管间式、管上式。滴头所用塑料适应温度不超过 40 ℃的常用灌溉水，在额定压力下滴头流量偏差不超过允许值。

微灌管（或带）是在制造过程中在管（或带）表面上加工有孔眼或其他出流装置的整体管（或带），管壁较厚的且卷盘后仍是管状的称为微灌管，管壁较薄的且卷盘后压扁呈带状的称为微灌带。

微灌管（或带）用 PE 材料制作并经紫外线处理，适应温度不超过 40 ℃的常用灌溉水。

2. 微灌设备维护

微灌设备在使用前应用清水进行冲洗，水压试验符合标准。

微灌过滤器应定期清洗，当过滤器上、下游压力表的差值超过一定限度（3 m）时，需清洗过滤。

冲洗有自动冲洗，也有手工清洗。自动冲洗时应打开冲洗排污阀门，冲洗 20 ~ 30 s 后关闭；手工清洗时，必须刷除滤芯筛网上的污物。

对滤网过滤器的滤网必须经常检查，发现损坏应及时修复或更换。灌溉结束后，应取滤网过滤器、滤芯，刷洗晾干后备用。

灌溉结束后，沙石过滤器应彻底冲洗，并用氯气消毒处理，处理时应注意防毒，并排干水箱中的水。

微灌系统运行期间应预防灌水器堵塞,经常检查灌水器的工作状况。

灌水器防堵的措施有:①防止细菌和藻类生长,用含氯浓度为 1 ~ 2 mg/kg 的水连续进行处理。②处理已生长的细菌和藻类,用浓度为 10 ~ 20 mg/kg 的水洗管道,并使水在系统中滞留 30 ~ 60 min。③控制微生物黏液生长,用浓度 10 ~ 20 mg/kg 的水进行间隙处理。④处理灌水器堵塞可用 500 mg/kg 的氯水冲洗,并关闭整个系统,使水在系统中停留 24 h。

四、低压管灌溉系统的运行管理和养护维修

(一)低压输水管道的类型

低压管道灌溉系统是利用低压管道输水、配水,以代替明渠输配水的一种农田灌溉工程设施。

低压管灌溉系统的管材与管件,地埋暗管使用的管材主要有塑料硬管、水泥制品管及当地材料管,作为地面移动管道的管材有软管和硬管两类。

地埋塑料硬管主要有聚氯乙烯管(PVC)、高密度聚氯乙烯管(HDPE)、低密度聚氯乙烯管(CDPE)、改性聚丙烯管(PP)、薄壁聚氯乙烯硬管和聚氯乙烯双壁波纹管等。

(二)地埋暗管的管理与维护

1. 基本要求

管道应通畅、无污物杂质堵塞和泥沙淤淀;各类闸门、闸阀及安全保护装置启闭应灵活、动作自如、无漏水现象;给水栓或出水口以及暴露在地面的连接管道完整无损;量测仪表或装置清晰,方便测读,指示灵敏。

2. 地埋暗管的日常运行与维修

地埋管道在放水或停水时,常会产生涌浪和水击,很容易发生管爆裂,为防止水击破坏,一般可采取的措施有:①严禁先开机或先打开进水闸门后再打开出水口或给水栓;②暗管若为单条管道或单个出水口出流运用,当第一条管道或第一个出水口完成输水灌溉任务,需更换第二条管道或第二个出水口时,必须先缓慢打开第二条管道或第二个出水口,然后再缓慢关闭第一条管道或第一个出水口,以防突开突关闸门、闸阀、给水栓而引起的水击。③暗管日常运行时严禁突然关闭闸门、闸阀和给水栓,以防爆管或击坏水泵。④灌水结束后,管道停止运行时,应先停机或先缓慢关闭进水闸门、闸阀,然后缓慢关闭给水栓水口。

3. 漏水检查与处理

(1)漏水原因。①暗管质量有问题或使用期长而破损;②暗管接头不严密或基础不平整而引起损坏;③因使用不当,产生水击而爆管;④闸门、闸阀磨损锈蚀或被污物杂质嵌住无法关闭严密。

(2)检查方法。有直接观察法、听漏法和分区检漏法等。

①直接观察法,是指从地面上观察漏水现象,如暗管上部填土有浸湿痕迹或清水渗出,局部管线土面下沉,暗管管线附近低洼处有水渗出等,就说明暗管有破裂。

②听漏法,是确定漏水部位的有效方法,是在夜间使用听漏棒将其一端放于管线地面

上或闸门、闸阀上，即可从棒的另一端听到漏水声，但听漏时要和夜间出水口给水栓放水灌水声相区别，听漏点间距依据暗管使用年限和漏水发生的可能性凭经验选定。听漏也可以使用半导体检漏仪。

③分区检漏，是按暗管分级、分段或分小区，利用水表、量水计或量水装置量出管道的输水损失量；若超过正常输水损失量过大，就表明该条该段或该小区暗管有损坏。

(3)漏水处理。在运行时若出现接口和局部管段漏水，可采用4105或4755专用粘接剂堵漏；若暗管有纵向裂缝漏水，则需要更换新管道。

(4)运行时对水压、流量的测定。在输水、灌水阶段，应经常测定各级暗管的水压，以便了解管间系统的工作情况和水压变化动态。

4. 管件与建筑物及附属设备的维修

(1)给水段闸门、闸阀等多为金属结构，要防止生锈和锈蚀，应经常检查维修，在灌水前后应注意抹机油，以保证使用灵活，便于开关。每年需涂防锈漆两次。

(2)安全保护装置和引、取水设备应经常检查维修，以保证地埋暗管安全、可靠和有效地运行。

(3)每年灌溉结束后，应对地埋暗管进行一次全面检查和维修。

思　考　题

1. 设备维护修理有几种型式？据什么划定？
2. 钢闸门一般都进行哪些检查和养护？
3. 钢闸门常会出现哪些问题，应如何修理？
4. 钢闸门的防腐蚀一般有哪些方法？
5. 钢管道的检查与养护内容有哪些？
6. 钢管道病害的预防和修理主要涉及哪些方面？
7. 启闭机都进行哪些方面的检查？如何进行启闭机的检查？
8. 固定卷扬式启闭机的各个部分如何修理？
9. 水电站或泵站机电设备运行管理的方式有哪几种？对运行管理有什么基本要求？
10. 喷灌设备应进行哪些维护？微灌设备应进行哪些维护？
11. 如何检查地埋暗管的漏水？对地埋管的漏水如何处理？

第九章　水电站建筑物工程管理

第一节　水电站建筑物的特点

水电站是设置在河道上利用水能发电的一类工程设施，涉及挡水、蓄水、引水、厂房及设备等，是由这些建筑物和设备有机结合的综合体。由于水电站在水能利用上与防洪、灌溉、航运、供水、养殖、电力等行业部门相互联系、相互影响、相互制约、相互依存，所以在运行管理中也必然会受到各个水资源综合利用部门的各种条件和电力系统用电供电要求的制约，这使电站的运行管理具有一定的复杂性和综合性。

水电站建筑物的构成特点是工程结构的多样性、作用关系的相似性和生产运行目标的一致性。

一、工程结构的多样性

水电站的基本类型有河床式水电站、拦河坝式水电站、引水式水电站等3种形式。它们在结构型式上各不相同，各有特点，这里就工程中一些常用型式的结构特点作一介绍。

（1）河床式水电站的布置特点在于它的主要建筑物全部集中于河床内，厂房作为一个整体和挡水坝体在一起，布置在河床的一岸。

（2）坝后式水电站的型式特点在于它的厂房布置于坝体的下游，在混凝土挡水坝的枢纽中，坝后电站与坝体紧连，而当地材料坝的坝后电站一般远离坝体布置。

（3）坝内式水电站布置的特点是厂房置于坝体的内部。

（4）无压引水式水电站的特点是引水道用明渠或无压隧洞结构，引水道与压力管的连接处设有压力前池，有的渠道上还有日调节池。

（5）有压引水式水电站型式的特点是具有较长的有压引水道（一般多为压力隧洞或压力钢管），压力管道与有压引水道交接处设有调压塔。

（6）地下厂房的布置特点是厂房置于地下洞室中，根据电站位置不同分为首部式、中部式及尾部式地下厂房。首部式地下厂房是无引水隧洞，而有尾水隧洞，尾水隧洞段承受的压力一般较小，常采用无压隧洞型式，压力管道直接从上游水库进水，厂房交通、出线、通风等多采用竖井，电站厂房防渗防潮问题突出。中部式地下厂房是上游引水道与下游尾水道都比较长，当引水道及尾水道均为有压时，需要在厂房上游建引水洞调压室，在厂房下游建尾水调压室。尾部式地下厂房布置，上游引水道长度大，尾水洞短。

水电站的型式不同，其构成建筑物种类就不同，但总体上不论何种型式的水电站均由起壅水、蓄水作用的建筑物群的库坝系统建筑物和起输送流量作用的引水系统建筑物以及由发电变电输电等建筑物群构成的厂房系统建筑物等构成。

二、作用关系的相似性

水电站是依靠水工建筑物来集中水头,取得流量,获得水能,由机电设备把水能转化变成电能,最后由变电、输电、配电设备把电能输送给用户,这个转化过程就是通过库坝系统建筑物、引水系统建筑物和厂房系统建筑物来共同实现的。所以水电站不论如何复杂或简单,构成其建筑物的作用关系都是相似的。

三、生产运行目标的一致性

一方面,就各种型式的水电站来说,不论结构有多复杂,差异有多大,但一个共同的目标特点就是最终为获得电能,由库坝和引水系统建筑物为发电提供水能。另一方面,水电站建筑物总是为机电设备最有利的生产提供服务。

第二节 水电站建筑物的维护和运行管理

一、水电站建筑物维护和运行管理的任务

水电站建筑物维护、运行管理的中心任务是保证指令性任务的完成,做到安全、优质、经济、可靠地生产,提高发电效益。具体包括:①保证按照调度中心下达的电力生产计划,全面完成生产任务,保证电能质量;②合理利用水力资源,充分发挥国民经济各部门的综合效益;③精心操作,严密监视、努力提高设备利用率,降低各项消耗;④正确处理各种障碍、事故,尽可能避免和减少事故造成的损失。

二、维护和运行管理的工作内容

水电站水工建筑物维护、运行管理的主要内容有建立健全水电企业的指挥系统和各级生产技术责任制,它主要体现在制度建立、计划编制与执行几个方面。

(一)建立健全规章制度

(1)应建立以厂长(经理)全面负责,各部门、各单位、各车间、各班组分别负责的生产技术责任制,以保证安全可靠地生产。

(2)根据上级主管部门颁布的有关规程制度及设计资料、设计要求的观测资料和其他工程的运行维护经验,结合本企业具体情况,编制水工建筑物的运行维护规程细则,包括水务管理规程、水工观测规程、水工机械运行检修规程、水工作业安全规程等。

(3)各运行管理人员要认真执行规程操作,确保各水工建筑物的稳定、坚固、耐久、安全。

(二)编制生产运行计划

(1)根据国家指令性计划,结合本企业的具体情况,编制发电供电计划。

(2)制定技术经济指标,如发电量、供电量、设备利用小时和耗水率。

(3)编制各水工建筑物的观测、维护、检修及机电设备的维护、检修计划和技术改造计划,不断提高和完善设备的技术水平和完好率。

(三)安全生产管理

(1)对水工建筑物进行维护检修及技术改造时应采用必要的安全保护措施,以确保水工建筑物及水电厂机电设备的安全运行。

(2)定期进行安全和经济活动分析,检查各项计划指标完成情况。

三、水电站建筑物的维护及运行管理

应根据维护运行规程明确水工建筑物与附属设备的观测项目及要求,进行观测和检查工作,并做好观测与检查工作的记录整理和分析。对检查发现的问题按养护维修安全规程进行有计划的养护维修管理。

(一)水电站建筑物的检查观测

1. 观测网点的设置

对蓄水、挡水的库坝系统建筑物有关观测网点的设立和对观测用的仪器、设施的要求以及水工建筑物的主要检查观测项目在第二章中已作详述。对水电站的引水系统及厂房系统建筑物应着重建立以下观测设施。

(1)各主要水工建筑物的中心线,如隧洞、渠道、压力管道等建筑物的始点、终点及压力管道的镇墩处均应设置可靠的标点。

(2)在各主要部位,如坝上游适当部位,进水口附近,尾水渠、船闸上下游等处均应设置水位标尺。

2. 水电站建筑物主要的检查观测项目

水电站建筑物主要观测项目有进水口、渠道、隧洞、压力管道、尾水道的淤积情况及冲沙设施的效能;水库水位、水温、库区漏水、塌岸及水电厂尾水位的变化情况;严寒地区的水库以及与建筑物相邻水域的冰冻现象;流冰与冻层对建筑物的影响等。

主要检查项目除检查引水混凝土建筑物有无剥落、溶蚀、冲刷等现象外,还要检查护坦、海漫、衬砌等的磨损、冲刷、脱落和沉陷等现象;压力钢管、各种金属结构和操作设备有无锈蚀、变形、损坏及操作失灵情况;进水口拦污栅有无被污物阻塞等情况。

(二)引水建筑物的养护修理

引水建筑物是把集中了水头(有时引水建筑物本身就起集中水头的作用)的水量,送入水轮机,由水能转换为机械能,再由发电机转换成电能。所以搞好引水建筑物的维护和运行管理,对出现的缺陷进行及时合理的维修,是保证水电站安全、可靠生产的重要组成部分。

1. 引水建筑物的检查与养护

水电站引水建筑物的钢筋混凝土压力管道、金属压力管、引水隧洞都应进行定期检查和养护,检查内容及养护要求与第七章、第八章所述内容类似。

对引水渠道、进水口要注意泥沙淤积的监视和清理。对泥沙入库较高的情况,经论证,可在进水口设置拦沙冲沙设施,以防止淤塞进水口,必要时可考虑水库排沙设施,或采用适当的水库调度措施,规定最低排沙水位,以减少坝前、进水口前及水库内的泥沙淤积。在汛期要密切监视排沙闸门前的泥沙淤积高程,当淤积程度有碍闸门的开启时,应及时采取措施。

应尽量减少泥沙进入输水道,及时对进水口前进行冲沙,也可在进水口下游侧设置沉沙池。输水道内如有泥沙淤积,应及时清除。当进入渠道的泥沙量很大时,为防止渠道淤积,可适当加大渠道中的流速,以保持冲淤平衡。但应力求使渠道各段流速尽可能均匀,以免在某一流速小的地段产生淤积。

水电站如设有日调节池,或利用渠槽作为日调节容积时,在不需要进行日调节的时段内,且在不影响水电厂出力的条件下,尽可能使日调节池、渠道内的水位在较低的水位下运行,以减少泥沙淤积。

日调节池、前池、渠道的边坡上或坡顶上的沙土、冲积物应及时进行清理,以免坍入水内,并防止石块、树干等滚入水中。进水口前的漂浮物应及时清除,拦污栅也应及时清理,以防堵塞。

水电站下游一定范围内,不允许向河流倾倒泥土石渣,以免壅高尾水位。如因岸坡坍塌或其他原因导致尾水位壅高,应及时清除。

2. 缺陷的维修处理

发电引水建筑物主要包括引水隧洞(或钢管)、调压井或引水渠等。存在的缺陷主要是各种类型的裂缝。

引水建筑物的混凝土裂缝按其成因可分为温度缝、施工缝、沉陷缝、结构缝和干缩缝等,按裂缝的特征可分为表面裂缝、深层裂缝和贯穿性裂缝等。一般表面裂缝较易处理,深层和贯穿性裂缝处理比较困难。出现裂缝后,应对稳定性和应力状态进行验算,再确定处理措施。在处理前,应查清裂缝的部位、走向、长度、宽度、深度以及贯穿情况,分析其原因与危害性。裂缝处理的一般措施是,封闭裂缝表面,充填裂缝或者使裂缝两侧的结构物结合成为整体,使其不再渗水或者裂缝不再向深部发展,恢复结构的整体性,以保持混凝土建筑物达到设计要求的承载能力和耐久性。对于某些影响结构强度、结构稳定或严重渗水的深层或贯穿性裂缝,应谨慎处理,有时要作专门论证或作专门补强加固设计。

(三)寒冷地区冬季及排冰期对有关建筑物的管理

地处寒冷地区的水电厂,在冬季流冰期间,其水工建筑物往往会受冰冻和浮冰的威胁,所以应在水库结冰期前,对有关水工建筑物进行全面的检查,做好排水前的各项准备工作,如检修好各种水工建筑物的防冻设备。必要时,应对拦污栅和闸门槽进行保温。如发现有结冰,应采取机械方法或通热气加以清除;对不能承受冰压力的建筑物,要采取有效措施,使其不受冰压。

如发现水库上游被浮冰堵塞,或水库内有大块浮冰,可能对建筑物产生重大冲击的危险时,应及时采取措施,加以防止。为使排水建筑物能顺利排冰,在排冰期,应注意保持其底槛上有足够水深。必要时,应规定排冰期内的上游水位。

对能结成稳固冰层的河流,为防止在河流中形成浮冰(冰凌或冰屑),水电厂必须在担负平稳负荷的情况下运行时,使水库水位稳定在尽可能高的水位上,水库上游河道、引水渠道、日调节池、压力前池中尽快地结成冰层。

尽可能避免在冬季从泄水建筑物泄水,以防止水雾结冰时对附近的输电线路和变电、配电装置造成危害。如必须泄水,应采取防止危害的必要措施。要防止各种水工建筑物及其基础因表部所含水分冰冻而产生膨胀鼓凸现象,必要时,应采取措施加以处理。

排冰期过后,应对受流冰作用的有关建筑物进行全面检查。如发现有损坏,应立即进行修复。

(四)发电厂房的缺陷及其维修

1. 厂房混凝土裂缝

厂房混凝土裂缝有下列3种:

(1)地基不均匀变形引起的裂缝。如刘家峡水电厂的发电厂房是半地下式,在地基的变化处引起发电厂房的横向全断面裂缝。

(2)温度变化引起的裂缝。因厂房边墙比较高,冬季厂房内外温差变化,引起墙壁上发生温度裂缝。

(3)厂房受力或受振动产生裂缝。

发电厂房裂缝的处理与一般混凝土结构的裂缝处理相同。对梁、板、柱裂缝应进行结构补强,其方法可参照第四章和第七章中相关内容。

2. 厂房漏雨和渗水

厂房的房顶面积比较大,并受发电振动的影响,已做好的防渗层容易开裂漏雨。一些坝后式厂房或河床式厂房受库水的渗透作用,厂房的基础或边墙可能出现渗水。

发电厂房的漏雨处理多采用更换防雨层的办法彻底处理。防雨层材料除用沥青卷材外,近年还采用丁基胶片等材料,防渗效果较好。

发电厂房的边墙漏水采用水泥砂浆、环氧砂浆抹面的办法进行局部补修,对厂房漏水较严重的部位采用灌浆堵漏方法进行处理。如河床式厂房的大坝横缝、厂房伸缩缝有渗漏,有的地方甚至可能出现射流和淌流,漏水原因主要是混凝土施工质量不好,一是伸缩缝止水失效,再就是混凝土密实性差,治理的措施主要用水泥灌浆堵漏。例如某水电厂为解决水轮机层上游墙漏水,在该处横缝处布孔灌浆,还在水轮机层地面骑伸缩缝25个孔灌浆,另外,还在尾水副厂房底层骑伸缩缝灌浆,均收到了很好的效果。

四、厂房振动破坏的防止

有的发电厂房因设计考虑不周,发电厂房的主要振动周期与发电机组的振动周期接近,诱发共振,严重时引起发电厂房结构的破坏。

消除和减小振动的措施:一是消除振源;二是改变振源和结构的频率,使其避免共振。一般有如下途径可供不同情况考虑选用。

(1)向转轮室和尾水管中补气,可有效降低振动。

(2)提高机组加工和安装质量。

(3)厂房上、下游立柱加固。厂房上游墙在发电机层以上与上游挡水结构是分开的,若采取结构措施将两者连接起来,可提高厂房上部结构自振频率,避免共振。可以增大立柱断面尺寸,提高厂房下部立柱刚度。但是对于刚性结构当自振频率接近转子频率时,容易在立柱底部出现较大动应力,反而对抗振不利。所以增大立柱断面尺寸应慎重。

(4)更换转轮。轴流定桨式水轮机由于叶片不能调节,容易在启、停机过程中和部分负荷工况时产生水压脉动。把转轮更换为转桨式水轮机,会改善机组振动情况,但换转轮代价太大。

(5)增设发电机下导轴承。增加下导轴承可以提高支承刚度,缩短支点间距,从而改变轴系基频和降低大轴摆度。

五、水电厂汛期管理

由于厂房布置不合理，洪水设计标准偏低，运用操作等原因，我国水电厂已发生多次厂房被淹事故。所以，防汛工作是水电厂安全生产的中心环节，关系着水库上下游人民生命财产的安全，必须贯彻“安全第一，预防为主”的方针，各部门必须高度重视，加强水电厂的汛期管理工作，确保水电厂安全度汛。做到遇设计标准洪水不垮坝，不漫坝、不淹发电厂房。对于超标准洪水须有应急抢险措施，使损失减轻到最小程度。

做好水电厂防汛管理工作应着重抓好以下几个方面的工作。

(1)建立健全水电厂房汛期工作制度和责任制。主要包括防汛岗位责任制，汛期和汛前、汛后现场检查制，报汛制，年度防汛总结制。使防汛工作制度化、规范化，避免由于随意性而带来的疏漏。

(2)编制周密可行的防汛计划，做好防汛准备工作，保证防汛工作秩序化。为此应从防汛责任指挥、通信联络、组织协调、物资供应、交通运输、电力能源、照明设施抢险抢修等方面做出全面规划安排。

(3)落实汛前(或汛后)检修评级工作。在汛前一定时期，应对挡水坝、泄洪设施等水工建筑物按《水电厂水工建筑物评级标准》进行一次详细检查和评级，对建筑物存在的抗洪度汛缺陷应及时维修处理，并要进行泄洪试运行。在坝上游和下游显著醒目位置标志出水库特性水位(校核洪水位、设计洪水位、正常蓄水位、防洪限制水位、死水位)，在坝下游适当位置，也应标志出下游河道校核洪水位、设计洪水位、正常尾水位、最低尾水位等。对水库上下游进行检查。对库区坍岸、滑坡，下游河道设障阻水情况应进行记载，并提出处理方案措施，报请上级批准。

(4)加强汛期巡视检查和观测。汛前应对观测设施进行全面检查和调试，确保汛期观测的可靠性、稳定性和准确性。在汛期，特别在遇到大洪水、高蓄水位、库水位暴涨暴落、大暴雨、地震等情况时应按照防汛工作制度和岗位责任制，加强防汛值班和巡视检查，对重要部位、安全薄弱环节进行全时空检视，对发现的异常问题应及时上报情况。

(5)严格执行安全泄洪调度方案。防汛方案，是水电厂安全度汛的前提条件和重要保证。调度泄洪工作应由厂长负责指挥，总工程师亲自安排，由闸门操作定岗人员按操作规程操控，掌握泄洪设施(闸阀)的开启程序和开启度的变化过程，防止严重冲刷危及大坝及其他水工建筑物的安全，泄洪时应尽量避免水库对附近电气设备绝缘的影响。

(6)加强水文预报工作。

思 考 题

1. 水电站建筑物具有哪些特点？
2. 水电站建筑物维护和管理的任务有哪些？
3. 对水电站建筑物主要进行哪些检查和观测？
4. 水电站主要进行哪些方面的维护？
5. 水电站常遇到的一些缺陷有哪些处理方法？
6. 水电厂防汛应重点抓好哪些工作？

第十章 防汛抢险

第一节 概 述

一、防汛抢险的意义

（一）汛与汛期

汛是指由于降雨、融雪、融冰，使江河水域在一定的季节或周期性的涨水现象。常以出现的季节或形成的原因命名，如春季江河流域内降雨、冰雪融化汇流形成的涨水现象称为春汛，伏天或秋天由于降雨汇流形成的江河涨水称伏汛或秋汛。沿江滨海地区海水周期性上涨，称潮汛。

汛期是指江河水域中汛水自开始上涨到回落的期间。通常所说的汛期，主要是指伏汛或秋汛。我国各河流所处的地理位置、气候条件和降雨季节不同，汛期长短不一，有长有短，有早有晚，即使是同一条河流的汛期，各年情况也不尽相同，有早有迟，汛期来水量相差很大，变化过程也是千差万别。南方各省4～5月即进入汛期，中部地区5～6月进入汛期，北部地区要到6～7月才进入汛期。一般汛期在10月下旬结束。

（二）防汛与抢险

防汛是指在汛期掌握水情变化和建筑物的状况，做好调动和加强建筑物及其下游的安全防范工作，以保证水库、堤防和水库下游的安全。

防汛的主要工作内容包括防汛领导机构的建立，防汛抢险队伍的组织，防汛物资和经费的筹集储备，江河水库、堤防、水闸等防洪工程的巡查防守和群众迁移的安排，暴雨天气和洪水水情预报，蓄洪、泄洪、分洪、滞洪等防洪设施的调度运用，出现非常情况时采取临时应急措施，发现险情后的紧急抢护和洪灾抢救等。

险情是指在大汛期或平时高水位时，水压力、流速和风浪加大，各类水工建筑物均有可能因高度、强度不足，或存在隐患和缺陷而出现危及建筑物安全的现象。抢险是指在高水位期间或退水较快时，水工建筑物突然出现渗漏、滑坡、坍塌、裂缝、淘刷等险情时，为避免险情的扩大以致工程失事，所进行的紧急抢护工作。防汛与抢险两项工作密不可分，相辅相成。只有做好防汛工作，才能不出现险情，或少出现险情，即使出现了险情，也能主动、有效地进行抢护，化险为夷。

（三）防汛抢险工作的重要性

防汛抢险是工程管理工作在特殊情况下的一项重要的工作内容，具有不可替代的重要作用。

（1）加强防汛抢险工作可以做到有备无患，有急不乱，沉着应对，从而可以防止洪水灾害。

(2)防汛抢险工作事关国民经济建设、社会安定及人民生命财产安全的大局,不可忽视。洪水灾害突发性强,波及范围大,一旦出事,损失必然惨重,加强防汛抢险可以减轻洪水危害。

(3)加强防汛抢险可以弥补工程质量的缺陷,增强抵御洪水的能力。

二、防汛方针和任务

目前,我国的防汛体系已逐步健全,江河水库、堤防、水闸等防洪工程体系逐渐完善,对于不同类型洪水制订不同的防御方案,加强了非工程防洪措施的建设,开展了蓄滞洪区的安全建设与管理,提高了暴雨洪水预报的精度,加强了通信报警系统,树立了以行政首长负责制为核心的各项责任制度。防汛方针是"安全第一,常备不懈,以防为主,全力抢险"。

防汛的主要任务是采取积极有效的防御措施,把洪水灾害的影响和损失减少到最低程度,以保障经济的顺利发展和人民生命财产的安全。

三、防汛组织机构及职责

防汛工作应是在各级政府领导下组织群众与洪水作斗争的一项社会活动。在《中华人民共和国水法》中规定了"各级人民政府应当加强领导,采取措施,做好防汛抢险工作"和"县级以上人民政府防汛指挥机构统一指挥防汛抗洪工作"。在《中华人民共和国防洪法》中规定了"任何单位和个人都有保护防洪工程设施和依法参加防汛抗洪的义务";"防汛抗洪工作实行各级人民政府行政首长负责制,统一指挥、分级分部门负责"。为加强防汛工作,国务院还颁布了《中华人民共和国防汛条例》,对防汛的组织、任务、职责等都做了具体规定。防汛工作必须由地方党政统一领导、统一指挥、全面安排,组织一切人力、物力及时采取果断措施,确保工程及防护区的安全。

国务院、省(市、自治区)、地(市)及有防汛任务的县(市)都设有防汛组织机构,由同级政府、当地驻军和人民武装部队负责人组成,其办事机构设在水行政主管部门,负责管辖范围内的日常防汛工作。有防汛任务的镇、乡及水利工程管理部门,也应成立防汛组织。

各级防汛指挥部是所辖地区防汛的权力机构,是在同级人民政府和上级防汛指挥部的领导下,行使政府防汛指挥权和监督权。防汛机构的职责是:

(1)贯彻执行国家有关防汛工作的方针、政策、法规和法令。

(2)制订和组织实施各种防御洪水的方案,包括江河堤防及水库汛期防洪调度计划或控制运用指标;在建水利工程的度汛计划或防御洪水措施,防山洪、防泥石流等对策方案。

(3)掌握气象形势、雨情和水情,及时了解降雨地区暴雨强度、洪水流量、水库水位、短期水情和气象分析预报。

(4)组织检查防汛准备工作,督促树立常备不懈的防汛意识,克服麻痹思想;检查各项工程加固或维修完成情况,有无防御超标准洪水的应急方案;检查水文报汛和预报准备工作;检查防汛通信准备工作;检查防汛料物准备;检查防汛队伍组织的落实情况;检查交通道路维修情况;检查电源和照明设备的准备情况。

(5)加强汛期对工程的检查。

(6)组织汛后检查。主要包括水库损坏情况、工程损坏修复的计划、汛期暴雨洪水特征、防汛物资使用情况、汛期中防汛的经验教训。

(7)检查防汛抢险队伍组织落实情况。

(8)检查防汛通信和预警系统。

(9)负责统计掌握洪涝灾害情况。

(10)开展防汛宣传教育和组织培训,推广先进的防汛抢险经验,表彰先进。

四、防汛责任制

建立和健全各种防汛责任制,实现防汛工作正规化和规范化,做到所有工作有人抓、所有人员有责任,这是做好防汛工作的关键。防汛责任制主要有以下几点:

(1)行政首长负责制。行政首长负责制是各种防汛责任制的核心,是取得防汛抢险成功的重要保证,也是历来防汛斗争中最行之有效的措施。防汛抢险需要动员、调动各部门、各方面的力量,党、政、军、民全力以赴,发挥各自的职能优势,同心协力共同完成。因此,防汛指挥机构需要政府主要负责人亲自主持,全面领导和指挥防汛抢险工作,实行防汛行政首长负责制。

(2)分级责任制。根据水利工程所处地区、工程等级和重要程度等,确定县、镇分级管理运用、指挥调度的权限责任。在统一领导下,对水利工程实行分级管理、分级调度、分级负责。

(3)工程承包责任制。为确保水利工程和下游保护对象的汛期安全,对县、镇负责人和县防汛指挥部领导成员施行工程承包责任制,责任到人,有利于防汛抢险工作的开展。

(4)技术责任制。在防汛抢险工作中,为充分发挥技术人员的专长,实现科学抢险、优化调度以及提高防汛指挥的准确性和可能性,凡是评价工程抗洪能力、确定预报数字、制订调度方案,采取抢险措施等有关技术问题,均应由专业技术人员负责,建立技术责任制。

(5)值班工作制。为了随时掌握汛情,防汛指挥机构应建立防汛值班制度,以便及时加强上下联系,多方协调,充分发挥水利工程的作用。

五、防洪的工程性措施与非工程性措施

(一)工程性防洪措施

工程性防洪措施是指通过修建各种工程的办法来控制和抗御洪水,以减少洪水灾害损失的一种防洪对策。工程措施可分两大类:第一类是治本性的措施,包括水土保持和蓄洪工程(是在干、支流的中、上游兴建水库)等;第二类是治标性的措施,是在洪水已经形成以后,设法将其安全地排往容泄区,达到防洪减灾的目的。这类措施是多方面的,如修建堤防、防洪治河以及防汛抢险等。

(二)非工程性防洪措施

非工程性防洪措施是指通过政策、法律以及修建防洪工程以外的其他手段,减少洪水灾害损失的对策。从人类抗御洪水的历史发展来看,工程措施是人类防洪的主要手段,但

是单靠工程措施难以完全控制洪涝灾害所带来的损失。近年来，非工程性防洪措施已逐步发展成较为完整的防洪战略措施。它不同于工程性防洪措施，不是修建工程来控制洪水，而是更多地注意使人类适应于其自身的洪水环境，调整被洪水威胁地区的开发利用方式，加强防洪管理，以适应洪水的天然特性，减轻洪水灾害的破坏程度。它与工程性防洪措施相互结合，共同构成一套完整的防洪抗灾体系。

非工程性防洪措施一般包括：①滞洪区的规划与管理；②洪水预报警报系统和紧急撤退措施；③就地避洪措施；④实施防洪保险和落实防汛经费；⑤加强水利立法。

第二节　防汛准备与检查

一、汛前准备

防汛工作的成败，首先取决于“防”。在每年汛期到来之前，应充分做好各项防汛准备，汛前准备工作的内容主要有：

(1)思想准备。防汛的思想准备位居各项准备工作的首位，主要是克服麻痹思想、侥幸心理、松懈情绪和无所作为的情绪，要以对人民高度负责的精神，认真抓好各项防汛准备工作。

(2)组织准备。防汛必须有健全而严密的组织系统，主要是抓防汛指挥机构与办事机构、行政首长负责制与防汛岗位责任制和防汛抢险队伍的落实到位，保证防守抢护系统和军民联防系统正常运行。

(3)工程准备。主要是抓除险加固工程和应急度汛工程施工，河道清淤清障和采砂治理，备用电源和闸门启闭机检修、保养、试运行，确保汛期闸门启闭灵活和工程的安全运用，保证防洪工程体系正常发挥作用。

(4)物资准备。物资是抗大汛的基本保证条件，对包括各种抢险工具、器材、物料、交通车辆、道路整修、通信、照明设备等应做好准备，要保证后勤供应系统灵活运作。物资的准备要根据江河、水库工程防洪标准和质量、易出险的部位及下游保护对象等情况，应备足备全，并要选择合理的堆放地，以确保物资安全和方便使用。

(5)测报准备。主要是雨情、水情和枢纽工情的测报、预报准备。包括测验设施和仪器、仪表的检修、校验，报汛传输系统的检修试机，水情自动测报系统的检查、测试，以及预报曲线图表、计算机软件程序、大屏幕显示系统与历史暴雨、洪水、工程变化对比资料准备等，保证汛情测报系统运转灵活，为防洪调度提供准确、及时的测报、预报资料和数据。

(6)通信准备。信息系统是防洪调度的生命线。汛前必须抓好各类通信系统的检修、试机，并把有关工程的领导、防汛指挥成员、上级主管单位和有关部门领导的电话号码准备好，以便及时联系，保证防汛通信保障系统在任何情况下都能灵活运转。

(7)资料准备。把防洪调度有关的工程设计资料、鉴定验收资料、历史运用资料、洪水预报资料、调度运用计划、洪水风险图、详细地形图、计算机数据库及其他有关的资料、图表、手册、软件等都要准备齐全，便于随时查阅，支持调度决策。

(8)预案准备。按照防大汛、抗大洪、抢大险、救大灾的要求，进一步完善主要河道防洪保证标准和防御超标准洪水调度方案,大中型水库汛期调度运用计划以及河道、水库、蓄滞洪区、防御山洪和城市防洪排水预案与各有关部门的应急度汛预案,并报上级防汛指挥部门备案。做到遇到任何情况,都有相应的防洪保安和抗洪减灾对策。

(9)检查演练。采用管理单位自查、主管部门核查、上级领导抽查相结合的方法,由领导带队,对防汛准备工作一一进行检查落实,发现问题,及时补救,防患于未然。同时要进行洪水预报、调度指挥和重点抢险演习,保证防汛指挥调度系统运转灵活,抢险队伍能够拉得出,用得上,防得好,顶得住,全力夺取防汛抗洪斗争的胜利。

二、防汛检查

《中华人民共和国防汛条例》第十四条指出"各级防汛指挥部应当在汛前对各类防汛设施组织检查,发现影响防洪安全的问题,责成责任单位,在规定的期限内处理,不得贻误防汛抗洪工作",检查的主要目的是把工程的各种隐患查清、查细,汛前进行处理,因工程量大、时间紧、一时处理不了的要落实临时度汛方案,这样才能确保度汛安全。所以说,开展汛前检查,是法规上确定的行为,是安全度汛十分重要的措施之一。

防汛检查分汛前、汛期、汛后检查,重点是汛前检查,防汛检查组织形式要分级、分部门、分单位进行,根据不同防汛重点开展检查,以管理单位自查为主,与主管部门核查和上级防汛部门抽查相结合。防汛检查主要检查"四落实"即:组织落实、工程落实、物资落实、措施落实。实质就是对上述各种准备工作落实情况的检查。

三、汛情监视巡查

(一)汛情监视巡查的工作要求

汛情是汛期的雨情、水情、工情、险情、灾情的总称。密切注视汛情变化,及时采取合理的洪水调度方案和防洪预案,是指挥防汛抗洪的关键。应主要从以下几个方面做好工作:

(1)严格遵守制度。一般有巡查制度、交接班制度、值班制度、汇报制度、请假制度、奖惩制度。防汛人员在汛期必须坚守岗位,严阵以待,尽职尽责。

(2)注意天气预报,并根据气象预报,对照设计雨量,提前考虑洪水调度意见。

(3)掌握水情及工程状况。要特别注意掌握水位和降雨量两项水情动态,制订洪水预报方案,及时估算洪水将出现的时间和水位,合理调度,做好控制运用工作。

(4)注意重点防区和薄弱环节。暴雨洪水发生后,要严密监视水库、河道的水情变化及工程的运用与防守情况,特别是防汛重点部位、病险水库、闸坝、堤段和险工、隐患及建筑物与堤坝的结合部、过去决过口出过险的地方等薄弱部位,以便及时采取措施。同时还要关注山洪泥石流多发区和城市防内涝工作,以尽量减少损失。

(5)进行对比分析。防汛值班人员对有关的汛情报告、请示要认真记录、审查;对雨情、水情、险情、灾情的情况数据,要及时进行分析对比,与历史比,与常年比,与上年比,与相似年比,从对比中分析防汛形势,以便提前采取措施。

(6)及时请示报告。对于重大问题和重要情况,一定要及时向主管领导汇报并提出初步处理意见。遇灾害性天气预报和洪水预报,要立即报告主管领导。当发生重要险情、人员伤亡、恶性事故及重大责任事故时,必须立即上报,不得隐瞒或延误。对上级防汛指挥机构下达的指示和调度命令,必须立即执行;执行确有困难的,应立即向上级反映,不准推拖搪塞。对于下级的重要请示,要抓紧答复;对既不答复、又不表态而酿成事故的,要追究当事人和主管领导的责任。

(7)巡查注意事项及方法。巡查应由具有丰富经验的专业队伍进行,一般每组由5~7人组成,同时出发,在巡查范围内成横排分布前进,避免出现空白点。巡查时要注意“五时”、做好“五到”、掌握好“三清”、“三快”。

“五时”是指最易疏忽忙乱、注意力不集中的吃饭时、换班时、黄昏时、黎明时、刮风下雨时。

“五到”是指手到、脚到、眼到、耳到、工具物料随人到。

“三清”是指险情查清、信号记清、报告说清。

“三快”是指险情发现快、报告快、处理快。

(二)河道堤防防汛水位

河道堤防防汛水位主要有设防水位、警戒水位和保证水位。这些水位是判断河道水情危急状况的标准,是安排防汛工作和制订防汛方案的依据,汛期巡查工作应特别重视。

(1)设防水位。当江河洪水漫滩以后,堤防开始临水,需要防汛人员防守时规定的水位。这一水位是由防汛部门根据历史资料和堤防实际情况确定的。

(2)警戒水位。指堤防临水达到一定深度,有可能出现险情,要加以警惕戒备的水位。到达这一水位时,防汛就应进入戒备状态,做好防汛抢险人力、物力的准备,开始昼夜巡查,并需组织防汛队伍上堤守防。这一水位主要是防汛部门根据长期防汛实践经验和堤防等工程的抗洪能力、出险基本规律分析确定的,是制订防汛方案的重要依据。

(3)保证水位。根据保护对象要求设计的防洪水位或历史上防御过的最高洪水水位。当洪水到达或接近这一水位时,防汛进入紧急状态,防汛部门要按照紧急防汛期的权限,采取各种必要措施,确保堤防等工程的安全,并根据“有限保证,无限负责”的精神,对于可能出现超过保证水位的工程抢护和人员安全做好积极准备工作。这一水位是根据堤防规划设计和河流曾经出现的最高水位,考虑上下游关系、干支流关系以及保护区的重要性制定的,并经上级主管部门批准。

四、防洪预案

编制防洪预案(防御洪水方案)是国家《防洪法》和《防汛条例》的规定,是根据现有工程设施和防洪保安条件,防洪工程规划设计要求及本地、本部门、本单位的实际情况,针对可能发生的各类洪水灾害,预先制订的防御方案、对策和措施,是各级防汛指挥部门实施防洪调度、抢险救灾和指挥决策的依据。

预案内容包括防洪工程和被保护对象的基本情况、防洪风险图、洪水调度方案、防御超标准洪水方案和防御突发性洪水方案;特别要突出实施方案和保障措施,要提出可操作性极强的“智能型”防洪预案。如某个河段在遇到什么样的水位、流量、流速、行洪时间或是涨水期、行洪期、落水期可能出现什么样的险情?由哪个抢险队负责抢险,抢险队的位置在哪里,到达险工地点需要多长的时间?所需的抢险物料在哪里,运料进场走哪条路,阴雨天能不能行车,需要什么车辆和多少辆车运输,多长时间能够运到?水位达到哪个高程、洪水达到哪个量级，防汛指挥长应当做哪些工作，签署哪些命令？出现什么样的险情应当怎么抢护，在什么情况下需要请部队支援，在什么情况下需要报请上游水库调洪错峰或在哪段次堤扒口分洪？遇到哪类情况指挥长应当考虑什么问题，抓哪些事情，怎么具体指挥等。编制防洪预案一定要从防大汛、抗大洪出发，一切"从最坏处打算，向最好处努力"；要对可能发生的情况、遇到的特殊困难尽量考虑周到；实施步骤和各项工作之间的结合部要衔接紧密，一环扣一环。要从实战出发，因地制宜，实事求是，针对性、连贯性、完整性和可操作性要强。因工作量大，编写时可先易后难，先简后繁，并根据防汛中出现的新情况、新问题、新经验，每年修订一次；在实施预案中不断补充，逐步完善，使预案更加科学合理，切实可行。

第三节　堤坝的险情抢护

江河堤防和水库坝体作为挡水设施，在运用过程中由于受外界条件变化的作用，自身也发生相应结构的变化而形成缺陷，这样一到汛期，这些工程存在的隐患和缺陷都会暴露出来，险象环生，因此防汛抢险工作十分紧张繁重。一般险情主要有风浪冲击、洪水漫顶、散浸、陷坑、崩岸、管涌、漏洞、裂缝及堤坝溃决等形式。下面分别介绍有关防汛抢险的各种工程措施，其中裂缝、滑坡及护坡破坏的抢护在第三章中已作介绍。

一、风浪冲击破坏的防护

高水位时风大浪高，堤坝迎水坡受风浪冲击，连续淘刷，侵蚀堤坝，可能形成滑坡，甚至导致土坝堤身溃决。防止风浪对堤坝的冲击和破坏，其抢险原则一是削减风浪冲击力，二是加强临水坡的抗冲击力。一般是利用漂浮物来减缓风浪冲击力，用防浪护坡工程对堤坝坡进行保护，其常用的抢护方法如下。

（一）土工织物防冲

用土工织物、土工膜布、篷布或彩色编织布铺放在堤坡上防冲，抢护快，效果好。铺设时，织物的上沿应高出洪水位 1 ~ 2 m，四周和中间用平头钉钉牢，如果没有平头钉，可在土工织物四周用砂袋或大块石压牢，但要加强观察，以防被冲失，如图 10-1 所示 。也可用编织袋装土、砂卵石等，沿水边线排放连成排体防浪。

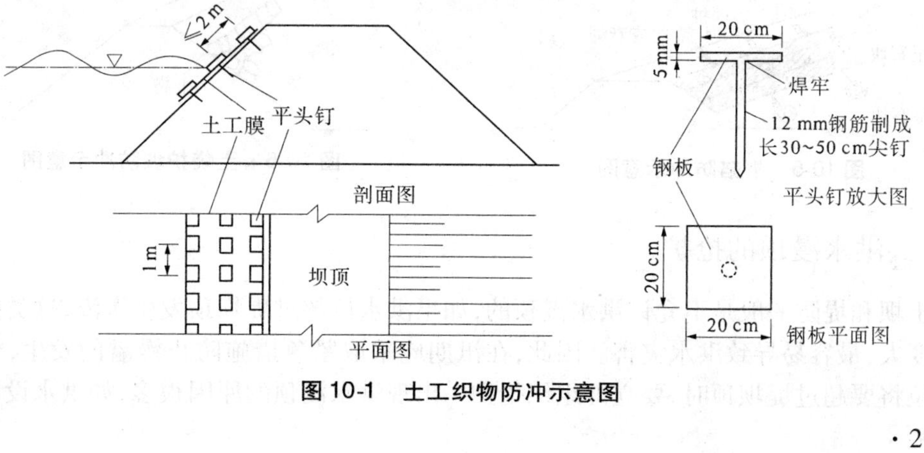

图 10-1　土工织物防冲示意图

(二)挂柳防浪

选择枝叶茂密的柳树,在枝杈部位截断,将树头向下放入水中,相互紧靠,用铅丝或麻绳拴在打入堤坝顶部的木桩上。如图 10-2 所示。

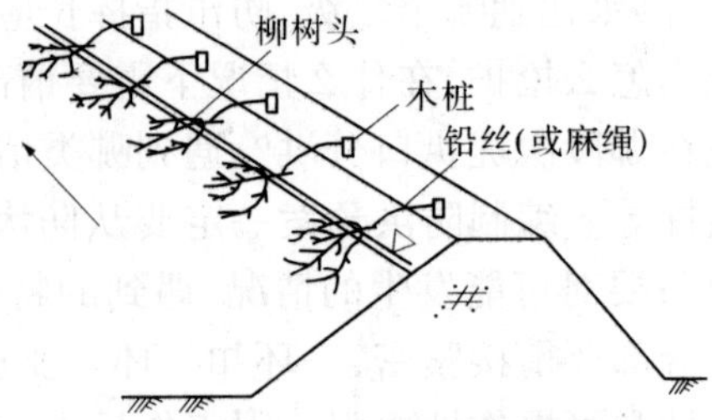

图 10-2　挂柳防浪示意图

(三)挂枕防浪

用秸料或苇料、柳树等,扎成直径 50 cm 的枕,将枕两端用绳系在堤岸木桩上,推置水面上,随波起伏,起到消浪作用,当风浪较大时,可将梢枕连接起来,形成梢排防浪。如图 10-3、图 10-4 所示。

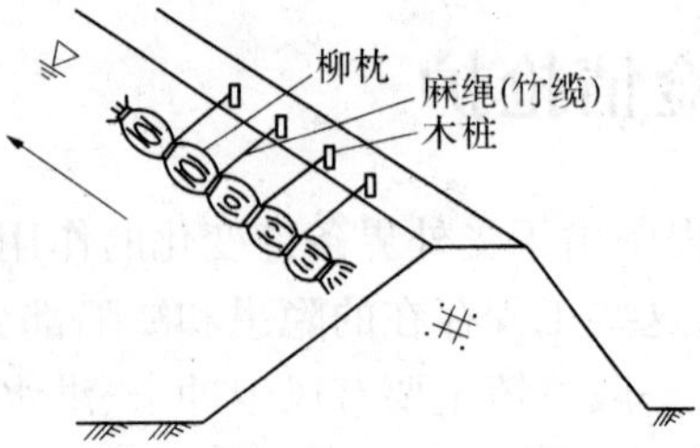

图 10-3　单枕防浪示意图

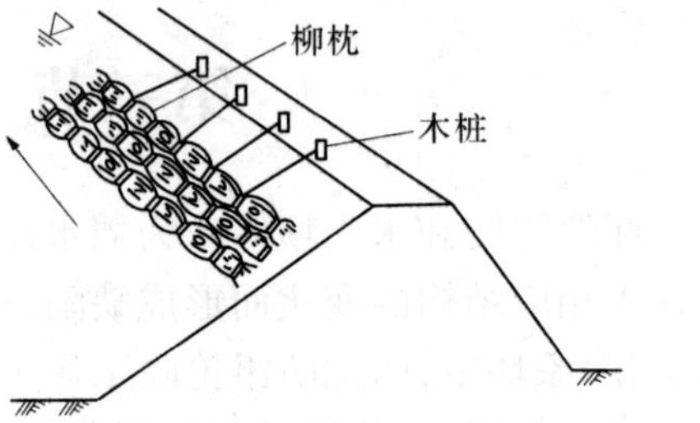

图 10-4　梢排防浪示意图

(四)柳箔防冲

将柳枝、芦苇或稻草等扎成直径 10 cm 的把子,用细麻绳连成柳箔,置于风浪顶冲处,柳箔上端系在堤(坝)顶部的木柱上,下端坠块石,将箔顺堤放入水中,再打桩或压块石,如图 10-5 所示。如果情况紧急,来不及制作柳箔时也可将梢把料直接铺在坡面上,用横木、块石、土袋压牢。

(五)土袋护坡防冲

将草袋或麻袋装土(或砂、碎石)约 7 ~ 8 成后,放置在波浪冲击处并高出水面一定高度,堆置时应使集散口向内并缝合,相互叠压成鱼鳞状,用柳编织成筐装石也能起到相同作用,用这种方法还可以修补浪坎。土袋抗冲能力强,施工简单、迅速,因此广为使用,如图 10-6 所示。

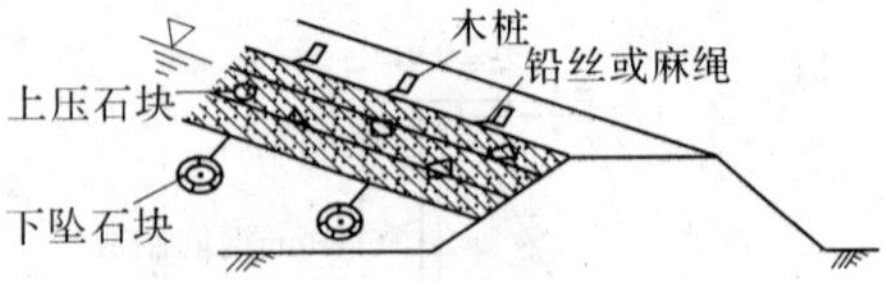

图 10-5　柳箔防冲示意图

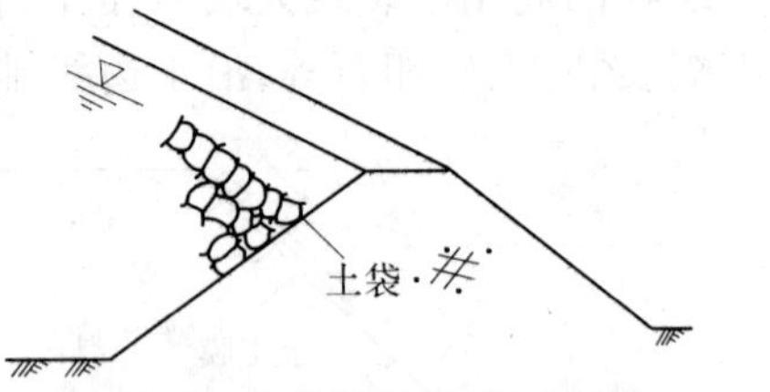

图 10-6　土袋护坡防冲示意图

二、洪水漫顶的抢护

土坝和堤防一般是不允许洪水漫顶的,如果洪水位超过堤坝顶发生漫溢,这类险情抢护难度大,最容易导致洪水灾害。因此,在汛期应采取紧急措施防止漫溢的发生,当预测洪水位将要超过堤坝顶时,要立即组织抢护。出现洪水漫顶的原因很多,如洪水设计标准偏低，水库溢洪道、泄洪建筑物尺寸偏小或有堵塞，河障未及时清除，洪水宣泄不畅，水位壅高，实际发生的洪水超过设计标准等。另外，堤坝施工质量差、软弱地基未经处理或处理不当，沉陷过大，使堤顶高程低于设计值等。

防止洪水漫顶的主要措施可分为预防性措施和应急抢险性措施。

（一）预防性措施

（1）增加水库和河道调蓄洪水的能力。主要是加强水库控制运用的调度，结合水文预报，在上游特大洪水来临之前，能够提前腾出防洪库容，并对下游河道的安全下泄早做安排，确保大坝和堤防的安全。对河道行洪障碍物应彻底清除，保证行洪畅通。

（2）加大泄洪能力，控制水位。针对水库工程可以通过发挥现有泄洪建筑物的作用；加宽或加深溢洪道；启用非常溢洪道或破副坝泄洪等措施提高泄洪能力。

（二）应急抢险性措施

1. 采用分洪措施，减少来水量

当洪水超过河道行洪标准或水库、河堤难以挡水行洪时，一般都是借助上游分洪区进行分流滞洪，以减少河道的行洪流量，降低洪水水位。

2. 抢筑子堤，增加挡水高度

通过对气象、水情、河道、水库堤坝的综合分析，对有可能发生漫溢的堤坝段，可以采取抢筑子堤的措施进行应急防护。所筑子堤应符合防洪挡水的要求：①子堤顶高要超出预测推算的最高洪水位，做到子堤不过水；②子堤稳定；③新老土层结合可靠；④子堤整体性好，填筑子堤，要全段同时进行，分层夯实。子堤的型式主要有以下几种，可根据实际情况确定。

（1）土料子堤。是采用土料分层填筑夯实而成。土料子堤适用于堤坝顶部较宽、就地取土容易、洪峰持续时间不长和风浪较小的江河、水库。子堤迎水坡脚距迎水堤坝肩一般为0.5～1 m，顶宽不小于0.6 m，内外坡不小于1∶1，高度视实际情况而定，如图10-7所示。

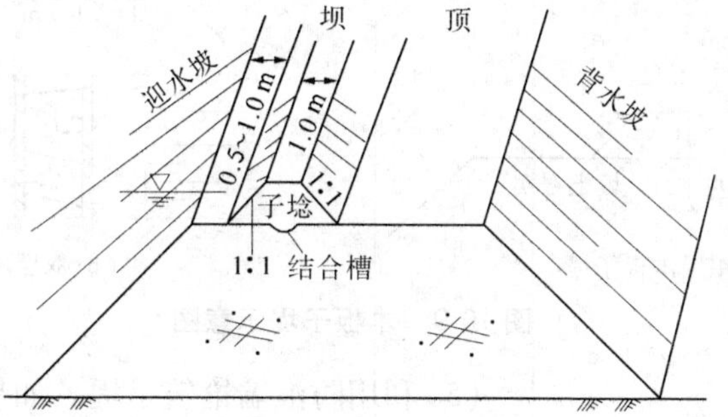

图10-7　土料子堤示意图

土料子堤，成本较低；抢筑迅速，方法简便；汛后可留作堤坝加高培厚，不必拆除。缺点是体积较大、下雨时土料含水量大、不易夯实，在大风浪情况下，容易遭受冲刷。

（2）土袋子堤。这是抗洪抢险中最为常用的一种子堤型式，是用袋子装土堆砌筑堤，土袋子一般较多采用土工编织袋、麻袋和草袋等材料，如图10-8所示。抢险时的土袋一般装土七八成左右，适应变形好，可砌筑得较为紧密。施工时无需开挖结合槽，只需将堤坝老土刨松，以便砌筑得平稳，结合密实；砌筑时宜将土袋缝合（不宜用绳扎捆），袋口向内，相互搭接，排列整齐，靠紧踩实；第二层砌筑时应向后缩并错开排列；土袋砌至设计高程后，随即在上袋后面逐层铺土夯实，做成背水坡，背水坡填土应不小于1∶1。土袋子堤有许多优点：①用土较少，子堤坚固，土袋具有较好的防冲作用，能抵御风浪冲击和水流冲刷；②便于近距离装袋和输送；③占用面积小，土袋子堤较适用于坝堤顶较窄、风浪较大，附近取土困难且土质较差的情况。但也有其不足，即成本较高，汛后必须拆除。

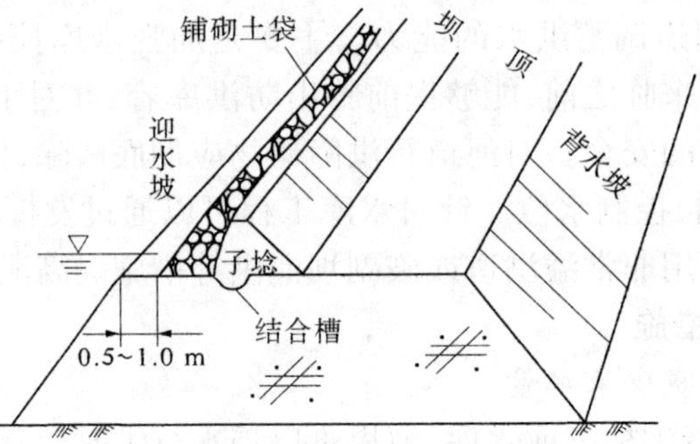

图 10-8　土袋子堤示意图

(3)单层木板(或埽捆)子堤。在缺少土料、风浪较大、堤坝顶面较窄、洪水即将漫顶的紧急情况下，可采用单层木板(或埽捆)子堤，可先在堤坝迎水面距肩部0.5～1.0 m处打木桩一排，木桩长1.5～2.0 m，入土0.5～1.0 m，桩距1.0 m，然后在木桩背水侧用铅丝将木板或埽捆扎牢，后面铺土夯实加戗。如图10-9(a)所示。

(4)双层木板(或埽捆)子堤。在当地土料缺乏、堤坝顶窄、风浪大、城市内的重要堤坝，可以同单层木板子堤方法，在顶部两侧打木桩，然后在木桩内壁各钉木板或埽捆，中间填土夯实。两排桩相距0.5～1.0 m，其间用铅丝交错拉紧。如图10-9(b)所示。

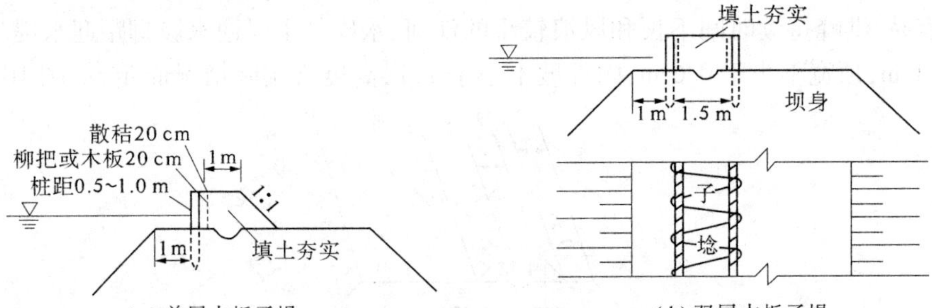

(a)单层木板子堤　　(b)双层木板子堤

图 10-9　木板子堤示意图

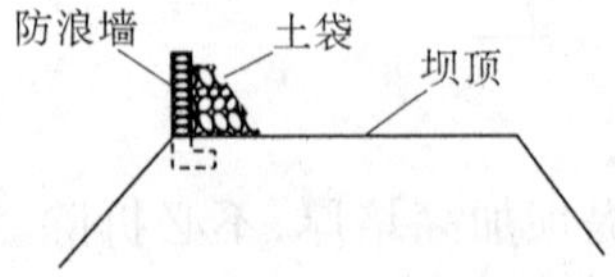

图 10-10　利用防浪墙抢筑子堤

(5)利用防浪墙抢筑子堤。如果抢护堤坝段原有浆砌块石或混凝土防浪墙，可以利用它来挡水，但必须在墙后用土袋加筑后戗，防浪墙体可作为临时防渗防浪迎水面，土袋应紧靠防浪墙后叠砌(土袋子堤)。根据需要还可适当加高挡水，其宽度应满足加高的要求。如图10-10所示。

三、陷坑的抢护

陷坑是指在雨中或雨后，或者在持续高水位情况下，在堤坝的顶部、迎水坡及其坡脚附近，突然发生局部下陷而形成的险情。这种险情不但破坏堤坝的完整性，又有可能缩短渗径，增大渗透破坏力，有的还可能降低堤坡阻滑力，引起堤坝滑坡，对堤坝的安全极为不利。特别严重的，随着陷坑的发展，渗水的侵入，或伴随渗水管涌的出现，或伴随滑坡的发生，可能会导致堤防突然溃口的重大险情。

根据陷坑形成的原因、发展趋势、范围大小和出现的部位采取不同的抢护措施。但是，必须以“抓紧翻筑抢护，防止险情扩大”为原则，在条件允许的情况下尽可能采用翻挖、分层填土夯实的办法作彻底处理。条件不许可时，可采取相应的临时性处理措施。抢护的方法一般有以下几种。

(一)翻填夯实

凡是在条件许可的情况下，且又未伴随渗透破坏的陷坑险情，只要具备抢护条件，均可采用翻填夯实的方法处理。这种方法的具体做法是：先将陷坑内的松土翻出，然后按原堤坝部位要求的土料分层回填夯实，恢复堤坝原貌。如陷坑出现在水下且水不太深时，可修土袋围堰或桩柳围堤，将水抽干后，再予翻筑。

(二)填塞封堵

这是一种临时抢护措施，适用于临水坡水下较深部位的陷坑。具体方法是：用土工编织袋、草袋或麻袋装黏性土或其他不透水材料，直接在水下填塞陷坑，全部填满陷坑后再抛投黏性散土加以封堵和帮宽。要求封堵严密，避免从陷坑处形成渗水通道，见图 10-11。汛后水位回落后，还需按照上述翻填夯实法重新进行翻筑处理。

(三)填筑滤料

陷坑发生在堤坝的背水坡，伴随散浸、管涌或漏洞的发生形成陷坑，除尽快对堤坝陷坑的迎水坡渗漏通道进行堵截外，也可填筑滤料进行抢护。具体做法是：先将陷坑内松土和湿软土壤挖出，然后用粗沙填实，如渗涌水势较大，可加填石子或块石、砖块、梢料等透水料，消杀水势后，再予填实。待陷坑填满后，再按反滤层的铺设方法抢护，见图 10-12。修筑反滤层时，必须正确选择反滤料，使之真正起到反滤作用。

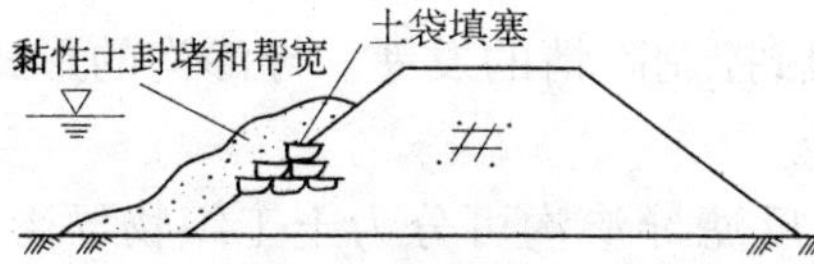

图 10-11　填塞封堵陷坑示意图

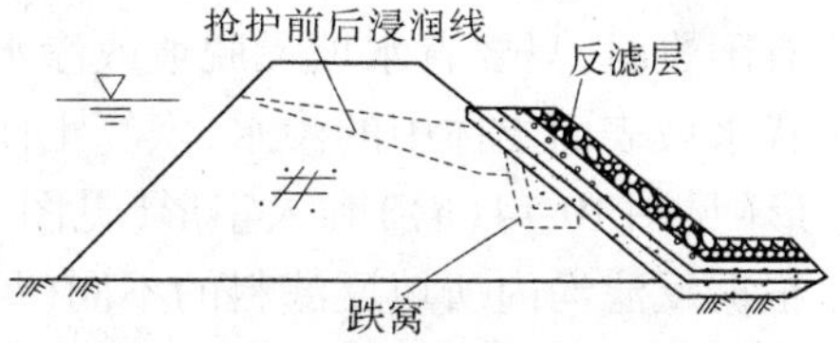

图 10-12　填筑滤料示意图

(四)伴有滑坡、漏洞险情的抢护

(1)陷坑伴有漏洞的险情，必须按漏洞险情处理方法进行抢护。

(2)陷坑伴有滑坡的险情，必须按滑坡险情处理方法进行抢护。

四、散浸的抢护

在汛期或持续高水位的情况下，下游坡及附近地面和坡脚都可能发生散浸险情，使得堤坝背水坡出逸点以下土体湿润或发软，有水流渗出。散浸是堤坝常见的险情之一，造成险情的直接原因通常是堤坝体内夹有砂土层，堤坝不实以及堤坝内有蛇鼠洞、白蚁洞、獾洞、烂树根、废涵管、硬土块、砖石等杂物，堤坝断面单薄、背水坡太陡，填土时夯压不实，施工分段未按要求处理等，都会加大渗流速度，抬高浸润线，加速散浸险情的发展。

散浸的抢护原则应是“前堵后排”。“前堵”即在堤坝临水侧用透水性小的黏性土料做外帮防渗，也可用篷布、土工膜隔渗，从而减少水体入渗到堤内，达到降低堤坝内浸润线的目的；“后排”即在堤坝背水坡上做一些反滤排水设施，用透水性好的材料如土工织物、沙石料或稻草、芦苇做反滤设施，让已经渗出的水，有控制地流出，不让土粒流失，增加堤坝坡的稳定性。散浸险情的一般抢护方法如下。

（一）临水截渗

为增加防渗层，减少堤坝的渗水量，降低浸润线，达到控制渗水险情发展和稳定堤坝边坡的目的，特别是散浸险情严重的堤坝段，如渗水出逸点高、渗出浑水、堤坝坡裂缝及堤坝身单薄等处，应采用临水截渗。临水截渗一般应根据临水的深度、流速，风浪的大小，取土的难易酌情处理。堤坝临水坡相对平整和无明显障碍时，采用复合土工膜截渗（见图 10-13（a））是简便易行的办法，当水流流速和水深不大且有黏性土料时，可采用临水面抛填黏土截渗（见图 10-13（b）），其前戗顶宽 3 ~ 5 m，长度应超出散浸段两端 5 m，戗顶高出水面约 1 m。

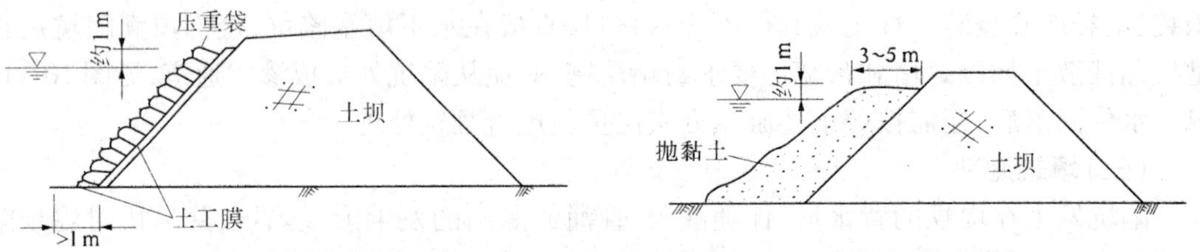

（a）土工膜临水截渗　　（b）抛黏土临水截渗

图 10-13　临水截渗示意图

（二）抢挖导渗沟

当堤坝上游水位继续上涨且有可能滑坡，背水坡大面积严重散浸，而在临水侧迅速做截渗有困难时，只要背水坡无脱坡或渗水变浑情况，可在背水坡及其坡脚处开挖导渗沟，排走背水坡表面土体中的渗水，恢复土体的抗剪强度，控制险情的发展。导渗沟的形式有 Y 字形（见图 10-14（a））和人字形（见图 10-14（b））。

根据反滤沟内所填反滤料的不同（见图 10-15），反滤导渗沟可分为土工织物导渗沟、沙石导渗沟和梢料导渗沟。

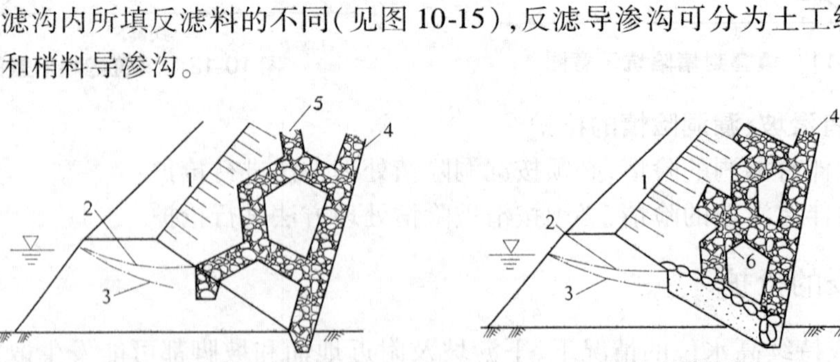

（a）Y 字形导渗沟　　（b）人字形导渗沟

1—堤坝顶；2—开导渗沟以前的浸润线；3—开导渗沟以后的浸润线；

4—排水沟；5—Y 字形沟；6—人字形沟

图 10-14　导渗沟示意图

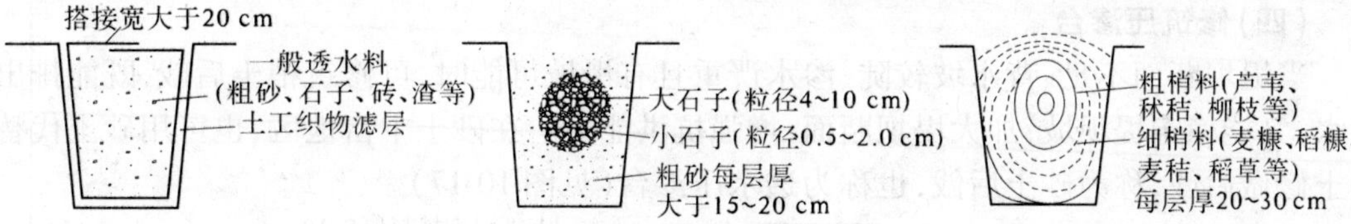

(a)土工织物导渗沟　(b)砂石导渗沟　(c)梢料导渗沟

图 10-15　导渗沟铺填示意图

开挖反滤导渗沟对维护堤坝坡表面土的稳定是有效的,而对于降低堤内浸润线和堤背水坡出逸点高程的作用相当有限。要彻底根治散浸,还要视工情、水情、雨情等确定是否采用临水截渗和压渗固脚平台等措施。

(三)修筑反滤层导渗

对背水坡土体过于稀软,开反滤沟有困难或堤坝断面过于单薄、局部渗水严重,不宜开沟的情况,或者管涌流土范围大,涌水翻沙成片的险情,可修筑反滤层导渗抢护。根据使用反滤料的不同,贴坡反滤导渗可以分为 3 种形式:砂石反滤层、土工织物反滤层、梢料反滤层,其断面及构造见图 10-16(a)、图 10-16(b)和图 10-16(c)。

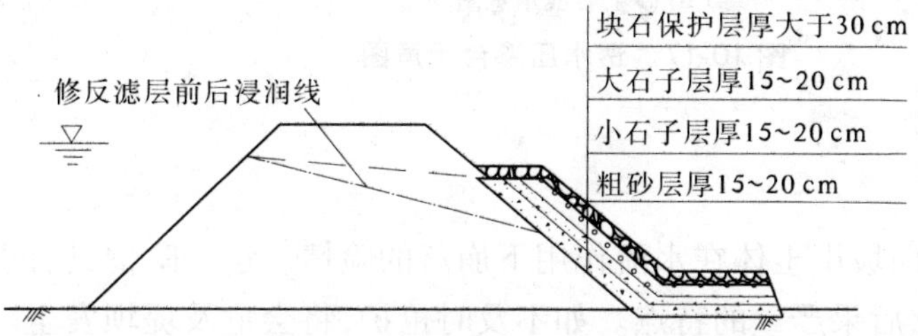

(a)砂石反滤层示意图

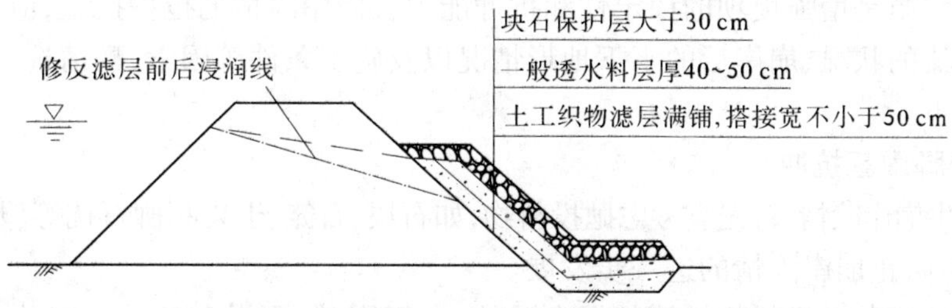

(b)土工织物反滤层示意图

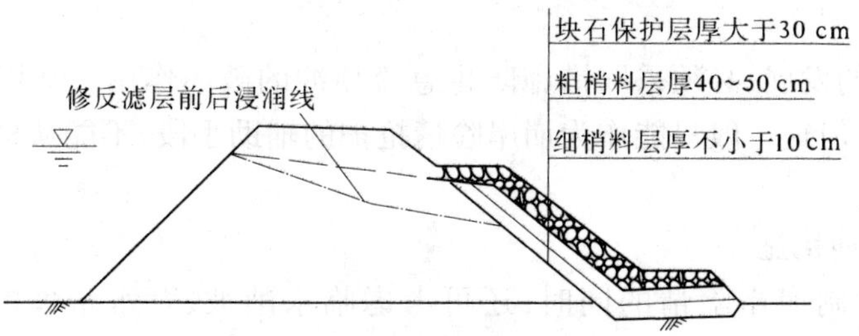

(c)梢料反滤层示意图

图 10-16　反滤层导渗示意图

（四）修筑压渗台

当堤坝断面不足、背水坡较陡、渗水严重且有滑坡可能时，可修筑梢土后戗，既能排出渗水，又能稳定堤坝坡，加大堤坝断面，增强抗洪能力。在砂土丰富地区，也可用砂土代替梢土修做后戗，称为砂土后戗，也称为透水压渗台（见图10-17）。

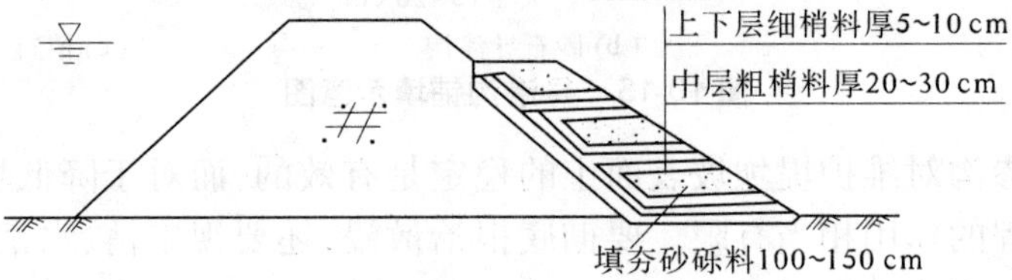

（a）梢土后戗示意图

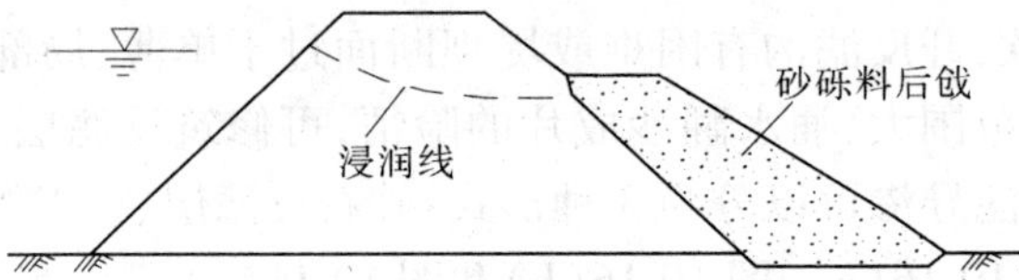

（b）砂土后戗示意图

图10-17　透水压渗台示意图

五、崩岸的抢护

崩岸是指堤坝临水面坡岸土体在水流作用下崩落的险情。这一险情具有事先较难判断、发生突然、发展迅速、后果严重的特点。如不及时抢护，将会危及堤坝安全。发生崩岸险情的主要原因是水流冲淘刷深堤岸坡脚。其抢护原则是缓流挑流，护脚固基，减载加帮。抢护的实质是增强堤坝的稳定性和抗冲能力。崩岸险情的抢护措施，应根据河势，特别是近岸水流的状况、崩岸后的水下地形情况以及施工条件等因素，酌情选用。其具体的抢护方法如下。

（一）护脚固基抗冲

一旦发生崩岸险情，首先应考虑抛投料物，如石块、石笼、土袋和柳石枕等（见图10-18），以稳定基础、防止崩岸险情的进一步发展。

选用上述几种抛投料物措施的根本目的，在于固基、阻滑和抗冲。因此，特别要注意将料物投放在关键部位，即冲坑最深处。要避免将料物抛投在下滑坡体上，以加重险情。

（二）缓流挑流防冲

为了减缓崩岸险情的发展，必须采取措施防止急流顶冲的破坏作用。常用抢修短丁坝和沉柳缓流防冲措施，但这一般只能作为崩岸险情抢护的辅助手段，不能从根本上解决问题。

（三）减载加帮等其他措施

在采用上述方法控制崩岸险情的同时，还可考虑临水削坡、背水帮坡的措施（见图10-19）。当崩岸险情发展迅速，一时难以控制时，还应考虑在崩岸堤段后一定距离抢修第二道堤防，俗称月堤。这一方法就是对崩岸险工除险加固中常采用的退堤还滩措施。

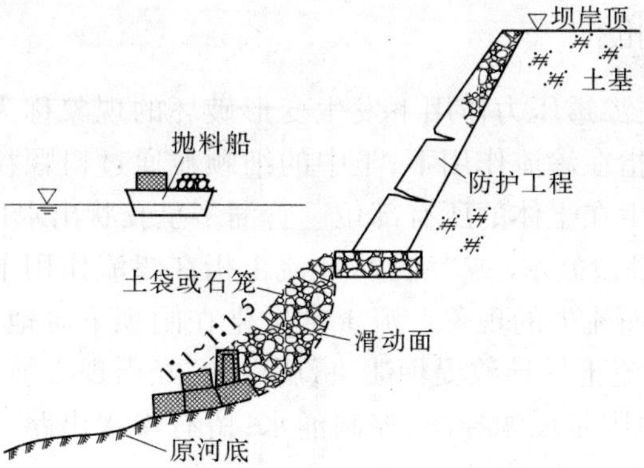

(a) 抛石块、石笼、土袋等示意图

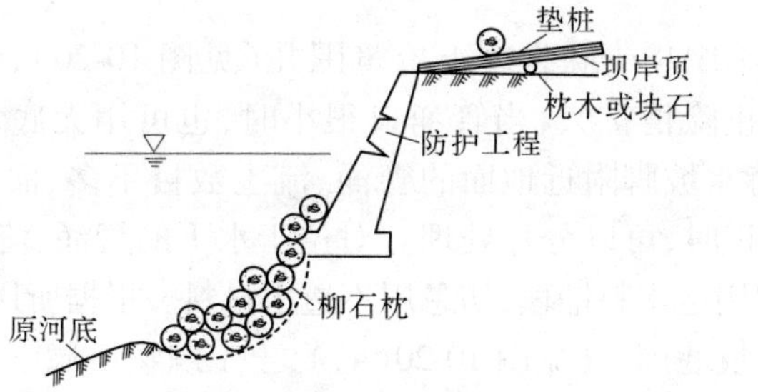

(b) 抛柳石枕示意图

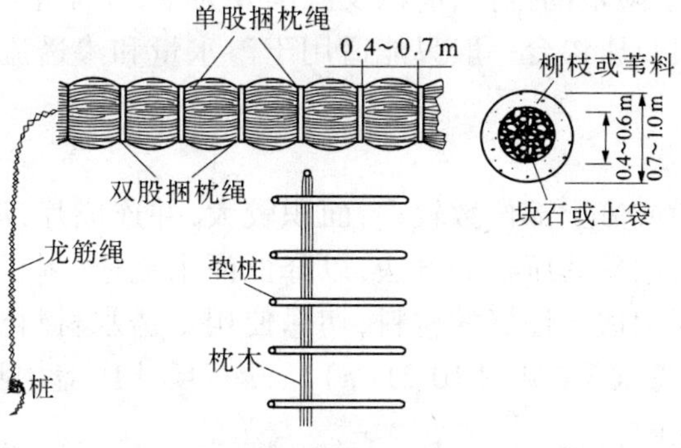

(c) 捆柳石枕示意图

图 10-18　护脚固基

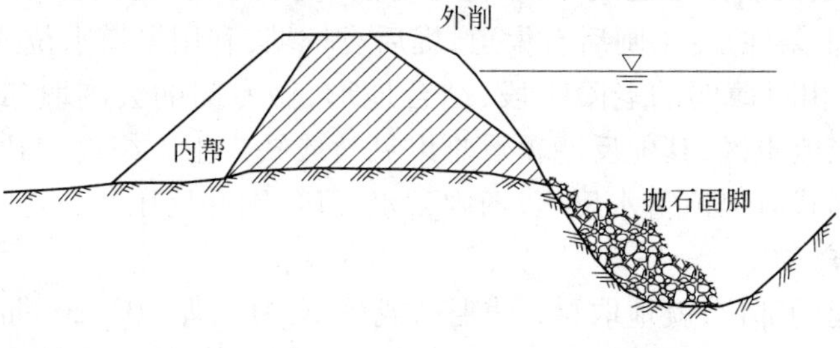

图 10-19　抛石固脚外削内帮示意图

六、管涌、流土的抢护

堤坝和地基土体,在渗透压力作用下发生变形破坏的现象称为渗透变形。其现象有管涌和流土两种。管涌指在渗流作用下,土中的细颗粒通过粗颗粒的孔隙被带出土体以外的现象。管涌可以发生在土体的所有部位。管涌多呈孔状出水口,冒出细沙或黏土,冒沙处形成“沙环”也称“翻沙鼓水”或“沸沙”。流土指在渗流作用下,局部土体隆起、浮动或颗粒群同时发生移动而流失的现象。流土常发生在闸坝下游地基的渗流出逸处,流土也称“牛皮胀”。管涌和流土易导致堤坝溃决,所以,一经出现必须及时抢护。

管涌、流土的抢护原则是反滤导渗,控制涌水,留有渗水出路。常见的几种抢护方法如下。

(一)反滤围井

在管涌、流土处用编织袋或麻袋装土抢筑围井(见图 10-20),井内同步铺填反滤料,从而制止涌水带沙,防止险情扩大,当管涌口很小时,也可用无底水桶或汽油桶做围井。这种方法一般适用于背水坡脚附近地面的管涌、流土数目不多、面积不大的情况,或者数目虽多,但未连成大面积时,可以分片处理。对位于水下的管涌、流土,当水深较浅时也可采用此法。围井内必须用透水料铺填,切忌用不透水材料。根据所用导渗材料的不同,反滤围井的具体做法有砂石反滤围井(见图 10-20(a))、土工织物反滤围井(见图 10-20(b))、梢料反滤围井(见图 10-20(c))等几种。

对严重的管涌、流土险情的抢护,应以反滤围井为主,并优先选用砂石反滤围井,辅以其他措施。反滤压盖层及压渗台一般只能适用于渗水量和渗透流速较小的管涌,或普遍渗水的地区。

(二)反滤压盖

在堤坝内出现管涌或流土部位数较多,面积较大,并连成片,渗水涌沙比较严重的地方,如果料源充足,可采用反滤压盖的方法,以降低涌水流速,制止地基土沙流失,以稳定险情。反滤层压盖必须用透水性好的材料,切忌使用不透水材料。根据所用反滤材料不同,可分为土工织物反滤压盖(见图 10-21(a))、砂石反滤压盖(见图 10-21(b))、梢料反滤压盖(见图 10-21(c))。

(三)蓄水反压(俗称养水盆)

蓄水反压即通过抬高管涌区内的水位来减小堤内外的水头差,从而降低渗透压力,减小出逸水力坡降,达到制止渗透破坏,以稳定管涌、流土险情,见图 10-22。

该方法的适用条件是:①闸后有渠道,堤后有坑塘,利用渠道水位或坑塘水位进行蓄水反压;②覆盖层相对薄弱的老险工段,结合地形,做专门的大围堰(或称月堤)充水反压;③极大的管涌、流土区,其他反滤盖重难以见效或缺少土工织物和砂砾反滤料的地方。蓄水反压的主要形式有渠道蓄水反压、塘内蓄水反压、围井反压。

(四)流土抢护

一般可在隆起的部位,就地取材,铺麦秸或稻草一层,厚 10 ~ 20 cm,其上再铺柳枝或秫秸一层,厚约 20 ~ 30 cm。如厚度要超过 30 cm 时,横竖分层铺放,然后在其上压土袋或块石。

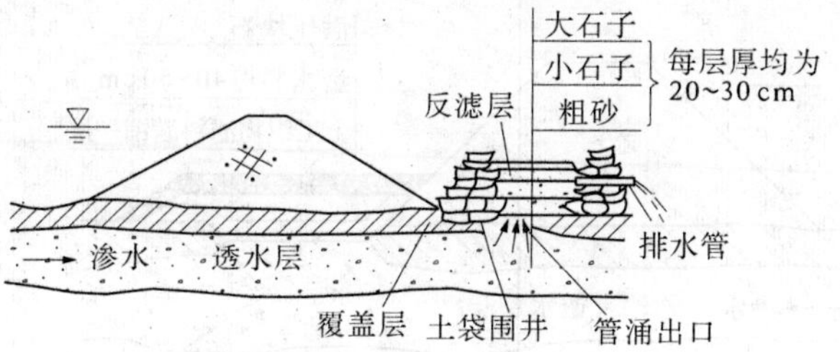

(a) 砂石反滤围井示意图

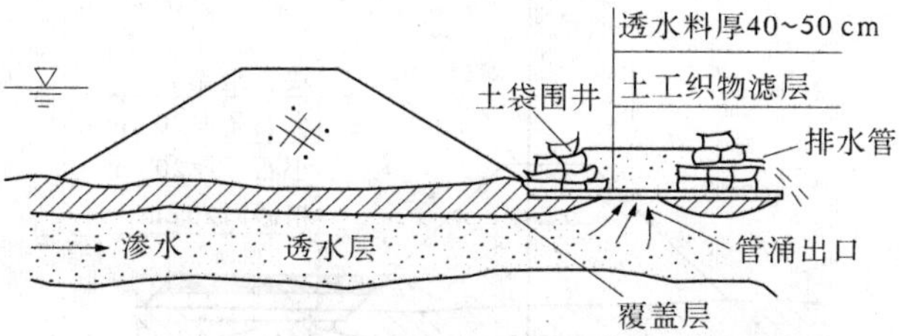

(b) 土工织物反滤围井示意图

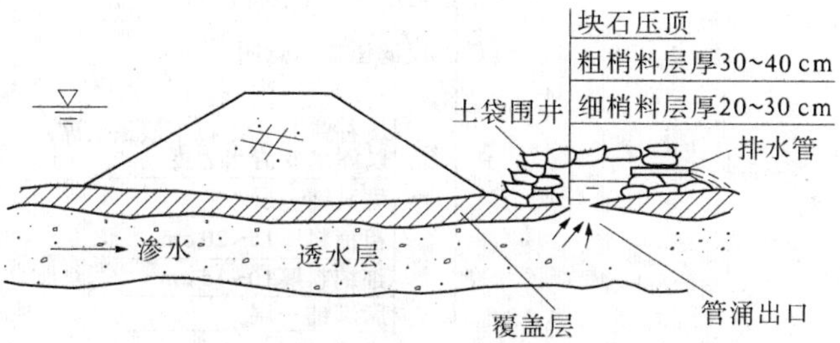

(c) 梢料反滤围井示意图

图 10-20 反滤围井

七、漏洞的抢护

漏洞是堤坝在汛期发生的最危险的险情，在高水位时，往往在堤坝背水坡、堤脚、坝趾甚至距堤坝较远的滩地、田垅出现洞眼漏水。如漏洞流出浑水，或由清变浑，或时清时浑，均表明漏洞正在迅速扩大，堤坝有可能发生塌陷甚至溃决的危险。漏洞的抢护原则是“临河堵截断流，背河反滤导渗，临背并举”。即在抢护时，应首先在临水找到漏洞进水口，及时堵塞，截断漏水来源，同时，在背水漏洞出水口采用反滤和围井，降低洞内水流流速，延缓并制止土料流失，防止险情扩大，切忌在漏洞出口处用不透水料强塞硬堵，以免造成更大险情。

(一) 漏洞口的探查

(1) 观察漩涡。当水深不大时，在漏洞进水口附近的水面上常会出现漩涡。如果漩涡不明显，可在水面上撒些谷糠泡沫塑料碎块等一类的轻浮物，在水面旋转集中的地方，可能就是漏洞的进水口。

(2) 潜水探摸。如果漏水量不大，也可以由潜水员沿堤坡潜入水中探摸，但应注意安

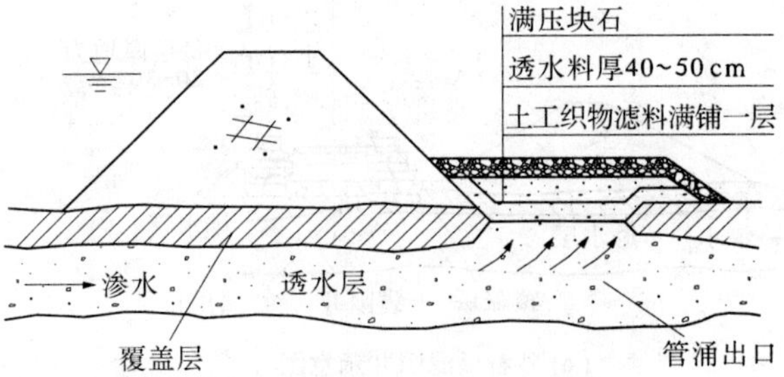

(a) 土工织物反滤压盖示意图

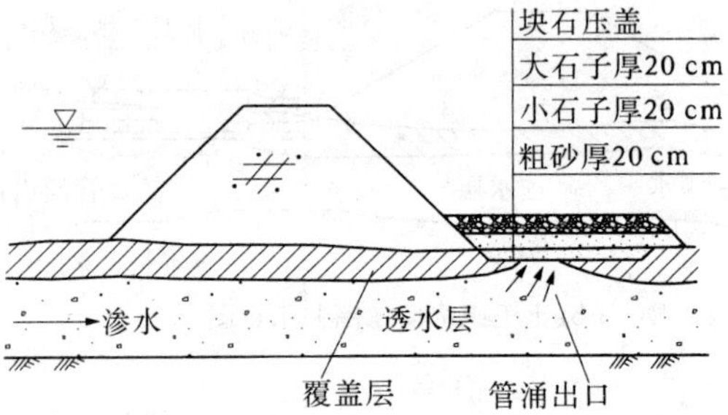

(b) 砂石反滤压盖示意图

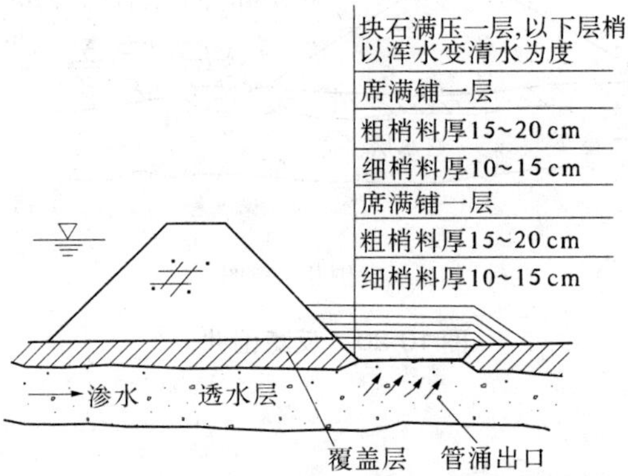

(c) 梢料反滤压盖示意图

图 10-21 反滤压盖

全,潜水员须系安全绳(或带),并手持探棍前行探摸。

(3)探漏杆探测。将如图 10-23 所示形式长约 2 m 的探测杆抛于水中,任其漂浮,当遇到漏洞时,探测杆会在水的漩涡吸力作用下发生旋转下沉,这样就可以准确探出漏洞位置。探测杆做成后须进行试验,保证探测杆直立浮起并使羽毛露出水面 10 ~ 15 cm。

(4)仪器探测。以放射元素示踪仪或探地雷达仪等探测漏水。但这类探测经验还不多,应用还不广泛,还处于探索之中。

(二)漏洞险情的抢护方法

1. 塞堵法

及时准确塞堵漏洞进水口是最有效、最常用的方法,适用于水浅、流速小,只有一个或少数洞口的坝堤段,人可以用梯子下水接近洞口的地方,尤其是在地形起伏复杂、洞口周

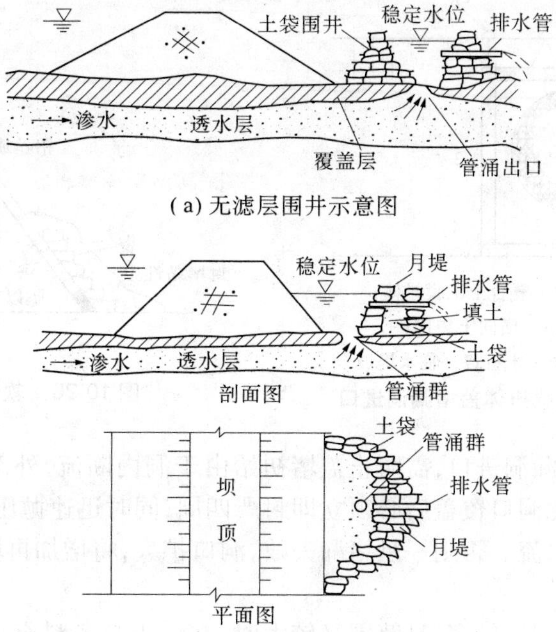

(a) 无滤层围井示意图

(b) 背水月堤示意图

图 10-22　蓄水反压示意图

围有灌木杂物时更适用。一般可用软性材料塞堵，如针刺无纺布、棉被、棉絮、草包、编织袋包、网包、棉衣及草把等，也可用预先准备的一些软楔（见图 10-24）、草捆塞堵。在有效控制漏洞险情的发展后，还需用黏性土封堵闭气，或用大块土工膜、篷布盖堵，然后再压土袋或土枕，直到完全断流为止。

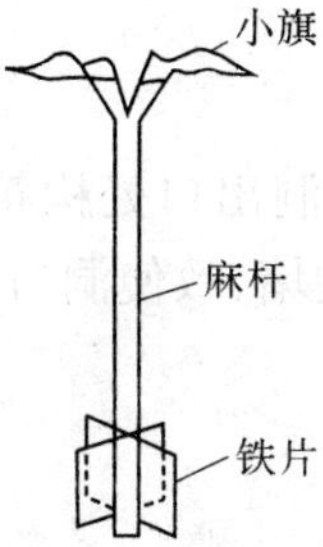

图 10-23　探测杆示意图

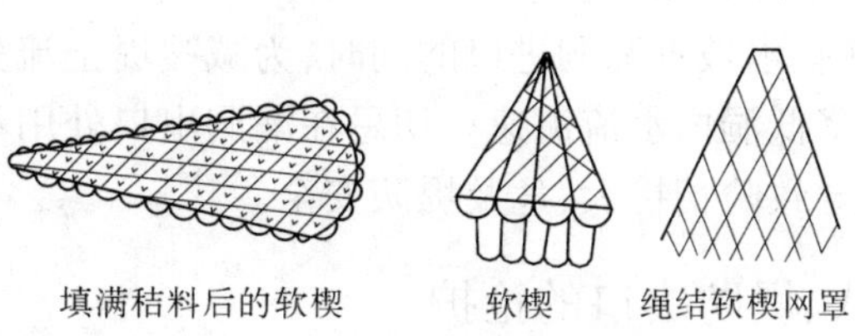

图 10-24　软楔示意图

2. 盖堵法

（1）复合土工膜排体或篷布盖堵。当洞口较多且较为集中，附近无树木杂物，逐个堵塞费时且易扩展成大洞时，可采用大面积复合土工膜排体或篷布盖，见图 10-25。

（2）就地取材盖堵。当洞口附近流速较小、土质松软或洞口周围已有许多裂缝时，可就地取材用草帘、苇箔等重叠数层作为软帘，也可临时用柳枝、秸料、芦苇等编扎软帘，见图 10-26。

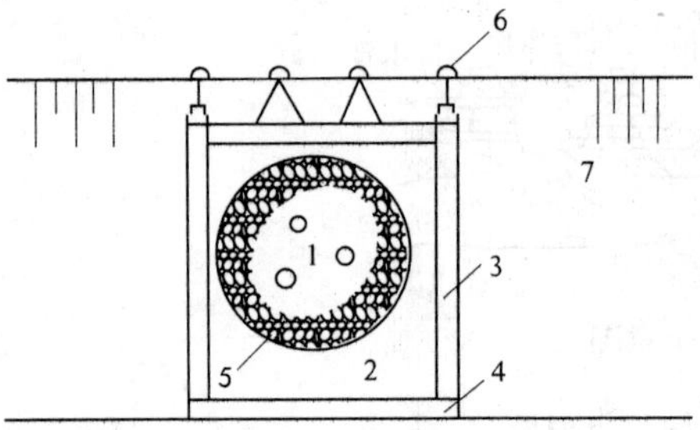

1—多个漏洞进口;2—复合土工膜排体;
3—纵向土袋枕;4—横向土袋枕;
5—正在填压的土袋;6—木桩;7—临水堤坡

图 10-25　复合土工膜排体盖堵漏洞进口

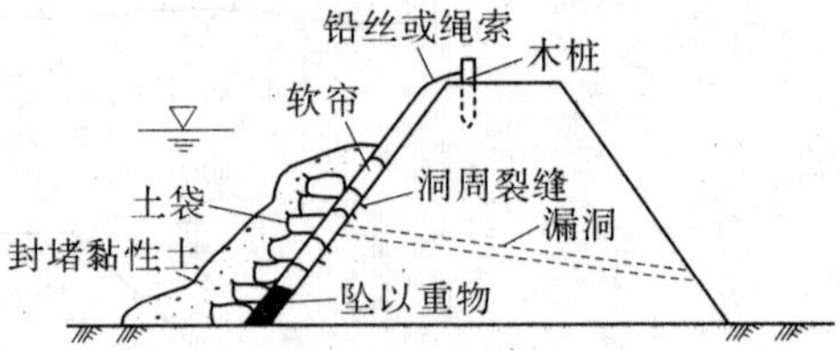

图 10-26　软帘盖堵示意图

采用盖堵法抢护漏洞进口,需防止盖堵初始由于洞内断流,外部水压力增大,洞口覆盖物的四周进水,因此洞口覆盖后必须立即封严四周,同时迅速抛压土袋或抛填黏土封堵闭气,以截断漏洞的水流。否则一旦堵漏失败,洞口扩大,将增加再堵的困难。

3. 戗堤法

当堤坝临水坡漏洞口较多,且范围又较大时,在黏土料备料充足的情况下,可采用抛黏土填筑前戗(见图 10-27(a))或临水筑月堤(见图 10-27(b))的办法进行抢堵。

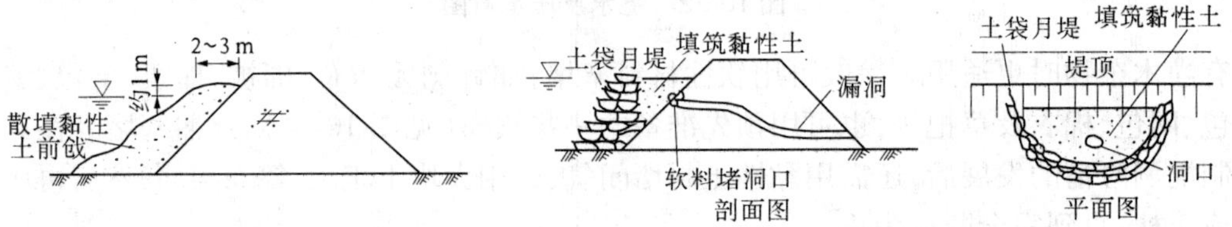

(a) 黏土前戗截漏示意图　　(b) 临水月堤堵漏示意图

图 10-27　戗堤法

4. 辅助措施

在临水坡查漏洞进口的同时,为减缓堤土流失,可在背水漏洞出口处构筑围井,反滤导渗,降低洞内水流流速。切忌在漏洞出口处用不透水料强塞硬堵,致使洞口土体进一步冲蚀,导致险情扩大,危及堤防安全。

八、堤防决口的抢护

当堤防已经溃决时,应紧急抢堵,首先在口门两端抢堵裹头,防止口门继续扩大。如发生多处决口,堵口的顺序应按照“先堵下游、后堵上游,先堵小口、后堵大口”的原则进行抢护。对于较小的决口,可在汛期抢堵。在汛期抢堵特别困难时,一般应在汛后堵复。堵口的方法,按进占顺序可分为立堵法与平堵法两种,有的情况两种方法同时结合使用。具体方法参见教材《水利工程施工》。

当缺口不大时,可用沉船抢堵。做法是用船装载土石料,从上游下行,到达缺口处,用前、后缆控制方向,以船身拦截缺口,而流速较大时,可以由临河的船外侧,向下抛投装有石料的化纤绳袋或竹笼,其重量应能抵御该处的流速。待缺口基本堵住后,可抛投黏土防渗,将漏水完全止住为止。待洪水消退以后,再整修加固。对于较小的缺口,亦可用埽捆内包土石料,从缺口两侧进占,将缺口基本封堵后,再从临河侧抛土堵漏。

具体采用何种方法,应当根据实际情况进行选择。堵口工作是极其紧张而又危险的,一定要严密组织并采取可靠的安全措施。

第四节　其他水工建筑物及设施的险情抢修

一、闸坝消能工破坏的抢护

当闸坝下游的消力池、消力槛、护坦、海漫等消能工被洪水冲坏时,可采用下列方法进行临时抢护。

(一)断流抢护

如果有条件,可暂时关闭或临时封堵闸孔,然后用速凝砂浆砌块石将损坏部位修复,或用石笼临时填补被冲坏的部位。如果流速较高冲刷严重,可采用先抛一层碎石垫层,再用柳石枕、铅丝笼、竹笼铺砌,进行临时防护。

(二)潜坝缓冲

首先在被冲部位抛石防护,然后在护坦或海漫末端设柳石枕潜坝或其他材料的潜坝,以增加水深,缓和冲刷。

(三)筑导水墙导流

如果溢洪道的消能工被冲,而溢洪道距土坝又较近时,除按上述方法抢护外,还应用沙袋或块石抢筑导水墙,将尾水导离坝脚。

二、涵闸的抢护

涵闸往往是防汛抢险中的薄弱环节。由于设计不周、施工质量差、工程老化、水情的变化、维修养护不及时等原因,均可能产生渗漏、冲刷、裂缝等险情。如不采取有效措施,都可能导致建筑物的毁坏。

(一)涵洞闸与土堤连接处渗漏

常用临河堵塞、篷布堵漏、灌浆、背水导渗等方法抢护;当建在沙土地基上的涵闸发生闸基渗漏时,汛期常在下游采用反滤导渗、降低渗压等方法抢护;当涵闸洞身渗漏,仍可本着“上截下导”的原则进行抢护,采用临河围堰、反滤围井等方法处理。

(二)水闸失稳的抢险

修建在软基上的浮筏式结构的水闸,当遭遇到超标准洪水或基础渗透破坏时,闸体可能失稳,产生滑动。抢护原则是增加抗滑力,减少滑动力,以稳固基础。抢护方法有:

(1)闸顶加重增加阻滑力。适用于平面缓慢滑动险情的抢护。在水闸的闸墩、交通桥面等部位堆铁块等重物。但应注意,堆重量要验算,不能超出结构承重限度,险情结束后要及时卸载加固。

(2)下游堆重物阻滑。在水闸可能出现的滑动面下端,堆沙袋、块石等重物防止滑动。如图 10-28 所示。

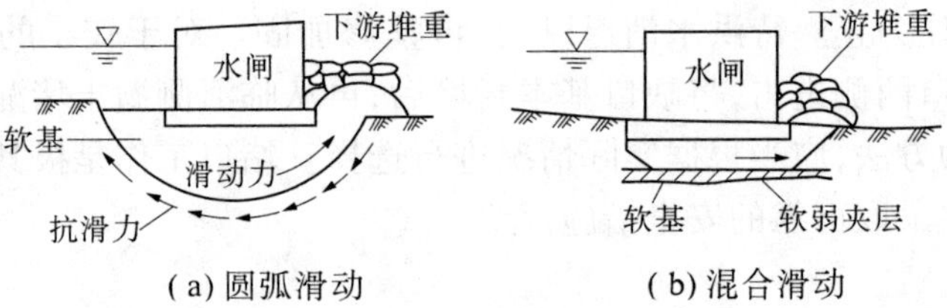

图 10-28　在水闸下游堆放重物阻滑示意图

(3)下游蓄水平压。水闸下游一定的范围内用土袋或土筑成围堰,抬高水位,减少上下游水头差,以减少水平推力。

(三)闸门事故抢险

闸门事故出现类型一是启闭机螺杆折断,不能开启闸门;二是闸门不能关闭。

在涵洞没有泄漏的情况下发生螺杆折断时,可由潜水员下水探清闸门卡阻原因及螺杆断口位置,并用钢丝绳系住原闸门吊耳,利用卷扬机绕转钢丝绳开启闸门,待露出折断部位后进行拆除更换。

当事故发生时,若闸门已有较大漏水,可先抛置土袋,后用沉放钢筋网方法封堵进水孔口,然后派潜水员按上述方法处理并更换折断螺杆。处理完毕,撤走钢筋网及土袋后,进行闸门启闭试验。

采用多种方法仍不能开启闸门或开启不足,而又急需开闸泄洪时,可立即报请主管部门,采用炸门措施,强制泄洪。这种方法只能在万不得已时才采用,同时尽可能只炸开闸门,不要损坏水闸的主体部位,最大限度地减少损失。

当涵闸闸门发生事故,不能关闭或完全关闭,或闸门损坏而发生大量漏水,必须抢修时,应采用以下应急措施:

(1)钢、木叠梁封堵。如设有事故检修闸门门槽而无检修闸门时,可将临时调用的钢、木叠梁逐条放入门槽,如不能堵漏而又情况严重时,可再将土(沙)袋沉放在闸门前后,堵塞孔口。

(2)钢筋网堵口。钢筋网用直径 10 ~ 14 mm 的钢筋编织,间距不大于 20 cm。另选几根较粗的钢筋作为骨架,借以增加刚度。钢筋网一般为长方形或正方形,其长度和宽度均应大于进水口的两倍以上。沉堵前,先架浮桥作通道,在进水口前扎滔排并加以固定,然后在排上将钢筋网沉下。等盖住进口后,随即将预先准备的麻袋、草袋抛下,堵塞网格。若漏水量显著减少,即为沉堵成功。根据情况,如需止水闭气,可在土袋堆体上加抛散土。

(3)钢筋混凝土管封堵。当闸门不能完全关闭时,采用直径大于闸门开度 20 ~ 30 cm,长度略小于孔净宽的钢筋混凝土管。管的外围包扎一层棉絮或棉毯,用铅丝捆紧,混凝土管内穿一根钢管,钢管两头各系一条绳索,沿闸门上游侧将钢筋混凝土管缓缓放下,在水平水压力作用下将孔封堵,然后用土袋和散土闭气断流。

思　考　题

1. 什么是防汛? 防汛工作的主要内容有哪些?

2. 防汛抢险工作有什么重要性？
3. 防汛的方针是什么？它的主要任务是什么？
4. 防汛组织机构有哪些职责？
5. 汛前准备工作的内容有哪些？防汛检查应做到哪“四落实”？
6. 防汛巡查时应做到哪“五到”？哪“三清”、“三快”？
7. 什么是防洪的工程性措施与非工程性措施？
8. 防风浪冲击有哪些措施？
9. 防止洪水漫顶的措施有哪些？
10. 什么是陷坑？它的抢护原则是什么？
11. 散浸的抢护原则是什么？如何进行散浸险情抢护？
12. 处理崩岸险情的主要措施有哪些？
13. 管涌、流土的抢护原则是什么？有哪几种常见的具体抢护方法？
14. 什么是漏洞？它的抢护原则是什么？堵塞漏洞有哪些方法？
15. 堵口的方法，按抢堵的材料及施工特点可分为哪几种形式？
16. 如何进行涵闸险情的抢护？

第十一章 水利水电工程管理的法规制度与计划

第一节 水利水电工程管理的法规制度建设

一、水利水电工程管理法规制度建设的意义

管理制度是指为实现管理目标而制定的人们在生产技术经济等活动中应遵守的行为准则。

管理制度是对生产技术、经济规律的反映,是这一规律的纲领性的体现。制定管理法规制度主要就是为规范和约束人们在管理活动中的行为与做法,防止违反科学规律的随意性的行为发生,以求更好地实现管理目标。如果没有科学严密的管理制度,势必造成职责不清,秩序混乱,现代大生产就无法正常进行,也就无法实现管理目标,所以,管理制度是实现管理规范化、标准化的必然要求,是实现管理目标必不可少的最为有效的条件。

没有规矩不能成方圆,水利工程同样如此。水利工程管理工作要现代化地跨越发展,建立健全各种管理制度是一个重要环节和保障,在工程历史上,工程管理制度建设在不同工程、不同阶段曾经发挥了很大作用,因此在今后的工作管理中,按照水利工程管理体制改革与管理科学技术的发展要求,积极探索研究,修订相关的水利管理规章制度,使水管单位对工程的管理维护有法可依,有章可循,这是非常必要的,也是工程管理进一步迈向规范化运行的必然步骤。所以,在工程管理中,必须加强各项管理制度的建设。

二、我国水利水电工程管理的法规制度

水利水电工程构成复杂,涉及范围广,随着自然和社会等多方面的因素影响,工程安全运行不但涉及工程本身效益的发挥,而且涉及社会一定范围的人民生命与财产安全,所以对工程的维护管理不但是管理单位的责任和义务,同时也是全社会的义务。作为管理单位的管理工作,应以工程为核心,不但要做好自身的管理,也要进行社会方面的管理,因此工程管理涉及到宏观性和微观性的两个方面的管理。

我国在长期的管理生产实践中相继制定了一系列工程管理的法规制度,其中有对工程起保护作用以满足工程宏观管理的法律法规,有对工程专业操作或运行作业程序进行规范以满足微观管理需要的各种管理制度等,这些法规和制度构成了我国水利工程管理的法规制度体系。

(一)工程管理的法律制度

工程管理的法律制度是国家立法机关通过立法方式颁发的一类管理制度,具有法律

效力和强制力，其特征是有明确的法律责任。与工程管理有关的主要法律有《中华人民共和国水法》（简称《水法》）、《中华人民共和国防洪法》（简称《防洪法》）、《中华人民共和国水土保持法》和《中华人民共和国水污染防治法》。

（二）工程管理的法规（规章）制度

工程管理的法规规章是国家国务院或省市人民政府水行政管理部门，以行政法规的方式颁发的一类工程管理制度，一般都是针对某一特定的工程对象或工作而制定的办法、条例等。如《中华人民共和国河道管理条例》、《水库大坝安全管理条例》、《水库大坝注册登记办法》、《水库大坝安全鉴定办法》、《综合利用水库调度通则》、《灌排泵站设备管理办法》。

（三）工程管理技术规程

针对某一建筑构成或某一类设备的运行，根据其运行规律和技术安全标准要求制定的各环节的操作或工作程序和方法的总体规定。

如泵站运行管理规程，就包含运行管理制度、设备运行的开停操作制度、变配电设备的操作规定、运行事故处理制度等。

其他如水库调度规程、水工建筑物检查观测规程、养护维修规程、闸门启闭操作规程、机电设备操作维修和安全技术规程、安全工作规程、检修规程。

工程管理规程一般由国家相应的技术主管部门制定颁发，管理单位据此制定细则。

（四）各类管理制度

由运行管理单位自行对某一单项管理工作方式、方法和程序的规定。

如各类建筑物工程检查与养护制度、安全管理（或操作）制度、资料归档管理制度、责任制度（包括岗位责任制、技术责任制、经济责任制）、水电站（或泵站）交接班制度、检修制度、消防制度、事故处理制度等。

三、几种法规和管理制度的要点说明

（一）法律法规

1.《中华人民共和国水法》

《水法》于1988年1月21日第六届全国人民代表大会常务委员会第二十四次会议通过，1988年1月21日中华人民共和国主席令第61号公布。

《水法》是为合理开发利用和保护水资源、防治水害，充分发挥水资源的综合效益，适应国民经济发展和人民生活的需要而制定的，从水资源开发利用、水及水域和水工程的保护、用水管理、防汛与抗洪、法律责任等方面作出了具体规定，是水利方面一部综合性的根本大法，对水利工程管理的实际工作具有很强的指导作用。

2.《中华人民共和国防洪法》

《防洪法》于1997年8月29日第八届全国人民代表大会常务委员会第二十七次会议通过，1997年8月29日，中华人民共和国主席令第88号公布，1998年1月1日施行。《防洪法》是我国水法体系中防治水害的第一部法律。

本法是为防治洪水，防御和减轻洪涝灾害，维护人民的生命和财产安全，保障社会主义现代化建设顺利进行而制定的。本法从防洪规划、治理与防护、防洪和防洪工程设施的管理，防汛抗洪保障措施、法律责任几个方面作出了具体规定，是防洪工作应遵循的基本准则和法律依据。对防汛抗洪工作具有强制性的作用。

3.《中华人民共和国水土保持法》

《中华人民共和国水土保持法》于1991年6月29日颁布，是与水资源密切相关的一部法律，是预防和治理水土流失，保护和合理利用水土资源，减轻水旱和风沙灾害，改善生态环境，发展生产，保护水资源不可缺少的一部大法。

它的实施不仅能改善河流上游生态环境，而且对涵养水源、防止河道淤积都有现实意义。

（二）一些管理制度的内涵要点

1.责任制

责任制是按社会化大生产的需要和分工协作的原则制定的制度，它明确规定单位内部各个组织各个部门每个岗位每个人员的工作任务、工作范围和工作要求，规定他们的工作职责和权限，并与其所得的报酬联系起来，包括岗位责任制、技术责任制和经济责任制。

2.各类工程检查与养护制度

这类制度因工程建筑不同而异，但总体上是对观测设备仪器的使用检验、各项观测指标的观测次数数量、观测资料的记录处理、大的问题上报、设施的安全鉴定、巡检方式和路线以及人员等作出的规定。

3.安全管理制度

安全管理制度是针对设备与运行管理人员的人身安全，对工作过程的行为作出的规定，目的是为在运行中确保设备和人身安全，以约束人在管理中的行为为主要内容，包括操作制度、工作制度、口头命令制度、考核制度等。

4.安全操作制度

安全操作制度是以设备和人身安全为前提，对某一技术操作行为作出的规定和要求。

5.事故处理制度

事故处理制度是对运行中发生人身、设备或建筑物等重大事故时应采取的处理措施所作出的规定，包括事故排除、上报、记录等规定。

四、管理制度的贯彻执行

管理制度制定成立，应加强制度的执行。为此应加强思想教育，加强生产管理人员的培训和考核评比等工作。使生产管理人员充分认识到贯彻执行管理制度的重要意义，使全体人员关心集体，以主人翁的态度严肃认真、一丝不苟地自觉遵守各项管理制度，通过培训开展各个岗位的技术练兵活动，不断提高技术水平，懂得科学规律，正确掌握和执行各项制度。

第二节　工程管理计划

一、工程管理计划的意义

工程管理计划是对工程管理工作所做出的安排部署，是根据国家要求和社会需要按照工程类型、结构特点及运行条件的变化对工程维护管理在管理目标、控制运用、检查观测、维修改造的时间、规模资金以及维修改造实施的方式、方法和材料运用等方面作出的规划和安排,是工程管理中一项重要的工作内容。周密的管理计划使工程维护管理有明确的目标和标准,使管理工作有序进行,从而避免了管理工作的盲目性,对维护工程运行,确保工程安全,提高工程综合效益是非常重要的,也是十分必要的。

二、工程管理的各类计划

工程管理计划按作用不同,分长期计划和年度计划。

(一)长期计划

长期计划一般是指 5 年或 5 年以上的管理计划,是根据工程设计标准和工程施工状况、实际运行条件、社会效益、企业经济效益等情况,提出的工程管理远期目标和标准。它是工程管理单位的纲领性计划,是工程管理单位在一定时期内进行管理工作和谋求发展的指导文件。长期计划有工程管理标准、工程管理单位发展远期目标、防汛预案等。

工程管理标准是根据设计标准、运用条件和有关部颁规程规范对工程或设施在一定时期内应具备的功能状态和形状标准所进行的规划。工程管理的基本目标就是工程或设施的运行要保证安全和功能正常发挥。

如隧洞工程应具备的功能和形态标准是顶拱边墙混凝土无脱落、无坍塌、无漏水、无裂缝;底板无淤积、无杂物、无冲坑、无隆起等现象发生,过水能力满足设计要求。

(二)年度计划

年度计划是长期计划的预定目标在年度内的具体化,是实行决策的执行性计划,要求对年度内应完成的任务和指标作出明确的安排。一般有:

(1)防汛计划。制订计划年度防汛期内的防洪限制水位、防洪调度方式、遭遇非常洪水的保证措施,抢险的人力、物力的准备等。

(2)工程控制运用计划。在保证工程安全的前提下提出供水、输水、蓄水和调水指标,制订出全年分月的引、蓄、提、输和供水计划。

(3)工程养护维修计划。包括水工建筑设备仪器的正常养护、岁修计划、本年度的大修项目、工程配套和扩建项目、项目内容实施方案、材料供应及资金计划。

(4)器材物资采购供应计划。根据以上各项计划计算各种器材、物资的需要量,分时段安排采购及供应计划。

(5)科研、技术革新计划。是针对工程维护所提出的在新材料、新技术、新工艺以及新的管理方法等方面作出的规划安排。

三、工程管理计划的编制

工程管理计划的编制应遵循适时制宜、依靠群众、自下而上、上下结合的原则进行。这里就工程维修计划的编制,简要说明如下。

工程维修计划的编制,应根据对工程检测的缺陷,结合年度维修资金计划,筛选年度维修项目,首先要考虑缺陷严重的、对工程安全运行有影响的项目作为优先维修选项,按先重后轻、先急后缓的原则选项。维修项目初定后,应组织各方人员,进行现场勘察,进一步详细了解工程缺陷情况，并记录、分析、研究病害缺陷发生的原因，研究并确定维修的范围和程度，同时量测维修工程量。

根据分析结果，拟定处理方案，包括处理方法和措施，当工程结构比较复杂时，可初拟两个及以上的方案进行比较、优选。

维修计划的内容有维修工程项目的概况（包括工程部位结构类型，缺陷表现和程度、环境条件）、处理方案（应包括处理方法和措施）、组织安排、时间进程安排、场地布置、维修资金预算，最后将这些内容综合形成维修计划报告，报告经上级批准后可安排实施维修。

思 考 题

1. 在工程管理中为什么要注重各种法规制度的建设？

2. 如何编制工程维修计划？

参考文献

1. 顾慰慈. 水利水电工程管理[M]. 北京:中国水利水电出版社,1994.

2. 愈衍升. 中国水利百科全书水利管理分册[M]. 北京:中国水利水电出版社,2004.

3. 梅孝威. 水利工程管理[M]. 北京:中国水利水电出版社,2005.

4. 王志良. 现代水库管理理论与实践[M]. 郑州:黄河水利出版社,2004.

5.《引水工程管理标准》编委会. 引水工程管理标准[S]. 北京:中国水利水电出版社,2003.

6. 陈浩. 水利工程管理[M]. 北京:中国水利水电出版社,1996.

7. 崔建中,等. 黄河水利工程管理技术[M]. 郑州:黄河水利出版社,2005.

8. 牛运光. 防汛与抢险[M]. 北京:中国水利水电出版社,2003.

9. 李岚. 中国水利水电行业管理实务书[M]. 北京:中国大地出版社,1999.

10. 沈磊. 中国水力发电工程运行管理卷[M]. 北京:中国电力出版社,2000.

11. 郦能惠. 土石坝安全监测分析评价预报系统[M]. 北京:中国水利水电出版社,2003.

12. 董哲仁. 水利技术标准汇编:灌溉排水卷　节水设备与材料[M]. 北京:中国水利水电出版社,2002.

13. 张朝,等. 水闸枢纽管理[M]. 郑州:黄河水利出版社,2002.

14. 赵志仁. 大坝安全监测设计[M]. 郑州:黄河水利出版社,2003.

15. 冯广志. 灌区建筑物加固改造[M]. 北京:中国水利水电出版社,2004.

16. 张启岳. 土石坝加固技术[M]. 北京:中国水利水电出版社,2000.

17. 左东启,王世夏,林益才. 水工建筑物[M]. 南京:河海大学出版社,1995.

18. 孙志恒,鲁一晖,岳跃真. 水工混凝土建筑物的检测、评估与缺陷修补工程应用[M]. 北京:中国水利水电出版社,2004.

19. 顾辉. 水利水电工程技术[M]. 北京:气象出版社,2003.

20. 董哲仁. 堤防抢险实用技术[M]. 北京:中国水利水电出版社,1999.

21. 水利部水利管理司. 水工建筑物养护修理工作手册[M]. 北京:中国水利水电出版社,1980.

22. 水利部水利管理司. 防汛与抢险[M]. 北京:中国水利水电出版社,1994.

23. 王既民. 闸门与启备机[M]. 北京:中国水利水电出版社,1998.

24. 娄岳. 水库调度与运用[M]. 北京:中国水利水电出版社,1996.

